建筑消防
技术与设计

第二版

李亚峰　马学文　陈立杰　等编著

U0228879

化学工业出版社
·北京·

本书主要介绍建筑消防的基本知识、设计方法及设计要求。主要内容包括建筑火灾的特点与建筑消防、消火栓灭火系统、自动喷水灭火系统、水喷雾灭火系统、蒸气灭火系统、泡沫灭火系统、干粉灭火系统、二氧化碳灭火系统、气体灭火系统、消防炮灭火系统、地下工程与人防工程的消防、火灾自动报警系统、灭火器的配置等内容。

本书可供从事建筑消防工程设计、施工的工程技术人员参考使用，也可作为高等学校给排水科学与工程、建筑环境与能源应用等相关专业师生的教学参考书。

图书在版编目（CIP）数据

建筑消防技术与设计/李亚峰等编著. —2 版. —北京：化学工业出版社，2017.10（2019.1重印）
ISBN 978-7-122-30292-2

Ⅰ.①建⋯ Ⅱ.①李⋯ Ⅲ.①建筑物-消防设备-工程设计 Ⅳ.①TU998.1

中国版本图书馆 CIP 数据核字（2017）第 174255 号

责任编辑：董　琳　　　　　　　　　　　装帧设计：史利平
责任校对：王素芹

出版发行：化学工业出版社（北京市东城区青年湖南街 13 号　邮政编码 100011）
印　　装：北京虎彩文化传播有限公司
787mm×1092mm　1/16　印张 18½　字数 460 千字　2019 年 1 月北京第 2 版第 2 次印刷

购书咨询：010-64518888　　　　　　　　售后服务：010-64518899
网　　址：http://www.cip.com.cn
凡购买本书，如有缺损质量问题，本社销售中心负责调换。

定　　价：68.00 元　　　　　　　　　　　　　　　　版权所有　违者必究

第二版前言
FOREWORD

　　《建筑消防技术与设计》（第一版）自 2005 年出版以来，得到了广大读者的认可，进行了多次印刷。 但随着建筑业的快速发展，以及新技术、新工艺、新材料、新能源得到了广泛的应用，诱发火灾发生的因素越来越多，发生火灾的危险性也越来越大，因而对建筑消防提出了更高的要求。 为了适应新的技术要求，国家相关部门先后组织技术人员编制了消防给水及消火栓系统技术规范（GB 50974—2014），并将普通建筑和高层建筑设计防火规范进行了合并，颁布了新的建筑设计防火规范（GB 50016—2014），同时修订了泡沫灭火系统设计规范（GB 50151—2010），汽车库、修车库、停车场设计防火规范（GB 50067—2014）等规范。 为了能及时反映建筑消防工程的新技术及应用、相关规范新的技术要求，及时补充新的内容，编者在本书第一版的基础上，对相关内容进行了调整和完整。

　　本书第二版与第一版相比，删减了卤代烷 1301 灭火系统，补充完善了气体灭火系统，增加了灭火器的配置等内容，同时对内容结构进行了调整。 在内容上均按现行的设计规范编写，建筑防火与消火栓系统不再分高层建筑和普通建筑，而是按建筑设计防火规范（GB 50016—2014）和消防给水及消火栓系统技术规范（GB 50974—2014）重新进行了编写；泡沫灭火系统和汽车库、修车库、停车场的防火设计也分别依据泡沫灭火系统设计规范（GB 50151—2010）和汽车库、修车库、停车场设计防火规范（GB 50067—2014）进行了修订。

　　本书主要介绍建筑消防的基本知识、设计方法及设计要求。 主要内容包括建筑火灾的特点与建筑消防、消火栓灭火系统、自动水灭火系统、水喷雾灭火系统、蒸气灭火系统、泡沫灭火系统、干粉灭火系统、二氧化碳灭火系统、气体灭火系统、消防炮灭火系统、地下工程与人防工程的消防、火灾自动报警系统、灭火器的配置等内容。 书中介绍的内容均以现行消防技术规范为依据，并参考了近几年出版的有关书籍。 为了使读者能够尽快掌握建筑消防工程的设计计算方法，书中重要部分都配有设计计算例题。 本书可供从事建筑消防设计、施工的工程技术人员参考使用，也可以作为高等学校给排水科学与工程、建筑环境与能源应用等相关专业师生的教学参考书。

　　本书第一章、第五章由李亚峰、陈立杰编著；第二章由李亚峰、马学文、张文文编著；第三章由李亚峰、马学文编著；第四章、第七章由李亚峰、武利编著；第六章、第八章由李倩倩、张文文编著；第九章、第十章由杨曦、张恒、郑建兵编著；第十一章和第十二章由张立成、陈金楠编著；第十三章由马学文、陈立杰编著。 全书最后由李亚峰统稿定稿。

　　限于编著者水平及编著时间，书中不足和疏漏之处在所难免，敬请读者不吝指教。

编著者

2017 年 2 月

第一版前言
FOREWORD

随着经济、社会的快速发展和科学技术水平的不断提高，新技术、新工艺、新材料、新能源得到了广泛的应用，同时，诱发火灾发生的因素也越来越多，发生火灾的危险性也越来越大。而高层建筑、地下建筑、大空间建筑以及各类工业企业建筑的大量兴建，使火灾事故所造成的损失也越来越严重。建筑消防技术的应用与推广，对预防火灾及及时扑灭初期火灾，保证人民生命安全，减少火灾损失具有重要意义。

近几年，建筑消防技术发展速度很快，以水为灭火剂的消防系统在设计与计算等方面较以前都更加完善和成熟，设计规范也都进行了重新修订；新型灭火剂不断问世，新型灭火系统的应用也越来越广泛。为了使从事建筑消防工作的工程技术人员尽快掌握建筑消防设计与计算的相关知识，我们编写了这本书。

本书主要介绍建筑消防的基本知识、设计方法及设计要求，包括建筑火灾的特点、消火栓灭火系统、自动喷洒灭火给水系统、气体灭火系统、泡沫灭火系统、干粉灭火系统、地下工程与人防工程的消防、火灾自动报警系统等内容，并对近几年逐渐兴起的替代哈龙的新型灭火剂以及新型灭火系统的设计与计算、消防炮的设计与计算等做了详细介绍。为了使读者能够尽快掌握高层建筑给水排水工程的设计计算方法，书中重要部分都配有设计计算例题。本书供从事建筑消防设计、施工的工程技术人员使用，也可以作为市政工程专业学生的教学参考书。

本书第一章、第五章、第三章第一节、第二节、第三节、第五节、第六节由沈阳建筑大学李亚峰编著；第二章由沈阳建筑大学李亚峰、蒋白懿编著；第三章第四节由沈阳建筑大学李亚峰和东北大学马学文编著；第四章第一节、第二节、第三节，第八章和第十一章第一节、第二节、第三节由总参通信工程设计研究院张恒编著；第四章第四节由总参通信工程设计研究院张恒和东北大学马学文编著；第九章由总参通信工程设计研究院张恒和沈阳建筑大学李亚峰编著；第十一章第四节由江苏昆山宁华阻燃化学材料有限公司郑建兵编著；第六章由沈阳建筑大学班福忱编著；第七章、第十章和第十二章由沈阳建筑大学张立成编著；第十三章由东北大学马学文编著。在编著消防炮灭火系统的过程中得到了公安部上海消防科学研究所叶乃刚同志的帮助，在此表示感谢。全书最后由李亚峰统稿定稿。

由于我们的编著水平有限，对于书中不足和疏漏之处，敬请读者不吝赐教。

编著者

2004 年 10 月

目录
CONTENTS

第一章 »

建筑火灾的特点与建筑消防

第一节 火灾的分类与特征

一、火灾的分类

在时间和空间上失去控制的燃烧所造成的灾害叫火灾。火灾可以按燃烧对象、火灾损失严重程度或起火直接原因等进行分类。

1. 按燃烧对象分类

火灾按燃烧对象可分为 A 类火灾、B 类火灾、C 类火灾和 D 类火灾。

（1）A 类火灾 是指普通固体可燃物燃烧而引起的火灾。这类火灾燃烧对象的种类极其繁杂，包括木材及木制品、纤维板、胶合板、纸张、棉织品、化学原料及化工产品、建筑材料等。A 类火灾的燃烧过程非常复杂，其燃烧模式一般可分为四类。①熔融蒸发式燃烧，如蜡的燃烧；②升华式燃烧，如萘的燃烧；③热分解式燃烧，如木材、高分子化合物的燃烧；④表面燃烧，如木炭、焦炭的燃烧。

（2）B 类火灾 是指油脂及一切可燃液体燃烧而引起的火灾。油脂包括原油、汽油、煤油、柴油、重油、动植物油等；可燃液体主要有酒精、乙醚等各种有机溶剂。这类火灾的燃烧实质上是液体的蒸气与空气进行燃烧。根据闪点的大小，可燃液体被分为三类：闪点小于 $28℃$ 的可燃液体为甲类火险物质，如汽油；闪点大于及等于 $28℃$，小于 $60℃$ 的可燃液体为乙类火险物质，如煤油；闪点大于及等于 $60℃$ 可燃液体为丙类火险物质，如柴油、植物油。

（3）C 类火灾 是指可燃气体燃烧而引起的火灾。按可燃气体与空气混合的时间，可燃气体燃烧分为预混燃烧和扩散燃烧。可燃气体与空气预先混合好后的燃烧称预混燃烧；可燃气体与空气边混合边燃烧称预混燃烧。根据爆炸下限（可燃气体与空气组成的混合气体遇火源发生爆炸的可燃气体的最低浓度）的大小，可燃气体被分为两类：爆炸下限小于 10% 的可燃气体为甲类火险物质，如氢气、乙炔、甲烷等；爆炸下限大于及等于 10% 的可燃气体为乙类火险物质，如一氧化碳、氨气、某些城市煤气。可燃气体绝大多数是甲类火险物质，只有极少数才属于乙类火险物质。

（4）D 类火灾 是指可燃金属燃烧而引起的火灾。可燃的金属有锂、钠、钾、钙、锶、镁、铝、钛、锌、锆、钍、铀、铪、钚。这些金属在处于薄片状、颗粒状或熔融状态时很容易着火，而且燃烧热很大，为普通燃料的 $5\sim20$ 倍，火焰温度也很高，有的甚至达到 $3000℃$ 以上。另外，在高温条件下，这些金属能与水、二氧化碳、氮、卤素及含卤化合物发生化学反应，使常用灭火剂失去作用，必须采用特殊的灭火剂灭火。正是因为这些特点，才把可燃金属燃烧引起的火灾从 A 类火灾中分离出来，单独作为 D 类火灾。应该指出，虽然建筑物中钢筋、铝合金在火灾中不会燃烧，但受高温作用后，强度会降低很多。在 500℃ 时，钢材抗拉强度降低 50% 左右，铝合金则几乎失去抗拉强度。这一现象在火灾扑救时应给予足够的重视。

2. 按火灾损失严重程度分类

按火灾损失严重程度可分为特大火灾、重大火灾和一般火灾。

（1）特大火灾 死亡 10 人以上（含 10 人），重伤 20 人以上；死亡、重伤 20 人以上；受灾 50 户以上；烧毁财务损失 100 万元以上。

（2）重大火灾 死亡 3 人以上，受伤 10 人以上；死亡、重伤 10 人以上；受灾 30 户以上；烧毁财务损失 30 万元以上。

（3）一般火灾 不具备特大、重大火灾的任一指标。

3. 按起火直接原因分类

火灾起火的直接原因可分为放火、违反电气安装安全规定、违反电气使用安全规定、违反安全操作规定、吸烟、生活用火不慎、玩火、自燃、自然灾害、其他。

二、火灾特征

1. 放出热量

放热是火灾的重要特征。火灾中可燃物燃烧时要放出燃烧热，其热量以导热传热、对流传热和辐射传热三种方式向未燃物和周围环境传递，使未燃物温度升高，分子活化，反应加速，引起燃烧。正是因为火灾的放热与传热，使火灾越烧越严重，也就是人们常说的"火越烧越旺"。

2. 释放有毒气体

除了化学物质发生火灾会产生有毒有害气体外，一般火灾中由于热分解和燃烧反应，也会释放出大量的有毒气体。其中主要有一氧化碳、氰化氢、光气（$COCl_2$）、氮氧化合物、氯化物、二氧化硫、氨。这些有毒气体对人体是极其有害的。如一氧化碳被吸入人体之后会严重阻碍血液携氧及解离能力，造成低氧血症，引起组织缺氧；氰化氢被吸入人体之后会引起细胞内缺氧、窒息。研究结果表明，火灾死亡人员中大多数是因中毒而死的。而一氧化碳是主要的毒性气体。

3. 释放出烟

在火灾中，由于燃烧和热解作用所产生的悬浮在大气中可见的固体和液体微粒称为烟。烟实际上是可燃物质燃烧后产生碳粒子和焦油状液滴，在实际火灾现场，烟还包括房屋、设备、家具倒塌时扬起的灰尘。

火灾中的烟不仅使能见度降低，对受害者造成心理负担，同时也会对呼吸道造成严重的损伤。

三、灭火方法及原理

灭火的技术关键就是破坏维持燃烧所需的条件，使燃烧不能继续进行。灭火方法可归纳成冷却、窒息、隔离和化学抑制四种。前三种灭火方法是通过物理过程进行灭火，后一种方法是通过化学过程灭火。不论是采用哪种方法灭火，火灾的扑救都是通过上述四种作用的一种或综合作用而灭火的。

1. 冷却法灭火

可燃物燃烧的条件（因素）之一，是在火焰和热的作用下，达到燃点、裂解、蒸馏或蒸发出可燃气体，使燃烧得以持续。冷却法灭火就采用冷却措施使可燃物达不到燃点，也不能裂解、蒸馏或蒸发出可燃气体，使燃烧终止。如可燃固体冷却到自燃点以下，火焰就将熄灭；可燃液体冷却到闪点以下，并隔绝外来的热源，就不能挥发出足以维持燃烧的气体，火灾就会被扑灭。

水具有较大的热容量和很高的汽化潜热，是冷却性能最好的灭火剂，如果采用雾状水流灭火，冷却灭火效果更为显著。

建筑水消防设备不仅投资少、操作方便、灭火效果好、管理费用低，且冷却性能好，是冷却法灭火的主要灭火设施。

2. 窒息法灭火

窒息法灭火就是采取措施降低火灾现场空间内氧的浓度，使燃烧因缺少氧气而停止。窒息法灭火常采用的灭火剂一般有二氧化碳、氮气、水蒸气以及烟雾剂等。在条件许可的情况下，也可用水淹窒息法灭火。

重要的计算机房、贵重设备间可设置二氧化碳灭火设备扑救初期火灾，高温设备间可设置蒸气灭火设备，重油储罐可采用烟雾灭火设备，石油化工等易燃易爆设备可采用氮气保护，以利及时控制或扑灭初期火灾，减少损失。

3. 隔离法灭火

隔离法灭火就是采取措施将可燃物与火焰、氧气隔离开来，使火灾现场没有可燃物，燃烧无法维持，火灾也就被扑灭。

石油化工装置及其输送管道（特别是气体管路）发生火灾，关闭易燃、可燃液体的来源，将易燃、可燃液体或气体与火焰隔开，残余易燃、可燃液体（或气体）烧尽后，火灾就被扑灭火。电机房的油槽（或油罐）可设一般泡沫固定灭火设备；汽车库、压缩机房可设泡沫喷洒灭火设备；易燃、可燃液体储罐除可设固定泡沫灭火设备外，还可设置倒罐转输设备；气体储罐可设倒罐转输设备外，还可设放空火炬设备；易燃、可燃液体和可燃气体装置，可设消防控制阀门等。一旦这些设备发生火灾事故，可采用相应的隔离法灭火。

4. 化学抑制法灭火

化学抑制法灭火就是采用化学措施有效地抑制游离基的产生或者能降低游离基的浓度，破坏游离基的链锁反应，使燃烧停止。如采用卤代烷（1301、1211）灭火剂灭火，就是降低游离基的灭火方法。

抑制法灭火对于有焰燃烧火灾效果好，但对深部火灾，由于渗透性较差，灭火效果不理想，在条件许可情况下，应与火、泡沫等灭火剂联用，会取得满意的效果。

卤代烷灭火剂可以抑制易燃和可燃液体火灾（汽油、煤油、柴油、醇类、酮类、酯类、苯以及其他有机溶剂等）、电气设备（发电机、变压器、旋转设备以及电子设备）、可燃气体（甲烷、乙烷、丙烷、城市煤气等）、可燃固体物质（纸张、木材、织物等）的表面火灾。

由于卤代烷对大气臭氧层的破坏作用，应尽量限定特殊场所采用外，一般不宜采用。与卤代烷灭火效果相似或可以替代卤代烷的灭火剂，国内外正在研究中，有可能替代卤代烷的灭火剂有 FE-232、FE-25、CGE410、CEA614、HFC-23、HFC-227、NAF-S-Ⅲ、氟碘烃等。

干粉灭火剂的化学抑制作用也很好，且近年来不少类型干粉可与泡沫联用，灭火效果很显著。凡是卤代烷能抑制的火灾，干粉均能达到同样效果，但干粉灭火的不足之处是有污染。

化学抑制法灭火，灭火速度快，使用得当可有效地扑灭初期火灾，减少人员和财产的损失。

四、常用灭火剂

灭火剂的种类很多，其中常用的有水、卤代烷灭火剂、泡沫灭火剂、干粉灭火剂、二氧化碳灭火剂等。近几年，洁净环保型灭火剂应用也越来越广泛，如 SDE 灭火剂、七氟丙烷、气溶胶等。

1. 水

水是最常用的一种天然灭火剂。灭火时可以利用高压水泵和水枪产生直流水或开花水，直接喷射在燃烧面上灭火；或通过水泵加压并由喷雾水枪射出雾状水流进行灭火；也可以以水蒸气的形式施放到燃烧区使燃烧物质因缺氧而停止燃烧。

水的灭火机理主要有冷却作用、窒息作用、对水溶性可燃液体的稀释作用、冲击乳化作用以及水力冲击作用等。灭火时，往往不是一种作用的单独结果，而是几种作用的综合结果，但一般情况下，冷却是水的主要灭火作用。当然，灭火时水流的形态不同，水的各种灭火作用在灭火中的地位也就不同，如直流水或开花水灭火的主要作用是冷却和水力冲击，水蒸气灭火的主要作用是窒息，喷雾水灭火的主要作用是冲击乳化。灭火的对象不同，水的主要灭火作用也不相同，如用水扑救水溶性可燃液体火灾时，水的主要灭火作用是稀释。

用水作灭火剂，具有灭火效果好、使用方便、价格便宜、器材简单等优点，而且适用于多种类型的火灾。因此，水是建筑最主要的灭火剂。但水不是万能的灭火剂，对下列火灾不能用水扑救。

（1）不能用水扑救遇水燃烧物质的火灾，如活泼金属类、金属氢化物类、金属碳化物类、金属磷化物类、硼氢化物类、金属氰化物类、金属硅化物类以及金属硫化物类等。因为这类物质与水能发生反应，产生可燃气体，同时放出一定热量，当温度达到可燃气体的自然点或可燃气体接触明火时，便会燃烧或爆裂。

（2）一般情况下，不能用直流水扑救可燃粉尘（面粉、铝粉、糖粉、煤粉、锌粉等）聚集处的火灾，因为粉尘被水流冲击后会悬浮在空气中，易与空气形成爆裂性混合物。

（3）在没有良好的接地设备或没有切断电源的情况下，一般不能用直流水扑救高压电气设备火灾。

（4）不宜用直流水扑救橡胶、褐煤的粉状产品的火灾。由于水不能浸透或很难浸透这些燃烧介质，因而灭火效率很低。只有在水中添加润湿剂，提高水流的浸透力，才能用水有效地扑灭。

（5）不能用直流水扑救轻于水且不溶于水的可燃液体火灾，因为这些液体会漂浮在水面上随水流散，可能助长火势扩大，促使火灾蔓延。

（6）不能用水扑救储存有大量浓硫酸、浓硝酸的场所的火灾，因为水与酸液接触会引起酸液发热飞溅。

（7）不宜用水扑救某些高温生产装置或设备火灾，因为这些高温装置或设备的金属表面受到水流突然冷却时，会影响机械强度，使设备可能遭到破坏。

水的灭火形态有直流水、开花水和雾状水三种。其中直流水和开花水由消火栓所接水枪喷出柱状或开花水枪喷出的滴状水流，主要用于扑救 A 类固体火灾，或闪点在 120℃ 以上、常温下呈半凝固状态的重油火灾，以及石油或天然气井喷火灾。雾状水主要指水滴直径小于 $100\mu m$ 的水流，用于扑救粉尘、纤维状物质以及高技术领域的特殊火灾，如计算机房、航天飞行器舱内火灾及现代大型企业的电器火灾。雾状水有利于水对燃烧物的渗透，降温快，容易气化，气化后体积增大约 1700 倍，稀释了火焰附近的氧气的浓度，窒息了燃烧反应，又有效地控制了热辐射，灭火效率高，水渍损失小。

2. 泡沫灭火剂

凡能够与水混合并可通过化学反应或机械方法产生灭火泡沫的灭火药剂，称为泡沫灭火剂。泡沫灭火剂一般由发泡剂、泡沫稳定剂、降黏剂、抗冻剂、助溶剂、防腐剂及水组成。

按照泡沫生成原理，泡沫灭火剂可分为化学泡沫灭火剂和空气泡沫灭火剂。化学泡沫是通过硫酸铝和碳酸氢钠的水溶液发生化学反应产生的，泡沫中包含的气体为二氧化碳。空气泡沫是通过空气泡沫灭火剂的水溶液与空气在泡沫产生器中进行机械混合搅拌而生成的，所以空气泡沫又称为机械泡沫，泡沫中所含气体为空气。

按发泡倍数，泡沫灭火剂可分为低倍数泡沫、中倍数泡沫和高倍数泡沫。低倍数泡沫灭火剂的发泡倍数一般在 20 倍以下，中、高倍数灭火剂的发泡倍数一般在 20～1000 倍。根据发泡剂的类型，低倍数空气泡沫灭火剂又分为蛋白泡沫、氟蛋白泡沫、水成膜泡沫、合成泡沫、抗溶性泡沫五种类型。按用途，泡沫灭火剂可分为普通泡沫灭火剂和抗溶泡沫灭火剂。

化学泡沫灭火剂全属于低倍数泡沫灭火剂。空气泡沫灭火剂种类繁多，绝大多数也是低倍数泡沫灭火剂。

泡沫灭火是由泡沫灭火剂的水溶液通过化学、物理的作用，填充大量的气体后形成无数的小气泡。气泡的相对密度为 0.001～0.5，远小于可燃易燃液体的相对密度，可以覆盖在液体表面，形成泡沫覆盖层。泡沫灭火的作用机理如下。

（1）泡沫在燃烧物表面形成了泡沫覆盖层，可以使燃烧物表面与空气隔绝。

（2）泡沫层封闭了燃烧物表面，可以遮断火焰的热辐射，阻止燃烧物本身与附近可燃物的蒸发。

（3）泡沫析出的液体对燃烧表面进行冷却。

（4）泡沫受热蒸发产生的水蒸气可以降低燃烧物附近氧的浓度。

泡沫灭火剂主要用于扑救可燃液体的火灾，是石化企业主要使用的灭火剂。

各类泡沫灭火剂性能比较见表 1-1。

表 1-1　各类泡沫灭火剂的性能比较

分类	名　称	组　成	优缺点	扑救场所
化学泡沫灭火剂	YP 型普通化学泡沫	硫酸铝、碳酸氢钠＋水解蛋白稳定剂	泡沫黏稠、流动性差、灭火效率低、不能久储	A 类及 B 类非水溶性油类液体
	YPB 型	YP＋氟碳蛋白表面活性剂＋碳氢蛋白表面活性剂	泡沫黏度小、流动性好、自封性好、灭火效率高，为同容量 YP 型灭火剂的 2～3 倍，储存期长	A 类及 B 类非水溶性油类液体，但不能扑救水溶性液体
空气泡沫灭火剂	蛋白泡沫灭火剂	蛋白泡沫灭火剂以动植物蛋白质或植物性蛋白质在碱性溶液中浓缩液为基料，加入适当的稳定剂、防腐剂和防冻剂等添加剂的起泡性液体	该灭火剂具有成本低、泡沫稳定，灭火效果好，污染少等优点。但流动性差影响了灭火效率。该泡沫耐油性低，不能以液下喷射方式扑救油罐火灾	各种石油产品、油脂等火灾，亦可扑救木材、油罐灭火，在飞机的跑道上灭火
	氟蛋白泡沫灭火剂	蛋白泡沫基料＋氟碳表面活性剂配制而成	克服了蛋白泡沫灭火剂的缺点，同时可以液下喷射方式扑救油罐火灾。与干粉（ABC 类）的相溶性好；可采用液下喷射方式	可扑救大型储罐散装仓库、输送中转装置、生产加工装置、油码头的火灾及飞机火灾

续表

分类	名　　称	组　　成	优缺点	扑救场所
空气泡沫灭火剂	水成膜泡沫灭火剂	氟碳表面活性剂、无氟表面活性剂和改进泡沫性能的添加剂（泡沫稳定剂、抗冻剂、助溶剂以及增黏剂）及水组成	具有剪切应力小，流动性小，泡沫喷射到油面上时，泡沫能迅速展开，并结合水膜的作用把火势迅速扑灭的优点	适用于扑救石油类产品和贵重设备。油罐可以采用液下喷射方式
	高倍数泡沫灭火剂	以合成表面活性剂为基料的泡沫灭火剂。与水按一定的比例混合后通过高倍泡沫灭火剂产生器，可产生数百倍以上甚至千倍的泡沫	1min 内产生 1000m^3 以上的泡沫，泡沫可以迅速充满着火的空间，使燃烧物与空气隔绝，使火焰窒息	主要用于扑救非水溶性可燃易燃液体的火灾。如油罐滴漏、防火堤内的火灾，以及仓库、飞机库、地下室、地下街室、煤矿抗道的火灾
	抗溶性泡沫灭火剂	在蛋白质水解液中＋有机酸金属络合盐	析出的有机酸金属皂在泡沫上形成连续的固体薄膜。这层膜能使泡沫能持久地覆盖在溶剂液面上起到灭火的作用	扑救水溶性易燃、可燃液体火灾，如醇、脂、醚、醛、酮、有机酸、胺等

3. 干粉灭火剂

干粉灭火剂是一种干燥的、易于流动的固体粉末，一般借助于灭火器或灭火设备的气体压力将干粉从容器中喷出，以粉雾的形式扑灭火灾。干粉灭火剂按其使用范围可分为普通干粉和多用干粉两大类。

普通干粉主要用于扑救 B 类火灾、可燃气体火灾（C 类火灾）以及带电设备的火灾，因而又称 BC 干粉。这类干粉的主要品种有碳酸氢钠干粉、改性钠盐干粉、紫钾盐干粉、钾盐干粉和氨基干粉。

多用干粉除了可扑救 B 类火灾、C 类火为和带电设备火灾外，还可扑救一般固体物质火灾（A 类火灾），因而又称 ABC 干粉。这类干粉的主要品种有磷酸盐干粉和铵盐干粉。

干粉灭火剂的性能比较见表 1-2。

表 1-2　干粉灭火剂的性能比较

干粉基料名称	组成	优缺点	扑救场所	灭火原理
碳酸氢钠（BC 类）	滑石粉、云母粉、硬脂酸镁	成本低，应用范围广，灭火速度快；但流动性和斥水性差	易燃液体、气体带电设备、木材、纸张等 A 类	用干燥的 CO_2 或 N_2 作动力，将干粉从容器中喷出，形成粉雾喷射到燃烧区，以粉气流的形式扑灭火灾
全硅化碳酸氢钠	活性白土、云母粉、有机硅油	防潮、不宜结块，流动性好，储存期长，灭火效率相对高		
磷铵干粉（ABC 类）	磷酸三铵、磷酸氢二铵、磷酸二氢铵	采用全硅化的防潮工艺，使干粉颗粒形成疏水的保护层，达到防潮、不结块目的，但价格昂贵	可燃固体、可燃液体、可燃气体及带电设备的火灾	
氯化钠、氯化钾、氯化钠			金属火灾	

注：1. BC 与 ABC 干粉灭火剂不兼容；
2. BC 类干粉与蛋白泡沫或化学泡沫不兼容。

干粉灭火剂平时储存在干粉灭火器或干粉灭火设备中。灭火时靠加压气体 CO_2 或 N_2 的压力将干粉从喷嘴射出，形成一股夹着加压气体的雾状粉流，射向燃烧物。干粉与火焰接触发生一系列物理化学反应。如碳酸氢钠干粉，受高温作用分解的化学反应方程式如下：

$$2NaHCO_3 =\!=\!= Na_2CO_3 + H_2O + CO_2 \uparrow \tag{1-1}$$

该反应是吸热反应，反应放出大量的二氧化碳和水，水受热变成水蒸气并吸收大量的热量，起到冷却、稀释可燃气体的作用；干粉进入火焰后，由于干粉的吸收和散射作用，减少火焰对燃料的热辐射，降低液体的蒸发速率。

碳酸氢钠干粉是普通干粉的一种，其主要成分为：碳酸氢钠 92%～94%，滑石粉 2%～4%，云母粉 2%，硬脂酸镁 2%。主要用于扑救 B 类火灾、C 类火灾和带电设备火灾。

碳酸氢钠干粉由于产品成本低、价格便宜、应用范围广、灭火速度快等特点，是产量最大、使用最多的一种火灭火剂。

但碳酸氢钠干粉的缺点是流动性和斥水性差，灭火效率低。为了克服这些缺点，采用了全硅化防潮工艺，从而使得全硅化碳酸氢钠干粉的防潮和抗结块性能显著提高，具有流动性好、储存期长、不易受潮结块等优点，灭火效率也有所提高。

磷酸铵盐干粉又称磷铵干粉，是多用干粉的一种。它不仅用于扑救 B 类火灾、C 类火灾和带电设备火灾，还可用于扑救 A 类火灾。

磷酸铵盐干粉是以磷酸的铵盐（磷酸二氢铵和磷酸氢二铵）为主要基料，加入硫酸铵、各种添加剂和硅油等制成。使用干粉灭火剂应注意以下两点。

（1）干粉灭火剂不能与蛋白泡沫和一般泡沫联用，因为干粉对蛋白泡沫和一般合成泡沫有较大的破坏作用。

（2）对于一些扩散性很强的气体，如氢气、乙炔气体，干粉喷射后难以稀释整个空间的气体，对于精密仪器、仪表会留下残渣，用干粉灭火不适用。

4. 卤代烷灭火剂

卤代烷是卤素原子取代烷烃分子中的部分或全部氢原子后得到的一类有机化合物的总称。一些低级烷烃的卤代物具有不同程度的灭火作用，这些具有灭火作用的低级卤代烷称为卤代烷灭火剂。

卤代烷灭火剂主要通过抑制燃烧的化学反应过程，使燃烧中断，达到灭火的目的。其作用是通过拿去燃烧连锁反应中的活泼性物质来完成的，这一过程称为断链过程和抑制过程，与干粉灭火剂作用相似。而其他灭火剂大都是冷却和稀释等物理过程。

常用的卤代烷灭火剂有 1301 和 1211 两种，它们又叫哈龙灭火剂。

（1）1301 灭火剂　即三氟一溴甲烷，化学分子式为 CF_3Br，是一种无色无味的气体。卤代烷 1301 是一种能够用于扑救多种火灾的有效灭火剂。它主要是通过高温分解对燃烧反应进行抑制，中断燃烧的链式反应，使火焰熄灭，因而具有很高的灭火效力，并可使灭火过程在瞬间完成。此外，它还具有不导电、耐储存、腐蚀性小、毒性较低、灭火不留痕迹等优点。

（2）1211 灭火剂　即二氟一氯一溴甲烷，化学分子式为 CF_2ClBr，是一种无色、略带芳香气味的、低毒、不导电的气体。它的应用范围仅次于 1301。

1301 和 1211 都是以液态充装在容器里，并用氮气或二氧化碳加压作为灭火剂的喷射动力。灭火时，卤代烷从喷嘴喷入燃烧区，几秒钟内即可把火扑灭。

哈龙灭火剂在灭火、防爆和抑爆方面具有优越的性能，在世界各地也获得广泛应用。但由于哈龙属于溴氟烷烃类物质，对大气臭氧层有巨大的破坏作用，《关于消耗臭氧层物质的蒙特利尔议定书》修正案规定，工业发达国家停止哈龙生产和消费的最后期限是 1994 年，不发达国家可延长至 2005 年。

5. 二氧化碳灭火剂

二氧化碳（CO_2）是一种不燃烧、不助燃的惰性气体，自身无色、无味、无毒，密度比空气约大 50%。长期存放不变质，灭火后能很快散逸，不留痕迹，在被保护物表面不留残余物，也没有毒害。

二氧化碳灭火剂的主要灭火作用是窒息和冷却，在窒息作用和冷却作用中，窒息作用又是主要的。二氧化碳灭火剂是以液态的形式加压充装在灭火器中，由于二氧化碳的平衡蒸气压高，瓶阀一打开，液体立即通过虹吸管、导管和喷嘴并经过喷筒喷出，液态的二氧化碳迅速气化，并从周围空气中吸收大量的热，（1kg 液态二氧化碳气化时需要 578kJ 热量）。但由于喷筒隔绝了对外界的热传导，因此，液态二氧化碳气化时，只能吸收自身的热量。导致液体本身湿气急剧降低，当其温度下降到 −78.5℃（升华点）时，就有细小的雪花状二氧化碳固体出现。所以，从灭火剂喷射出来的是温度很低的气体和固体的二氧化碳。尽管二氧化碳温度很低，对燃烧物有一定的冷却作用，然而这种作用远不足以扑灭火焰。它的灭火作用主要是增加空气中不燃烧、不助燃的成分，使空气中的氧气含量减少。

二氧化碳灭火剂适用于扑救各种可燃、易燃液体火灾和那些受到水、泡沫、干粉灭火剂的沾污而容易损坏的固体物质的火灾。另外，二氧化碳是一种不导电的物质，其电绝缘性比空气还高，可用于扑救带电设备的火灾。二氧化碳灭火剂不得用于扑救含氧化剂的化学制品火灾（如硝化纤维、火药等）、活泼金属火灾（如钾、钠、镁、钛等）及金属氢化物火灾（如氢化钾、氢化钠等）。

二氧化碳灭火剂的缺点是高压储存时压力太高，低压储存时又需要制冷设备。

6. 七氟丙烷气体灭火剂

七氟丙烷气体灭火剂是美国大湖公司研制生产的卤代烃灭火剂的一种，分子式为 CF_3CHFCF_3。它无色无味，在一定的压强下呈液态储存。

七氟丙烷的灭火机理与卤代烷系列灭火剂的灭火机理相似，以化学灭火为主。七氟丙烷灭火剂在火灾中通过热解能够产生含氟的自由基，进而与燃烧反应过程中产生支链反应的 H^+、OH^- 等活性自由基发生气相作用，从而中断燃烧过程中化学连锁反应的链传递。另外，七氟丙烷在汽化的过程中要吸收大量的热量，因而具有冷却灭火的作用。七氟丙烷具有以下的优点。

（1）高效，低毒　毒性测试表明，其毒性比 1301 还要低，适用于经常有人工作的防护区。

（2）不导电，不含水性物质　不会对电器设备、磁带、资料等造成损害，并能提供有效防护。

（3）不含固体粉尘、油渍　它是液态储存，气态释放；喷后可自然排出或由通风系统迅速排除；现场无残留物，不受污染，善后处理方便。

由于七氟丙烷灭火系统属于全淹没灭火系统，因此防护区应该是有限封闭的空间。七氟丙烷灭火设计体积浓度根据灭火对象确定，一般为 7%～10%。虽然七氟丙烷气体灭火剂的大气臭氧损坏值 ODP=0，不破坏臭氧层，但温室效应值 GMP=0.6，对大气破坏的永久性程度为 42，大气存留时间为 31 年，这是一大缺陷。英美等国已将其列入受控使用计划之列，不宜作长期哈龙替代物。另外，七氟丙烷气体灭火剂密度较空气轻，1min 扑灭表面火灾后，很快就向上漂浮，对深位火灾灭火效果不好。

七氟丙烷气体灭火剂可用于扑救下列火灾：①液体火灾或可熔化的固体火灾；②电气火灾；③固体表面火灾；④灭火前能断气源的气体火灾。

适用于有人占用场所，对电子仪器设备、磁带资料等不会造成损害。

7. 气溶胶灭火剂

气溶胶灭火剂是通过固体氧化剂与还原剂发生化学反应（燃烧）而产生的固体与气体混合物。其中固体颗粒主要是金属氧化物、碳酸盐或碳酸氢盐、炭粒和少量金属碳化物（主要是钾和钾盐），气体产物是 N_2、CO_2 和少量 CO。固体微粒的粒径大部分小于 $1\mu m$，悬浮于气体介质中。由于微粒极为细小，具有非常大的比面积，因此成为较好的灭火剂。

气溶胶的灭火机理比较复杂，一般认为有以下几种作用。

(1) 吸热分解的降温作用 金属氧化物 K_2O 在温度大于 350℃ 时就会分解，K_2CO_3 的熔点为 891℃，超过此温度即分解，并存在着强烈的吸热反应。

(2) 气相化学抑制作用 在热的作用下，气溶胶中的固体微粒离解出的 K 可能以蒸气或阳离子的形式存在。在瞬间它可能与燃烧中的活性基团 H·、OH· 和 O· 发生多次链反应，消耗活性基团和抑制活性基团 H·、OH· 和 O 之间的放热反应，对燃烧反应起到抑制作用。

(3) 固体颗粒表面对链式反应的抑制作用（固相化学抑制作用） 气溶胶中的固体微粒具有很大的表面积和表面能，在火场中被加热和发生裂解需要一定的时间，并不可能完全被裂解或气化。固体颗粒进入火场后，受可燃物裂解产物的冲击，由于它们相对于活性基团 H·、OH· 和 O· 的尺寸要大得多，故活性基团与固体微粒表面相碰撞时，被瞬间吸附并发生化学作用，其反应如下。

$$K_2O + 2H· \longrightarrow 2KOH$$
$$KOH + OH· \longrightarrow OK + H_2O$$
$$OK + H· \longrightarrow KOH$$

如此反复进行而起到消耗燃料活性基团的效果。

气溶胶灭火剂灭火速度快，效率高，无毒害，无污染，不消耗大气臭氧层，电绝缘性良好，但气溶胶释放后能见度差。

气溶胶灭火剂适于扑救固体表面火灾、液体和气体火灾、电气设备火灾。不适于扑救硝酸纤维、火药等无空气条件下仍能迅速氧化的化学物质火灾；钾、钠、镁、钛、锆、铀、钚等活泼金属火灾；氢化钾、氢化钠等金属氧化物火灾；过氧化物、联氨等能自行分解的化学物质火灾；氧化氮、氯、氟等强氧化剂火灾；磷等自燃物质火灾；可燃固体物质的深位火灾等。

8. EBM 气溶胶灭火剂

EBM 气溶胶灭火剂是北京理工大学 20 世纪 90 年代研制开发的一种新型固体微粒气溶胶灭火剂，主要成分有金属氧化物（K_2O）、碳酸盐（K_2CO_3）或碳酸氢盐（$KHCO_3$）、碳粒和少量金属炭化物组成。EBM 灭火系统是利用负催化原理，使灭火剂呈气溶胶状态，当灭火剂达到一定的灭火浓度时，固体颗粒裂解产物 K 以蒸气或离子的形式存在，瞬间与活性基团 H·、OH· 和 O· 等吸附并发生化学反应，从而消耗燃料活性基团，使燃烧的链式反应受到抑制。另外，K_2O 与燃烧物质 C 在高温下反应，吸收燃烧火源部分热量，使火焰温度降低，因而燃烧反应受到一定程度的抑制作用。EBM 气溶胶灭火剂具有无毒、无腐蚀、无污染、不损耗大气臭氧层和快速高效、全方位全自动灭火、设计安装维护简便易行、初始成本和使用同期成本低等特点，使用后对大气环境无不良影响，是适合我国国情的一种较理想的哈龙替代品。EBM 气溶胶灭火剂可用于扑救下列物质的初期火灾。

(1) 变（配）电间、发电机房、通信机房、变压器、计算机房等场所的电气火灾；

(2) 生产、使用或储存动物油、重油、变压器油、润滑油、闪点大于 60℃ 的柴油等各种丙类可燃液体的火灾；

(3) 不发生阴燃的可燃固体物质的表面火灾。

EBM 气溶胶灭火剂不适用于爆炸危险区域；商场、候车厅、文体娱乐等公共场所；人员密集的场所。

9. 易安龙灭火剂

易安龙灭火剂是从无火焰火箭燃料工程中研究和开发的一种新型绿色清洁灭火剂，其固体合成物化学成分为：硝酸钾质量百分比为 62.3%，硝化纤维质量百分比 22.4%，碳质量百分比为 9%，工艺混合物质量百分比为 6.3%。烟雾化学成分：固相（碳酸钾为主）7000mg/m³，氮气体积百分比约 70%，一氧化碳体积百分比为 0.4%，二氧化碳体积百分比为 1.2%，氧化氮体积百分比为 0.004%～0.01%。

易安龙灭火剂的灭火原理与卤代烷灭火剂类似，包括化学和物理两个方面。①通过化学反应消除造成火焰蔓延的连锁载体而干扰火焰的连锁反应；②通过某些成分的分解所产生的散热效力而使火场降温。设计灭火浓度为 75～100mg/m³。易安龙灭火剂对大气臭氧层无破坏作用（ODP=0），也不产生温室效应，而且无论是原始材料，还是燃烧反应生成物均无毒，对环境和人体健康都没有危害。易安龙烟雾渗透力强、稳定期（抑制时间）大于 30min，因而对深部火灾具有很好的灭火效果。另外，易安龙灭火剂不需要使用价格昂贵、需要保养的储存钢瓶及管网，从而大大减少了初期投资和日常保养费用。这种灭火剂适用于液体、固体、油类和电气设备多种火灾。

10. 氟碘烃灭火剂

氟碘烃灭火剂具有很好的灭火效果，其灭火机理如下。①化学灭火作用，即捕捉自由基，终止引起火焰传播的链反应，从而阻止火势的发展。②物理灭火作用，即通过分子强烈的热运动带走大量的热，从而达到冷却的作用。此类灭火剂不含或少含溴和氯，ODP 值很低，基本上不产生温室效应，而且易分解，在大气中残留时间较短。该灭火剂也同样适用于有人占用场所。

11. 烟烙尽（INERGEN）灭火剂

烟烙尽灭火剂是美国安素公司研制生产的一种混合气体灭火剂，又称 IG-541。其组成为：氮气体积百分比为 52%，氩气体积百分比为 40%，二氧化碳体积百分比为 8%。其灭火原理是稀释氧气，窒息灭火，也就是通过减少火灾燃烧区空气中的氧气体积百分比来达到灭火目的。烟烙尽灭火剂设计体积浓度为 37.5%～42.8%。这种灭火剂施放后既不破坏臭氧层，也不污染空气，对人身安全也无不利影响。该系统投资大，维护费用高。因此，适用于一些重要的经常有人停留、有贵重设备的场所。但灭火效力不高，排放持续时间相对较长（约 1～2min），所以在某些火灾蔓延较快的场合中使用受限。

12. SDE 灭火剂

SDE 灭火剂在常温常压下以固体形态储存，工作时经电子气化启动器激活催化剂，促使灭火剂启动，并立即气化，气态组分约为 CO_2 占 35%、N_2 占 25%、气态水占 39%，雾化金属氧化物占 1%～2%。

SDE 自动灭火系统灭火原理是以物理、化学、水雾降温三种灭火方式同时进行的全淹没灭火形式，以物理反应稀释被保护区内空气中氧气浓度，达到"窒息灭火"为主要方式；切断火焰反应链进行链式反应破坏火灾现场的燃烧条件，迅速降低自由基的浓度，抑制链式燃烧反应进行的化学灭火方式也同时存在；低温气态水重复吸热降低燃烧物温度，达到彻底窒息的目的，对于木材深位火尤其突出。

化学反应式为：$SDE \longrightarrow CO_2 + N_2 + H_2O(\uparrow) + MO$，其中 MO 为雾化 Cr_2O_3。

SDE 灭火剂具有如下的优点。

（1）SDE 灭火剂灭火迅速，在被保护物上不留残留物。

（2）对大气臭氧层无破坏作用且温室效应潜能值 GWP=0.35。

（3）SDE 是一种低毒的安全产品。

（4）扑救深位火效果明显并不受垂直空间的遮挡物限制。

SDE 气体灭火系统为全淹没灭火系统，可用于扑救相对密闭空间的 A、B、C 类火灾以及电气火灾。

（1）A 类火灾　木材、纸张等表面和深位火灾。

（2）B 类火灾　煤油、汽油、柴油及醇、醛、酮、醚、酯、苯类的火灾。

（3）C 类火灾　如甲烷、乙烷、石油液化气、煤气等火灾。

（4）电气火灾　如发电机房、变配电设备、通信机房、计算机房、电动机、电缆等火灾。

第二节　建　筑　消　防

一、建筑火灾的特点

建筑火灾与其他火灾相比，具有火势蔓延迅速、扑救困难、容易造成人员伤亡事故和经济损失严重的特点。

1. 火势蔓延迅速

由于烟气流的流动和风力的作用，建筑火灾的火势蔓延速度是非常快的。发生火灾时产生的大量烟和热会形成炽热的烟气流，烟气流的流动方向往往就是火势蔓延的方向，烟气流的流动速度往往就是火势蔓延速度。烟气的流动主要与火灾现场的发热量有关。发热量越大，烟气温度越高，流动的速度也就越快；发热量越小，烟气温度越低，流动的速度也就越慢；另外，烟气的流动还和建筑高度、建筑结构形式、周围温度、建筑内有无通风空调系统等因素有关。

风也是助长火势蔓延的一个重要因素，风力越大，火势蔓延速度越快。同一建筑物的不同高度在同一时间内所受风力的大小是不相同的，离地面越高，所受风力越大。

2. 火灾扑救困难

由于建筑物的面积较大，垂直高度较高，一旦着火，扑救难度较大。从总体上讲，目前城市的消防力量是有限的，尤其是中小城市，消防的整体力量还难以满足大型建筑重大火灾的扑救。另外，消防设备的供水能力、登高工作高度也难以满足高层建筑的消防要求。我国目前使用较多的解放牌消防车能直接供水扑救的最大工作高度约为 24m，大多数登高消防车的最大工作高度均在 24m 以内。这些设备和器材难以保证高层建筑的消防需要。

3. 容易造成人员伤亡事故

建筑物一旦着火，火灾现场就会产生大量的烟尘和各种有毒有害的气体，这些烟尘和有毒有害的气体对人体危害很大，而且流动的速度很快，一旦充满安全出口，就会严重阻碍人们的疏散，进而造成人员伤亡事故。火灾案例表明，在火灾伤亡事故中，被烟气熏死的占死亡人数的半数左右，有时甚至可以高达 70％～80％。

4. 经济损失严重

在各种火灾中，发生概率最高、损失最为严重的当属建筑火灾。建筑火灾所造成的损失不仅是建筑本身的价值，而且还包括建筑内各种物质的经济损失。

二、建筑分类

《建筑设计防火规范》（GB 50016—2014）按照建筑物性质和建筑高度对建筑进行了分

类，具体见表1-3。

表1-3　建筑分类

建　筑　分　类		特　征
按建筑高度区分	多层建筑	建筑高度不大于27m的住宅建筑和其他建筑高度不大于24m的非单层建筑
	高层建筑	建筑高度大于27m的住宅建筑和其他建筑高度大于24m的非单层建筑
按建筑性质区分	民用建筑　住宅建筑	以户为单元的居住建筑
	公共建筑	公众进行工作、学习、商业、治疗等活动和交往的建筑
	工业建筑　厂房	加工和生产产品的建筑
	库房	储存原料、半成品、成品、燃料、工具等物品的建筑

　　民用建筑根据其建筑高度和层数可分为单、多层民用建筑和高层民用建筑。高层建筑是指建筑高度大于27m的住宅建筑和其他建筑高度大于24m的非单层建筑。高层民用建筑按其建筑高度、使用功能和楼层的建筑面积可分为一类和二类，详见表1-4。

表1-4　高层建筑分类

名　　称	高层民用建筑		单、多层民用建筑
	一类	二类	
住宅建筑	建筑高度大于54m的住宅建筑（包括设置商业服务网点的住宅建筑）	建筑高度大于27m，但不大于54m的住宅建筑（包括设置商业服务网点的住宅建筑）	建筑高度不大于27m的住宅建筑（包括设置商业服务网点的住宅建筑）
公共建筑	（1）建筑高度大于50m公共建筑 （2）任一层建筑面积大于1000m² 的商店、展览、电信、邮政、财贸金融建筑和其他多种功能组合的建筑 （3）医疗建筑、重要公共建筑 （4）省级以上的广播电视和防灾指挥调度建筑、网局级和省级电力调度建筑 （5）藏书超过100万册的图书馆、书库	除一类高层公共建筑外的其他高层公共建筑	（1）建筑高度大于24m的单层公共建筑 （2）建筑高度不大于24m的其他公共建筑

　　注：1. 表中未列入的建筑，其类别应根据本表类比确定。
　　2. 除《建筑设计防火规范》（GB 50016——2014）另有规定外，宿舍、公寓等非住宅类建筑的防火要求，应符合该规范有关公共建筑的规定；裙房的防火要求应符合该规范有关高层民用建筑的规定。

三、建筑耐火等级

1. 民用建筑耐火等级及选择

　　民用建筑的耐火等级划分为一、二、三、四级，除《建筑设计防火规范》（GB 50016—2014）另有规定外，不同耐火等级建筑相应构件的燃烧性能和耐火极限不应低于表1-5中数值。

表1-5　建筑物构件的燃烧性能和耐火极限　　　　　　单位：h

构　件　名　称		耐火等级			
		一级	二级	三级	四级
墙	防火墙	不燃性 3.00	不燃性 3.00	不燃性 3.00	不燃性 3.00
	承重墙	不燃性 3.00	不燃性 2.50	不燃性 2.00	不燃性 3.00
	非承重墙	不燃性 1.00	不燃性 1.00	不燃性 0.50	可燃性
	楼梯间和前室的墙 电梯井的墙 住宅建筑单元之间的墙和分户墙	不燃性 2.00	不燃性 2.00	不燃性 1.50	难燃性 0.50

续表

构 件 名 称		耐火等级			
		一级	二级	三级	四级
墙	疏散走道两侧的隔墙	不燃性 1.00	不燃性 1.00	不燃性 0.50	难燃性 0.25
	房间隔墙	不燃性 0.75	不燃性 0.50	难燃性 0.50	难燃性 0.25
柱		不燃性 3.00	不燃性 2.50	不燃性 2.00	难燃性 0.50
梁		不燃性 2.00	不燃性 1.50	不燃性 1.00	难燃性 0.50
楼板		不燃性 1.50	不燃性 1.00	不燃性 0.50	可燃性
屋顶承重构件		不燃性 1.50	不燃性 1.00	可燃性 0.50	可燃性
疏散楼梯		不燃性 1.50	不燃性 1.00	不燃性 0.50	可燃性
吊顶(包括吊顶搁栅)		不燃性 0.25	不燃性 0.25	难燃性 0.15	可燃性

注：1. 除《建筑设计防火规范》（GB 50016—2014）另有规定外，以木柱承重且墙体采用不燃材料的建筑，其耐火等级应按四级确定。

2. 住宅建筑构件的燃烧性能和耐火极限可按现行国家标准《住宅建筑规范》（GB 50368）的规定执行。

民用建筑的耐火等级应根据其建筑高度、使用功能、重要性和火灾扑救难度等确定，并应符合下列规定：

（1）地下和半地下建筑（室）和一类高层建筑的耐火等级不应低于一级；

（2）单、多层重要公共建筑和二类高层建筑的耐火等级不应低于二级。

建筑高度大于100m的民用建筑，其楼板的耐火极限不应低于2.0h。一、二级耐火等级建筑的上人平屋顶，其屋面板的耐火极限分别不应低于1.50h和1.0h。

一、二级耐火等级建筑的屋面板应采用不燃材料，但屋面防水层可采用可燃材料。

二级耐火等级建筑内采用难燃性墙体的房间隔墙，其耐火极限不应低于0.75h；当房间的建筑面积不大于100m² 时，房间隔墙可采用耐火极限不低于0.50h的难燃性墙体或耐火极限不低于0.30h的不燃性墙体。

二级耐火等级多层住宅建筑采用预应力钢筋混凝土的楼板，其耐火极限不应低于0.75h。

二级耐火等级建筑内采用不燃材料的吊顶，其耐火极限不限。

三级耐火等级的医疗建筑、中小学校的教学建筑、老年人建筑及托儿所的儿童用房和儿童游乐厅等儿童活动场所的吊顶，应采用不燃材料；当采用难燃材料时，其耐火极限不应低于0.25h。当房间的建筑面积不大于100m² 时，房间隔墙可采用耐火极限不低于0.50h的难燃性墙体或耐火极限不低于0.30h的不燃性墙体。

二、三级耐火等级建筑内门厅、走道的吊顶应采用不燃材料。

建筑内预制钢筋混凝土构件的节点外露部位，应采取防火保护措施，且节点的耐火极限不应低于相应构件的耐火极限。

2. 厂房和仓库的耐火等级及选择

（1）火灾危险性　《建筑设计防火规范》根据生产中使用或产生的物质性质及其数量等因素，将生产的火灾危险性划分为甲、乙、丙、丁、戊类，具体见表1-6。

表 1-6　生产的火灾危险性分类

生产类别	火灾危险性特征
甲	使用或产生下列物质的生产： (1)闪点小于28℃的液体 (2)爆炸下限小于10％的气体 (3)常温下能自行分解或在空气中氧化即能导致迅速自燃或爆炸的物质 (4)常温下受到水或空气中水蒸气的作用，能产生可燃气体并引起燃烧或爆炸的物质 (5)遇酸、受热、撞击、摩擦、催化以及遇有机物或硫黄等易燃的无机物，极易引起燃烧或爆炸的强氧化剂 (6)受撞击、摩擦或与氧化剂、有机物接触时能引起燃烧或爆炸的物质 (7)在密闭设备内操作温度等于或超过物质本身自燃点的生产
乙	使用或产生下列物质的生产： (1)闪点大于28℃小于60℃的液体 (2)爆炸下限大于等于10％的气体 (3)不属于甲类的氧化剂 (4)不属于甲类的化学易燃危险固体 (5)助燃气体 (6)能与空气形成爆炸性混合物的浮游状态的粉尘、纤维、闪点大于等于60℃的液体雾滴
丙	(1)闪点大于等于60℃的液体 (2)可燃固体
丁	(1)对非燃烧物质进行加工，并在高温或熔化状态下经常产生强辐射热、火花或火焰的生产 (2)利用气体、液体、固体作为燃料或将气体、液体进行燃烧作其他用的各种生产 (3)常温下使用或加工难燃烧物质的生产
戊	常温下使用或加工非燃烧物质的生产

同一座厂房或厂房的任一防火分区内有不同火灾危险性生产时，该厂房或防火分区内的生产火灾危险性类别应按火灾危险性较大的部分确定；当生产过程中使用或产生易燃、可燃物的量较少，不足以构成爆炸或火灾危险时，可按实际情况确定其生产的火灾危险性类别；当符合下述条件之一时，可按火灾危险性较小的部分确定。

① 火灾危险性较大的生产部分占本层或本防火分区面积的比例小于5％或丁、戊类厂房内的油漆工段小于10％，且发生火灾事故时不足以蔓延到其他部位或火灾危险性较大的生产部分采取了有效的防火措施；

② 丁、戊类厂房内的油漆工段，当采用封闭喷漆工艺，封闭喷漆空间内保持负压、油漆工段设置可燃气体自动报警系统或自动抑爆系统，且油漆工段占其所在防火分区面积的比例不大于20％。

储存物品的火灾危险性应根据储存物品的性质和储存物品中的可燃物数量等因素划分，可分为甲、乙、丙、丁、戊类，并应符合表 1-7 的规定。

表 1-7　储存物品的火灾危险性分类

储存物品的火灾危险性类别	储存物品的火灾危险性特征
甲	(1)闪点小于28℃的液体 (2)爆炸下限小于10％的气体以及受水或空气中水蒸气的作用，能产生爆炸，爆炸下限小于10％气体的固体物质 (3)常温下能自行分解或在空气中氧化即能导致迅速自燃或爆炸的物质 (4)常温下受到水或空气中水蒸气的作用，能产生可燃气体并引起燃烧或爆炸的物质 (5)遇酸、受热、撞击、摩擦、催化以及遇有机物或硫黄等易燃的无机物，极易引起燃烧或爆炸的强氧化剂 (6)受撞击、摩擦或与氧化剂、有机物接触时能引起燃烧或爆炸的物质

续表

储存物品的火灾危险性类别	储存物品的火灾危险性特征
乙	(1)闪点大于28℃小于60℃的液体 (2)爆炸下限大于等于10%的气体 (3)不属于甲类的氧化剂 (4)不属于甲类的易燃危险固体 (5)助燃气体 (6)常温下雨与空气接触能缓慢氧化,积热不散引起自燃的物品
丙	(1)闪点大于等于60℃的液体 (2)可燃固体
丁	难燃烧物品
戊	不燃烧物品

同一座仓库或仓库的任一防火分区内储存不同火灾危险性物品时,该仓库或防火分区的火灾危险性应按其中火灾危险性最大的类别确定。

(2)厂房和仓库的耐火等级选择　高层厂房,甲、乙类厂房的耐火等级不应低于二级,建筑面积不大于300m² 的独立甲、乙类单层厂房可采用三级耐火等级的建筑。

单层、多层丙类厂房,多层丁、戊类厂房的耐火等级不应低于三级。

使用或产生丙类液体的厂房和有火花、赤热表面、明火的丁类厂房,其耐火等级均不应低于二级,当为建筑面积不大于500m² 的单层丙类厂房或建筑面积不大于1000m² 的单层丁类厂房时,可采用三级耐火等级的建筑。

使用或储存特殊贵重的机器、仪表、仪器等设备或物品的建筑,其耐火等级不应低于二级。

锅炉房的耐火等级不应低于二级,当为燃煤锅炉房且锅炉的总蒸发量不大于4t/h 时,可采用三级耐火等级的建筑。

油浸变压器室、高压配电装置室的耐火等级不应低于二级,其他防火设计应符合现行国家标准《火力发电厂和变电站设计防火规范》(GB 50229)等标准的有关规定。

高架仓库、高层仓库和甲类库房的耐火等级不应低于二级。

单层乙类仓库,单层、多层丙类仓库和多层丁、戊类仓库的耐火等级不应低于三级。

粮食筒仓的耐火等级不应低于二级;二级耐火等级的粮食筒仓可采用钢板仓。粮食平房仓的耐火等级不应低于三级;二级耐火等级的散装粮食平房仓可采用无防火保护的金属承重构件。

甲、乙、厂房和甲、乙、丙类仓库内的防火墙,其耐火极限不应低于4.00h;一、二级耐火等级单层厂房(仓库)的柱,其耐火极限不应低于2.50h。

采用自动喷水灭火系统全保护的一级耐火等级的单层、多层厂房(仓库)的屋顶承重构件,其耐火极限不应低于1.0h。

除一级耐火等级的建筑外,下列建筑构件可采用无防火保护的金属结构,其中能受到甲、乙、丙类液体或可燃气体火焰影响的部位应采取外包覆不燃材料或其他防火隔热保护措施。

① 设置自动灭火系统的单层丙类厂房的梁、柱、屋顶承重构件;

② 设置自动灭火系统的二级耐火等级多层丙类厂房的屋顶承重构件;

③ 单层、多层丁、戊类厂房(仓库)的梁、柱和屋顶承重构件。

除甲、乙类仓库和高架仓库外,一、二级耐火等级建筑的非承重外墙,当采用不燃墙体时,其耐火极限不应低于0.25h;当采用难燃烧体时,不应低于0.50h;

4层及4层以下的一、二级耐火等级丁、戊类地上厂房（仓库），当非承重外墙采用不燃烧体时，其耐火极限不限；当非承重外墙采用难燃烧体的轻质复合墙体时，其表面材料应为不燃材料、内填充材料的燃烧性能不应低于B2级。材料的燃烧性能分级应符合国家标准《建筑材料燃烧性能分级方法》（GB 8624）的规定。

二级耐火等级厂房（仓库）中的房间隔墙，当采用难燃烧体时，其耐火极限应提高0.25h。

二级耐火等级的多层厂房或多层仓库内中的楼板，当采用预应力和预制钢筋混凝土楼板时，其耐火极限不应低于0.75h。

一、二级耐火等级厂房（仓库）的上人平屋顶，其屋面板的耐火极限分别不应低于1.50h和1.00h。

一、二级耐火等级厂房（仓库）的屋面板应采用不燃烧材料，但其屋面防水层和绝热层可采用可燃材料；当为4层及4层以下的丁、戊类厂房（仓库）时，其屋面可采用难燃烧体的轻质复合屋面板，但该板材的表面材料应为不燃烧材料，内填充材料的燃烧性能不应低于B2级。

除《建筑设计防火规范》（GB 50016—2014）另有规定者外，以木柱承重且以不燃烧材料作为墙体的厂房（仓库），其耐火等级应按四级确定。

预制钢筋混凝土构件的节点外露部位，应采取防火保护措施，且该节点的耐火极限不应低于相应构件的耐火等级。

四、平面布置与防火间距

1. 民用建筑

在进行总平面设计时，应合理确定建筑的位置、防火间距、消防车道和消防水源等，且不宜布置在甲、乙类厂（库）房，甲、乙、丙类液体和可燃气体储罐以及可燃材料堆场附近。

民用建筑之间的防火间距不应小于表1-8的规定，与其他建筑之间的防火间距应符合《建筑设计防火规范》（GB 50016—2014）的有关规定。

表1-8　民用建筑之间的防火间距　　　　　　　　　　　　　　　单位：m

建筑类别		高层民用建筑	裙房和其他民用建筑		
		一、二级	一、二级	三级	四级
高层民用建筑	一、二级	13	9	11	14
裙房和其他民用建筑	一、二级	9	6	7	9
	三级	11	7	8	11
	四级	14	9	10	12

注：1. 相邻两座单层、多层建筑，当相邻外墙为不燃烧体且无外露的燃烧体屋檐，每面外墙上无防火保护的门、窗、洞口不正对开设且该门、窗、洞口的面积之和不大于该外墙面积的5％时，其防火间距可按本表规定减少25％。

2. 两座建筑相邻较高一面外墙为防火墙，或高出相邻较低一座一、二级耐火等级建筑的屋面15m及以下范围内的外墙为防火墙，其防火间距不限。

3. 相邻两座高度相同的一、二级耐火等级建筑中相邻任一侧外墙为防火墙，屋面板的耐火等级不低于1.0h，其防火间距不限。

4. 相邻两座建筑中较低一座建筑的耐火等级不低于二级，相邻较低一面外墙为防火墙且屋顶无天窗，屋面板的耐火极限不低于1.00h，其防火间距不应小于3.5m；对于高层建筑，不应小于4m。

5. 相邻两座建筑中较低一座建筑的耐火等级不低于二级且屋顶无天窗，相邻较高一面外墙高出较低一座建筑的屋面15m及以下范围内的开口部位设置甲级防火门、窗，或符合现行国家标准《自动喷水灭火系统设计规范》（GB 50084）规定的防火分隔水幕或《建筑设计防火规范》（GB 50016—2014）第6.5.2条规定的防火卷帘，其防火间距不应小于3.5m；对于高层建筑，不应小于4m。

6. 相邻建筑通过连廊、天桥或底部的建筑物等连接时，其防火间距不应小于本表的规定。

7. 耐火等级低于四级的既有建筑，其耐火等级可按四级确定。

民用建筑与单独建造的其他变电站，其防火间距应符合《建筑设计防火规范》（GB 50016—2014）的第3.4.1条有关室外变、配电站的规定。但与单独建造的终端变电站的防火间距，应根据变电站的耐火等级按《建筑设计防火规范》（GB 50016—2014）的第5.2.2条有关民用建筑的规定确定。

民用建筑与10kV及以下的预装式变电站的防火间距不应小于3m。

民用建筑与燃油、燃气或燃煤锅炉房的防火间距应符合《建筑设计防火规范》（GB 50016—2014）的第3.4.1条有关丁类厂房的规定，但与单台蒸汽锅炉的蒸发量不大于4t/h或单台热水锅炉的额定热功率不大于2.8MW的燃煤锅炉房，其防火间距可根据变电所或锅炉房的耐火等级按《建筑设计防火规范》（GB 50016—2014）的第5.2.2条有关民用建筑的规定确定。

除高层民用建筑外，数座一、二级耐火等级的住宅建筑或办公建筑，当建筑物的占地面积总和不大于2500m²时，可成组布置，但组内建筑物之间的间距不宜小于4m。

组与组或组与相邻建筑物之间的防火间距不应小于《建筑设计防火规范》（GB 50016—2014）的第5.2.2～5.2.4条的规定。

民用建筑与燃气调压站、液化石油气气化站、混气站和城市液化石油气供应站瓶库等之间的防火间距，应符合现行国家标准《城镇燃气设计规范》（GB 50028）中的有关规定。

建筑高度大于100m的民用建筑与相邻建筑的防火间距，当符合《建筑设计防火规范》（GB 50016—2014）的第3.4.5条、第3.5.3条、第4.2.1条和第5.2.2条允许减小的条件时，仍不应减小。

2. 厂房和仓库

《建筑设计防火规范》（GB 50016—2014）对厂房、仓库的布置有明确规定如下。

（1）厂房内严禁设置员工宿舍。办公室、休息室等不应设置在甲、乙类厂房内，必须与本厂房贴邻建造时，其耐火等级不应低于二级，并应采用耐火极限不低于3.00h的不燃烧体防爆墙分隔和设置独立的安全出口。

在丙类厂房内设置的办公室、休息室，应采用耐火极限不低于2.50h的不燃烧体隔墙和不低于1.00h的楼板与厂房分隔，并应至少设置1个独立的安全出口。如隔墙上需开设相互连通的门时，应采用乙级防火门。

（2）变、配电站不应设置在甲、乙类厂房内或贴邻建造，且不应设置在爆炸性气体、粉尘环境的危险区域内。供甲、乙类厂房专用的10kV及以下的变、配电站，当采用无门窗洞口的防火墙分隔时，可一面贴邻建造，并应符合现行国家标准《爆炸和火灾危险环境电力装置设计规范》（GB 50058）等规范的有关规定。乙类厂房的配电站必须在防火墙上开窗时，应设置不可开启的甲级防火窗。

（3）员工宿舍严禁设置在仓库内。办公室、休息室等严禁设置甲、乙类仓库内，也不应贴邻。

在丙、丁类仓库内设置的办公室、休息室，应采用耐火极限不低于2.50h的不燃烧体隔墙和不低于1.00h的楼板与库房分隔，并应设置独立的安全出口。如隔墙上需开设相互连通的门时，应采用乙级防火门。

（4）对于物流建筑，当建筑功能以分拣、加工等作业为主时，应按《建筑设计防火规范》（GB 50016—2014）有关厂房防火的规定确定；当建筑功能以仓储为主或建筑难以区分功能时，应按《建筑设计防火规范》（GB 50016—2014）有关仓库防火的规定确定，但当分拣等作业区采用防火墙与储存区完全分离时，作业区和储存区的防火要求可分别按《建筑设计防火规范》（GB 50016—2014）有关厂房和仓库的防火规定确定。其中，当分拣等作业区采用防火墙与储存区完全分离且符合下列条件时，除自动化控制的丙类高架仓库等外，储存区的防火分区最大允许建筑面积和储存区部分建筑的最大允许占地面积，可按《建筑设计防火规范》（GB 50016—2014）的表3.3.2（不含注）的规定增加3.0倍。

（5）甲、乙类厂房（仓库）内不应设置铁路线。需要出入蒸汽机车和内燃机车的丙、丁、戊类厂房（仓库），其屋顶应采用不燃烧体或采取其他防火保护措施。

厂房之间及其与乙、丙、丁、戊类仓库、民用建筑等之间的防火间距见表1-9。

表1-9　厂房之间及其与乙、丙、丁、戊类仓库、民用建筑等之间的防火间距　单位：m

名　　称	甲类厂房 单层或多层 一、二级	乙类厂房（仓库） 单层或多层 一、二级	乙类厂房（仓库） 单层或多层 三级	乙类厂房（仓库） 高层 一、二级	丙、丁、戊类厂房（仓库） 单层或多层 一、二级	丙、丁、戊类厂房（仓库） 单层或多层 三级	丙、丁、戊类厂房（仓库） 单层或多层 四级	丙、丁、戊类厂房（仓库） 高层 一、二级	民用建筑 裙房,单层或多层 一、二级	民用建筑 裙房,单层或多层 三级	民用建筑 裙房,单层或多层 四级	民用建筑 高层 一类	民用建筑 高层 二类
甲类厂房　单层、多层　一、二级	12	12	14	13	12	14	16	13					
乙类厂房　单层、多层　一、二级	12	10	13	13	10	12	14	15	25			50	
乙类厂房　单层、多层　三层	14	12	14	13	12	14	15	15					
乙类厂房　高层　一、二级	13	13	15	13	13	15	17	13					
丙类厂房　单层或多层　一、二级	12	10	13	13	10	12	14	13	10	12	14	20	15
丙类厂房　单层或多层　三级	14	12	14	15	12	14	16	15	12	14	16	25	20
丙类厂房　高层　四级	16	14	16	17	14	16	18	17	14	16	18	25	20
丙类厂房　高层　一、二级	13	13	15	13	13	15	17	13	13	15	17	20	15
丁、戊类厂房　单层或多层　一、二级	12	10	13	13	10	12	14	13	10	12	14	15	13
丁、戊类厂房　单层或多层　三级	14	12	14	15	12	14	16	15	12	14	16	18	15
丁、戊类厂房　高层　四级	16	14	16	17	14	16	18	17	14	16	18	18	15
丁、戊类厂房　高层　一、二级	13	13	15	13	13	15	17	13	13	15	17	15	13
室外变、配电站　变压器总油量/t　≥5,≤10					12	15	20	12	15	20	25	20	20
室外变、配电站　变压器总油量/t　>10,≤50	25	25	25	25	15	20	25	15	20	25	30	25	25
室外变、配电站　变压器总油量/t　>50					20	25	30	20	25	30	35	30	30

注：1. 乙类厂房与重要公共建筑之间的防火间距不宜小于50m，与明火或散发火花地点不宜小于30m。单层或多层戊类厂房之间及其与戊类仓库之间的防火间距，可按本表的规定减少2m。单层、多层戊类厂房与民用建筑之间的防火间距可按《建筑设计防火规范》第5.2.2条的规定执行。为丙、丁、戊类厂房服务而单独设立的生活用房应按民用建筑确定，与所属厂房之间的防火间距不应小于6m。必须相邻建造时，应符合本表注2、3的规定。

2. 两座厂房相邻较高一面的外墙为防火墙时，其防火间距不限，但甲类厂房之间不应小于4m。两座丙、丁、戊类厂房相邻两面的外墙均为不燃烧体，当无外露的燃烧体屋檐，每面外墙上的门窗洞口面积之和不大于该外墙面积的5%，且门窗洞口不正对开设时，其防火间距可按本表的规定减少25%。甲、乙类厂房（仓库）不应与《建筑设计防火规范》第3.3.5条规定外的其他建筑贴邻建造。

3. 两座一、二级耐火等级的厂房，当相邻较低一面外墙为防火墙且较低一座厂房的屋顶耐火极限不低于1.00h，或相邻较高一面外墙的门窗等开口部位设置甲级防火门窗或防火分隔水幕或按《建筑设计防火规范》第6.5.2条的规定设置防火卷帘时，甲、乙类厂房之间的防火间距不应小于6m；丙、丁、戊类厂房之间的防火间距不应小于4m。

4. 发电厂内的主变压器，其油量可按单台确定。

5. 耐火等级低于四级的原有厂房，其耐火等级可按四级确定。

6. 当丙、丁、戊类厂房与丙、丁、戊类仓库相邻时，应符合本表注2、3的规定。

甲类厂房与重要公共建筑之间的防火间距不应小于50m，与明火或散发火花地点之间的防火间距不应小于30m。

散发可燃气体、可燃蒸气的甲类厂房与铁路、道路等的防火间距不应小于表1-10的规定，但甲类厂房所属厂内铁路装卸线当有安全措施时，其间距可不受表1-10规定的限制。

表 1-10　甲类厂房与铁路、道路等的防火间距　　　　　　　　单位：m

名称	厂外铁路线中心线	厂内铁路线中心线	厂外道路路边	厂内道路路边	
				主要	次要
甲类厂房	30	20	15	10	5

高层厂房与甲、乙、丙类液体储罐，可燃、助燃气体储罐，液化石油气储罐，可燃材料堆场（煤和焦炭场除外）的防火间距，应符合《建筑设计防火规范》（GB 50016—2014）第 4 章的有关规定，且不应小于 13m。

丙、丁、戊类厂房与民用建筑的耐火等级均为一、二级时，丙、丁、戊类厂房与民用建筑的防火间距可适当减小，但应符合下列规定。

（1）当较高一面外墙为无门、窗、洞口的防火墙，或比相邻较低一座建筑屋面高 15m 及以下范围内的外墙为无门、窗、洞口的防火墙时，其防火间距不限；

（2）相邻较低一面外墙为防火墙，且屋顶不设天窗、屋顶耐火极限不低于 1.00h，或相邻较高一面外墙为防火墙，且墙上开口部位采取了防火保护措施，其防火间距可适当减小，但不应小于 4m。

厂房外附设化学易燃物品的设备时，其室外设备外壁与相邻厂房室外附设设备外壁或相邻厂房外墙之间的距离，不应小于《建筑设计防火规范》（GB 50016—2014）第 3.4.1 条的规定。用不燃烧材料制作的室外设备，可按一、二级耐火等级建筑确定。

总储量不大于 15m³ 的丙类液体储罐，当直埋于厂房外墙外，且面向储罐一面 4.0m 范围内的外墙为防火墙时，其防火间距可不限。

同一座 U 形或山形厂房中相邻两翼之间的防火间距，不宜小于《建筑设计防火规范》（GB 50016—2014）第 3.4.1 条的规定，但当该厂房的占地面积小于该规范第 3.3.1 条规定的每个防火分区的最大允许建筑面积时，其防火间距可为 6m。

除高层厂房和甲类厂房外，其他类别的数座厂房占地面积之和小于《建筑设计防火规范》（GB 50016—2014）第 3.3.1 条规定的防火分区最大允许建筑面积（按其中较小者确定，但防火分区的最大允许建筑面积不限者，不应大于 10000m²）时，可成组布置。当厂房建筑高度不大于 7m 时，组内厂房之间的防火间距不应小于 4m；当厂房建筑高度大于 7m 时，组内厂房之间的防火间距不应小于 6m。组与组或组与相邻建筑之间的防火间距，应根据相邻两座耐火等级较低的建筑，按该规范第 3.4.1 条的规定确定。

一级汽车加油站、一级汽车液化石油气加气站和一级汽车加油加气合建站不应建在城市建成区内。

汽车加油、加气站和加油加气合建站的分级，汽车加油、加气站和加油加气合建站及其加油（气）机、储油（气）罐等与站外明火或散发火花地点、建筑、铁路、道路之间的防火间距，以及站内各建筑或设施之间的防火间距，应符合现行国家标准《汽车加油加气站设计与施工规范》（GB 50156）的有关规定。

电力系统电压为 35～500kV 且每台变压器容量在 10MV·A 以上的室外变、配电站以及工业企业的变压器总油量大于 5t 的室外降压变电站，与建筑之间的防火间距不应小于《建筑设计防火规范》（GB 50016—2014）第 3.4.1 条和第 3.5.1 条的规定。

厂区围墙与厂内建筑之间的间距不宜小于 5m，且围墙两侧的建筑之间还应满足相应的防火间距要求。

甲类仓库之间及其与其他建筑、明火或散发火花地点、铁路、道路等的防火间距不应小于表 1-11 的规定。

表 1-11　甲类仓库之间及其与其他建筑、明火或散发火花地点、铁路、道路等的防火间距

单位：m

名称		甲类仓库（储量）/t			
		甲类储存物品第3、4项		甲类储存物品第1、2、5、6项	
		≤5	>5	≤10	>10
高层民用建筑、重要公共建筑		50			
裙房、其他民用建筑、明火或散发火花地点		30	40	25	30
甲类仓库		20	20	20	20
厂房和乙、丙、丁、戊类仓库	一、二级	15	20	12	15
	三级	20	25	15	20
	四级	25	30	20	25
电力系统电压为 35～500kV 且每台变压器容量在 10MVA 以上的室外变、配电站工业企业的变压器总油量大于 5t 的室外降压变电站		30	40	25	30
厂外铁路线中心线		40			
厂内铁路线中心线		30			
厂外道路路边		20			
厂内道路路边	主要	10			
	次要	5			

注：甲类仓库之间的防火间距，当第 3、4 项物品储量不大于 2t，第 1、2、5、6 项物品储量不大于 5t 时，不应小于12m，甲类仓库与高层仓库之间的防火间距不应小于 13m。

除《建筑设计防火规范》（GB 50016—2014）另有规定者外，乙、丙、丁、戊类仓库之间及其与民用建筑之间的防火间距，不应小于表 1-12 的规定。

表 1-12　乙、丙、丁、戊类仓库之间及其与民用建筑之间的防火间距　单位：m

名称			乙类仓库			丙类仓库				丁、戊类仓库			
			单层、多层		高层	单层、多层			高层	单层、多层			高层
			一、二级	三级	一、二级	一、二级	三级	四级	一、二级	一、二级	三级	四级	一、二级
乙、丙、丁、戊类厂房	单层、多层	一、二级	10	12	13	10	12	14	13	10	12	14	13
		三级	12	14	15	12	14	16	15	12	14	16	15
		四级	14	16	17	14	16	18	17	14	16	18	17
	高层	一、二级	13	15	13	13	15	17	13	13	15	17	13
民用建筑	裙房，单层、多层	一、二级	25			10	12	14	13	10	12	14	13
		三级	25			12	14	16	15	12	14	16	15
		四级	25			14	16	18	17	14	16	18	17
	高层	一类	50			20	25	25	20	15	18	18	15
		二类	50			15	20	20	15	13	15	15	13

注：1. 单层或多层戊类仓库之间的防火间距，可按本表减少 2m。

2. 两座仓库的相邻外墙均为防火墙时，防火间距可以减小，但丙类仓库，不应小于 6m；丁、戊仓库，不应小于 4m。两座仓库相邻较高一面为防火墙，且总占地面积不大于《建筑设计防火规范》（GB 50016—2014）第 3.3.2 条一座仓库的最大允许占地面积规定时，其防火间距不限。

3. 除乙类第 6 项物品外的乙类仓库，与民用建筑之间的防火间距不宜小于 25m，与重要公共建筑之间的防火间距不应小于 50m，与铁路、道路等的防火间距不宜小于表 1-11 中甲类仓库与铁路、道路等的防火间距。

丁、戊类仓库与民用建筑的耐火等级均为一、二级时，仓库与民用建筑的防火间距可适当减小，但应符合下列规定。

（1）当较高一面外墙为无门、窗、洞口的防火墙，或比相邻较低一座建筑屋面高 15m 及以下范围内的外墙为无门、窗、洞口的防火墙时，其防火间距可不限；

（2）相邻较低一面外墙为防火墙，且屋顶不设天窗、屋顶耐火极限不低于 1.00h，或相

邻较高一面外墙为防火墙，且墙上开口部位采取了防火保护措施，其防火间距可适当减小，但不应小于 4m。

粮食筒仓与其他建筑之间及粮食筒仓组与组之间的防火间距，不应小于表 1-13 的规定。

表 1-13　粮食筒仓与其他建筑之间及粮食筒仓组与组之间的防火间距　　　单位：m

名称	粮食总储量 W/t	粮食立筒仓			粮食浅圆仓		其他建筑		
		$W \leqslant 40000$	$40000 < W \leqslant 50000$	$W > 50000$	$W \leqslant 50000$	$W > 50000$	一、二级	三级	四级
粮食立筒仓	$500 < W \leqslant 10000$	15	20	25	20	25	10	15	30
	$10000 < W \leqslant 40000$	15	20	25	20	25	15	20	25
	$40000 < W \leqslant 50000$	20	20	25	20	25	20	25	30
	$W > 50000$	25					15	30	—
粮食浅圆仓	$W \leqslant 50000$	20	20	25	20	25	20	25	—
	$W > 50000$	25					25	30	—

注：1. 当粮食立筒仓、粮食浅圆仓与工作塔、接收塔、发放站为一个完整工艺单元的组群时，组内各建筑之间的防火间距不受本表限制。

2. 粮食浅圆仓组内每个独立仓的储量不应大于 10000t。

库区围墙与库区内建筑之间的间距不宜小于 5m，且围墙两侧的建筑之间还应满足相应的防火间距要求。

第二章 ≫

消火栓灭火系统

以水为灭火剂的消防给水系统，按灭火设施可分为消火栓灭火系统和自动喷洒灭火系统。消火栓灭火系统按建筑外墙为界，可分为室外消火栓灭火系统和室内消火栓灭火系统，又称为室外消火栓给水系统和室内消火栓给水系统；自动喷洒灭火系统按喷头所处状态可分为闭式自动喷洒灭火系统和开式自动喷洒灭火系统。

第一节　室外消火栓给水系统

在建筑物外墙中心线以外的消火栓给水系统称为室外消火栓给水系统。它由水源、室外消防给水管道、消防水池和室外消火栓组成，灭火时，消防车从室外消火栓或消防水池吸水加压，从室外进行灭火或向室内消火栓给水系统加压供水。

一、室外消火栓的设置场所

我国《建筑设计防火规范》（GB 50016—2014）规定，在下列场所应设置室外消火栓。

（1）民用建筑、厂房、仓库、储罐（区）和堆场周围应设置室外消火栓系统。

（2）用于消防救援和消防车停靠的屋面上，应设置室外消火栓系统。

（3）耐火等级不低于二级且建筑物体积小于等于 3000m³ 的戊类厂房，居住区人数不超过 500 人且建筑物层数不超过两层的居住区，可不设置室外消火栓系统。

二、水源、设计流量和水压

1. 水源

用于建筑灭火的消防水源有给水管网和天然水源，消防用水可由给水管网、天然水源或消防水池供给，也可临时由游泳池、水景池等其他水源供给。

2. 建筑物室外消火栓设计流量

建筑物室外消火栓设计流量，应根据建筑物的用途功能、体积、耐火等级、火灾危险性等因素综合分析确定。建筑物室外消火栓设计流量不应小于表 2-1 的规定。

3. 建筑物室外消火栓给水系统所需水压

《建筑设计防火规范》（GB 50016—2014）规定：设有市政消火栓的给水管网平时运行工作压力不应小于 0.14MPa，消防时水力最不利消火栓的出流量不应小于 15L/s，且供水压力从地面算起不应小于 0.10MPa。

表 2-1 建筑物室外消火栓设计流量   单位：L/s

耐火等级	建筑物名称及类别			建筑体积 V/m^3				
				$V \leqslant 1500$	$1500 < V \leqslant 3000$	$3000 < V \leqslant 5000$	$5000 < V \leqslant 20000$	$20000 < V \leqslant 50000$	$V > 50000$
一级、二级	工业建筑	厂房	甲、乙	15	20	25	30	35
			丙	15	20	25	30	40
			丁、戊	15				20
		仓库	甲、乙	15		25		—
			丙	15		25	35	45
			丁、戊	15				20
	民用建筑	住宅		15				
		公共建筑	单层及多层	15			25	30	40
			高层	—			25	30	40
	地下建筑(包括地铁)、平战结合的人防工程			15			20	25	30
三级	工业建筑	乙、丙		15	20	30	40	45
		丁、戊		15			25	35
	单层及多层民用建筑			15		20	25	30
四级	丁、戊类工业建筑			15		20	25	—
	单层及多层民用建筑			15		20	25	—

注：1. 成组布置的建筑物应按消火栓设计流量较大的相邻两座建筑物的体积之和确定；
2. 火车站、码头和机场的中转库房，其室外消火栓设计流量应按相应耐火等级的丙类物品库房确定；
3. 国家级文物保护单位的重点砖木、木结构的建筑物室外消火栓设计流量，按三级耐火等级民用建筑物消火栓设计流量确定；
4. 当单座建筑总建筑面积大于 $50000\mathrm{m}^3$ 时，建筑物室外消火栓设计流量应按本表规定的最大值增加一倍。

严寒地区在城市主要干道上设置消防水鹤的布置间距宜为 1000m，连接消防水鹤的市政给水管的管径不宜小于 $DN200$。消防时消防水鹤的出流量不宜低于 30L/s，且供水压力从地面算起不应小于 0.10MPa。

三、室外消火栓、消防水池和室外消防给水管道

1. 室外消火栓

室外消火栓分为地上式与地下式两种。地上式消火栓应有一个直径为 150mm 或 100mm 和两个直径为 65mm 的栓口，如图 2-1 所示。地下式消火栓应有一个直径为 100mm 和 65mm 的栓口各一个，如图 2-2 所示。

室外消火栓宜采用地上式，在严寒、寒冷等冬季结冰地区宜采用干式地上式室外消火栓，严寒地区宜增设消防水鹤。当采用地下式室外消火栓，地下消火栓井的直径不宜小于 1.5m，且地下式室外消火栓的取水口在冰冻线以上时，应采取保温措施。

《建筑设计防火规范》（GB 50016—2014）规定室外消火栓布置应符合下列要求。

（1）建筑室外消火栓的数量应根据室外消火栓设计流量和保护半径经计算确定，保护半径不应大于 150m，每个室外消火栓的出流量宜按 10～15L/s 计算。

（2）室外消火栓宜沿建筑周围均匀布置，且不宜集中布置在建筑一侧；建筑消防扑救面一侧的室外消火栓数量不宜少于 2 个。

（3）人防工程、地下工程等建筑应在出入口附近设置室外消火栓，且距出入口的距离不宜小于 5m，并不宜大于 40m。

（4）停车场的室外消火栓宜沿停车场周边设置，且与最近一排汽车的距离不宜小于 7m，距加油站或油库不宜小于 15m。

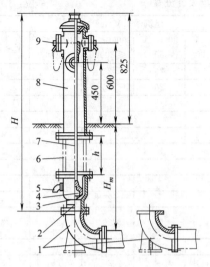

图 2-1　地上式消火栓

1—90°弯头；2—阀体；3—阀座；
4—阀瓣；5—排水阀；6—法兰短管；
7—阀杆；8—本体；9—接口

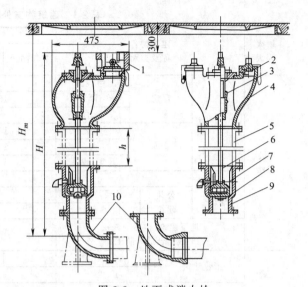

图 2-2　地下式消火栓

1—连接器座；2—接口；3—阀杆；4—本体；5—法兰短管；
6—排水阀；7—阀瓣；8—阀座；9—阀体；10—进水弯管

（5）甲、乙、丙类液体储罐区和液化烃罐罐区等构筑物的室外消火栓，应设在防火堤或防护墙外，数量应根据每个罐的设计流量经计算确定，但距罐壁 15m 范围内的消火栓，不应计算在该罐可使用的数量内。

（6）工艺装置区等采用高压或临时高压消防给水系统的场所，其周围应设置室外消火栓，数量应根据设计流量经计算确定，且间距不应大于 60.0m。当工艺装置区宽度大于 120.0m 时，宜在该装置区内的路边设置室外消火栓。

（7）当工艺装置区、罐区、可燃气体和液体码头等构筑物的面积较大或高度较高，室外消火栓的充实水柱无法完全覆盖时，宜在适当部位设置室外固定消防炮。

（8）当工艺装置区、储罐区、堆场等构筑物采用高压或临时高压消防给水系统时，消火栓的设置应符合下列规定：

① 室外消火栓处宜配置消防水带和消防水枪；

② 工艺装置休息平台等处需要设置的消火栓的场所应采用室内消火栓，并应符合该规范第 7.4 节的有关规定。

（9）室外消防给水引入管当设有减压型倒流防止器，且火灾时因其水头损失导致室外消火栓不能满足规范所规定压力时，应在该倒流防止器前设置一个室外消火栓。

2. 消防水池

符合下列规定之一时，应设置消防水池。

（1）当生产、生活用水量达到最大时，市政给水管网或引入管不能满足室内外消防用水量时；

（2）当采用一路消防供水或只有一条引入管，且室外消火栓设计流量大于 20L/s 或建筑高度大于 50m 时；

（3）市政消防给水设计流量小于建筑的消防给水设计流量时。

储存室外消防用水的消防水池或供消防车取水的消防水池，应符合下列规定：

（1）消防水池应设置取水口（井），且吸水高度不应大于 6.0m；

（2）取水口（井）与建筑物（水泵房除外）的距离不宜小于15m；

（3）取水口（井）与甲、乙、丙类液体储罐等构筑物的距离不宜小于40m；

（4）取水口（井）与液化石油气储罐的距离不宜小于60m，当采取防止辐射热保护措施时，可为40m。

消防用水与其他用水共用的水池，应采取确保消防用水量不作他用的技术措施。

当生产、生活用水量达到最大时，市政给水管道、进水管或天然水源不能满足室内外消防用水量，应设消防水池；如果市政给水管道为枝状或只有1条进水管，且室内外消防用水量之和大于25L/s，应设消防水池。

寒冷地区的消防水池应采取防冻措施。

消防水池应设有水位控制阀的进水管和溢水管、通气管、泄水管、出水管及水位指示器等附属装置。

3. 室外消防给水管道

设有市政消火栓的市政给水管网应符合下列规定。

（1）设有市政消火栓的市政给水管网宜为环状管网，但当城镇人口小于2.5万人时，可为枝状管网。

（2）接市政消火栓的环状给水管网的管径不应小于$DN150$，枝状管网的管径不宜小于$DN200$。当城镇人口小于2.5万人时，接市政消火栓的给水管网的管径可适当减少，环状管网时不应小于$DN100$，枝状管网时不宜小于$DN150$。

（3）工业园区和商务区等区域采用两路消防供水，当其中一条引入管发生故障时，其余引入管在保证满足70%生产生活给水的最大小时设计流量条件下，应仍能满足《消防给水及消防栓系统技术规范》（GB 50974—2014）规定的消防给水设计流量。

下列消防给水应采用环状给水管网：

（1）向两栋或两座及以上建筑供水时；

（2）向两种及以上水灭火系统供水时；

（3）采用设有高位消防水箱的临时高压消防给水系统时；

（4）向两个及以上报警阀控制的自动水灭火系统供水时。

向室外、室内环状消防给水管网供水的输水干管不应少于两条，当其中一条发生故障时，其余的输水干管应仍能满足消防给水设计流量。

室外消防给水管网应符合下列规定：

（1）室外消防给水采用两路消防供水时应采用环状管网，但当采用一路消防供水时可采用枝状管网；

（2）管道的直径应根据流量、流速和压力要求经计算确定，但不应小于$DN100$；

（3）消防给水管道应采用阀门分成若干独立段，每段内室外消火栓的数量不宜超过5个；

（4）管道设计的其他要求应符合现行国家标准《室外给水设计规范》（GB 50013）的有关规定。

埋地管道宜采用球墨铸铁管、钢丝网骨架塑料复合管和加强防腐的钢管等管材，室外架空管道应采用热浸锌镀锌钢管等金属管材，并应按下列因素对管道的综合影响选择管材和设计管道。

（1）系统工作压力；

（2）覆土深度；

（3）土壤的性质；

（4）管道的耐腐蚀能力；

（5）可能受到土壤、建筑基础、机动车和铁路等其他附加荷载的影响；

（6）管道穿越伸缩缝和沉降缝。

埋地管道当系统工作压力不大于1.20MPa时，宜采用球墨铸铁管或钢丝网骨架塑料复合管给水管道；当系统工作压力大于1.20MPa小于1.60MPa时，宜采用钢丝网骨架塑料复合管、加厚钢管和无缝钢管；当系统工作压力大于1.60MPa时，宜采用无缝钢管。钢管连接宜采用沟槽连接件（卡箍）和法兰，当采用沟槽连接件连接时，公称直径小于等于$DN250$的沟槽式管接头系统工作压力不应大于2.50MPa，公称直径大于等于$DN300$的沟槽式管接头系统工作压力不应大于1.60MPa。

埋地金属管道的管顶覆土应符合下列规定：

（1）管道最小管顶覆土应按地面荷载、埋深荷载和冰冻线对管道的综合影响确定；

（2）管道最小管顶覆土不应小于0.70m；但当在机动车道下时管道最小管顶覆土应经计算确定，并不宜小于0.90m；

（3）管道最小管顶覆土应至少在冰冻线以下0.30m。

埋地管道采用钢丝网骨架塑料复合管时应符合下列规定：

（1）钢丝网骨架塑料复合管的聚乙烯（PE）原材料不应低于PE80；

（2）钢丝网骨架塑料复合管的内环向应力不应低于8.0MPa；

（3）钢丝网骨架塑料复合管的复合层应满足静压稳定性和剥离强度的要求；

（4）钢丝网骨架塑料复合管及配套管件的熔体质量流动速率（MFR），应按现行国家标准《热塑性塑料熔体质量流动塑料和熔体体积流动速率的测定》（GB/T 3682）规定的试验方法进行试验时，加工前后MFR变化不应超过±20%；

（5）管材及连接管件应采用同一品牌产品，连接方式应采用可靠的电熔连接或机械连接；

（6）管材耐静压强度应符合现行行业标准《埋地聚乙烯给水管道工程技术规程》（CJJ101）的有关规定和设计要求；

（7）钢丝网骨架塑料复合管道最小管顶覆土深度，在人行道下不宜小于0.80m，在轻型车行道下不应小于1.0m，且应在冰冻线下0.3m；在重型汽车道路或铁路、高速公路下应设置保护套管，套管与钢丝网骨架塑料复合管的净距不应小于100mm；

（8）钢丝网骨架塑料复合管道与热力管道间的距离，应在保证聚乙烯管道表面温度不超过40℃的条件下计算确定，但最小净距不应小于1.50m。

第二节　建筑室内消火栓给水系统

一、建筑室内消火栓给水系统设置的原则

我国《建筑设计防火规范》（GB 50016—2014）规定下列建筑或场所应设置室内消火栓系统。

（1）建筑占地面积大于300m²的厂房和仓库；

（2）高层公共建筑和建筑高度大于21m的住宅建筑。对于建筑高度不大于27m的住宅

建筑，设置室内消火栓系统确有困难时，可设置干式消防竖管和不带消火栓箱的 $DN65$ 的室内消火栓。

（3）体积大于 $5000m^3$ 的车站、码头、机场的候车（船、机）建筑、展览建筑、商店建筑、旅馆建筑、医疗建筑和图书馆建筑等单、多层建筑；

（4）特等、甲等剧场，超过 800 个座位的其他等级的剧场和电影院等，超过 1200 个座位的礼堂、体育馆等单、多层建筑；

（5）建筑高度大于 15m 或体积大于 $10000m^3$ 的办公建筑、教学建筑和其他单、多层民用建筑。

同时《建筑设计防火规范》（GB 50016—2014）规定下列建筑或场所可不设置室内消火栓系统，但宜设置消防软卷盘或轻便消防水龙。

（1）耐火等级为一、二级且可燃物较少的单、多层丁、戊类厂房（仓库）；

（2）耐火等级为三、四级且建筑体积不大于 $3000m^3$ 的丁类厂房；耐火等级为三、四级且建筑体积不大于 $5000m^3$ 的戊类厂房（仓库）；

（3）粮食仓库、金库、远离城镇并无人值班的独立建筑；

（4）存有与水接触能引起燃烧爆炸的物品的建筑；

（5）室内没有生产、生活给水管道，室外消防用水取自储水池且建筑体积不大于 $5000m^3$ 的其他建筑。

国家级文物保护单位的重点砖木或木结构的古建筑，宜设置室内消火栓。人员密集的公共建筑，建筑高度大于 100m 的建筑和建筑面积大于 $200m^2$ 的商业服务网点内应设置消防软管卷盘或轻便消防水龙。高层住宅建筑的户内宜配置轻便消防水龙。

一般建筑物或厂房内，消防给水常常与生活或生产给水共同一个给水系统，只在建筑物防火要求高，不宜采用共用系统，或共用系统不经济时，才采用独立的消防给水系统。

二、室内消火栓灭火系统的选择

（1）室内环境温度不低于 4℃，且不高于 70℃ 的场所，应采用湿式室内消火栓系统。

（2）室内环境温度低于 4℃ 或高于 70℃ 的场所，宜采用干式室内消火栓系统。

（3）建筑高度不大于 27m 的多层住宅建筑设置室内湿式消火栓系统确有困难时，可设置干式消防竖管。

（4）严寒、寒冷等冬季结冰地区城市隧道及其他建筑物的消火栓系统，应采取防冻措施，并采用干式消火栓系统和干式室外消火栓。

（5）干式消火栓系统的充水时间不应大于 5min，并应符合下列规定。

① 在干管上宜设干式报警阀、雨淋阀或电磁阀、电动阀等快速启闭装置；当采用电动阀时开启时间不应超过 30s。

② 当采用雨淋阀或电磁阀、电动阀时，在消火栓箱处应设置直接开启快速启闭装置的手动按钮。

③ 在系统管道的最高处应设置快速排气阀。

三、室内消火栓给水系统类型

1. 按消防给水系统的服务范围分

（1）独立高压（或临时高压）消防给水系统　每幢高层建筑设置独立的消防给水系统。这种系统适用于区域内独立的或分散的高层建筑。其特点是每幢建筑中都独立设置水池、水泵和水箱，因此，供水的安全可靠性高，但管理分散，投资较大。一般在地震区人防要求较高的建筑物以及重要的建筑物宜采用这种系统。

（2）区域或集中高压（或临时高压）消防给水系统　两幢或两幢以上高层建筑共用一个泵房的消防给水系统。这种系统适用于集中的高层建筑群。其特点是数幢或数十幢高层建筑物共用一个水池和泵房。这种系统便于集中管理，在某些情况下，可节省投资，但在地震区安全性较低。

2.按压力和流量是否满足系统要求分

按压力和流量是否满足系统要求，室内消火栓给水系统分为以下几种。

（1）常高压消火栓给水系统（见图 2-3）　水压和流量任何时间和地点都能满足灭火时的所需要的压力和流量，系统中不需要设消防泵的消防给水系统。两路不同城市给水干管供水，常高压消防给水系统管道的压力应保证用水总量达到最大且水枪在任何建筑物的最高处时，水枪的充实水柱仍不小于 10m。

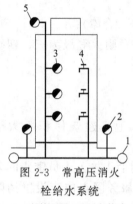

图 2-3　常高压消火
栓给水系统

1—室外环网；2—室外消
火栓；3—室内消火栓；
4—生活给水点；5—屋顶
试验用消火栓

（2）临时高压消火栓给水系统（见图 2-4）　水压和流量平时不完全满足灭火时的需要，在灭火时启动消防泵。当稳压泵稳压时，可满足压力，但不满足水量；当屋顶消防水箱稳压时，建筑物的下部可满足压力和流量，建筑物的上部不满足压力和流量。临时高压消防给水系统，多层建筑管道的压力应保证用水总量达到最大且水枪在任何建筑物的最高处时，水枪的充实水柱仍不小于 10m；高层建筑应满足室内最不利点灭火设施的水量和水压要求。

（3）低压消火栓给水系统（见图 2-5）　低压给水系统管道的压力应保证灭火时最不利点消火栓的水压不小于 0.10MPa（从地面算起）。满足或部分满足消防水压和水量要求，消防时可由消防车或由消防水泵提升压力，或作为消防水池的水源水，由消防水泵提升压力。

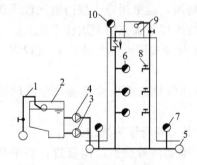

图 2-4　临时高压消火栓给水系统

1—市政管网；2—水池；3—消防水泵组；4—生活
水泵组；5—室外环网；6—室内消火栓；
7—室外消火栓；8—生活用水；9—高位水箱和
补水管；10—屋顶试验用消火栓

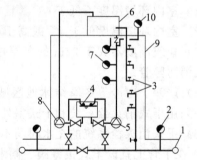

图 2-5　低压消火栓给水系统

1—市政管网；2—室外消火栓；3—室内生活
用水点；4—室内水池；5—消防水泵；
6—水箱；7—室内消火栓；8—生活水泵；
9—建筑物；10—屋顶试验用消火栓

四、室内消火栓给水系统的组成

室内消火栓给水系统一般由水枪、水带、消火栓、消防卷盘、消防管道、消防水池、消防水箱、水泵结合器、增压水泵及远距离启动消防水泵的设备等组成，图 2-6 为建筑室内消火栓给水系统组成示意图。

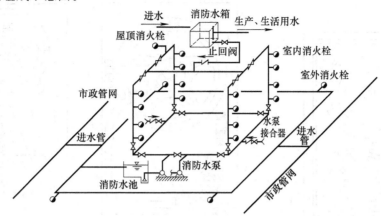

图 2-6 建筑室内消火栓给水系统组成示意

1. 水枪、水带和消火栓

室内一般采用直流式水枪，喷嘴口径有 13mm、16mm、19mm 三种。喷嘴口径 13mm 的水枪配 50mm 水带，16mm 的水枪配 50mm 或 65mm 水带，19mm 的水枪配 65mm 水带。

室内消防水带口径有 50mm、65mm 两种，水带长度一般为 15mm、20mm、25mm、30mm 四种；水带材质有麻织和化纤两种，有衬胶与不衬胶之分，其中衬胶水流阻力小。水带长度应根据水力计算确定。

消火栓均为内扣式接口的球形阀式龙头，进水口端与消防立管相连接，出水口端与水带连接。消火栓按其出口形式分为单出口和双出口两大类。双出口消火栓直径为 65mm，单出口消火栓直径有 50mm 和 65mm 两种。当消防水枪最小射流量小于 5L/s 时，应采用 50mm 消火栓；当消防水枪最小射流量大于等于 5L/s 时，应采用 65mm 消火栓。消火栓按阀和栓口数量可分为单阀单口消火栓、双阀双口消火栓和单阀双口消火栓。一般情况下采用单阀单口消火栓。双阀双口消火栓，除塔式楼住宅外，一般不宜采用。单阀双口消火栓，高层建筑中不得采用。

为了便于维护管理与使用，同一建筑物内应选用同一型号规格的消火栓水枪和水带。

水枪、水带和消火栓以及消防卷盘平时置于有玻璃门的消火栓箱内，图 2-7 为单阀单口消火栓箱，图 2-8 为双阀双口消火栓箱，图 2-9 为普通消火栓和消防卷盘共用消火栓箱。

2. 消防卷盘

室内消火栓给水系统中，有时因喷水压力和消防流量较大，对没有经过消防训练的普通人员来说，难以操纵，影响扑灭初期火灾效果。因此，在一些重要的建筑物内，如高级旅馆、一类建筑的商业楼、展览楼、综合楼等和建筑高度超过 100m 的其他超

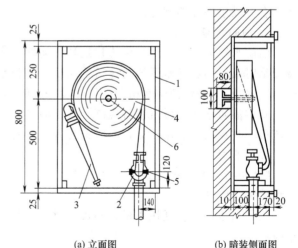

(a) 立面图   (b) 暗装侧面图

图 2-7 单阀单口消火栓箱

1—消火栓箱；2—消火栓；3—水枪；
4—水带；5—水带接口；6—轴

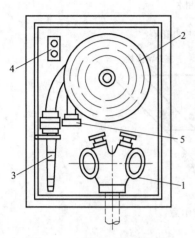

图 2-8 双阀双口消火栓箱
1—双阀双口消火栓；2—卷盘和水带；
3—水枪；4—按钮；5—接头

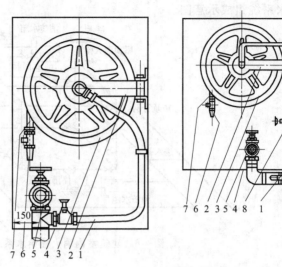

图 2-9 普通消火栓和消防卷盘共用消火栓箱
1—消防卷盘接管；2—消防卷盘接管支架；3—消防卷盘；
4—消火栓箱；5—消火栓；6—消防卷盘水枪；
7—胶带；8—阀门

高层建筑，消火栓给水系统可加设消防卷盘（又称消防水喉），供没有经过消防训练的普通人员扑救初起火灾使用。

消防卷盘由 25mm 或 32mm 小口径室内消火栓、内径不小于 19mm 的输水胶管、喷嘴口径为 6.8mm 或 9mm 的小口径开关和转盘配套组成，胶管长度为 20～40m。整套消防卷盘与普通消火栓可设在一个消防箱内（见图 2-9），也可从消防立管接出独立设置在专用消防箱内。

消防卷盘一般设置在走道、楼梯附近明显易于取用地点，其间距应保证室内地面的任何部位有一股水柱能够到达。

3. 消防水箱

消防水箱的主要作用是供给建筑扑灭初期火灾的消防用水量，并保证相应的水压要求。设置临时高压消防给水系统的建筑物应设置消防水箱（包括气压水罐、水塔、分区给水系统的分区水箱）。高位消防水箱可采用热浸锌镀锌钢板、钢筋混凝土、不锈钢板等建造。

高位消防水箱的设置位置应高于其所服务的水灭火设施，且最低有效水位应满足水灭火设施最不利点处的静水压力，并应符合规范的有关规定。

4. 消防水池

《消防给水及消火栓系统技术规范》（GB 50974—2014）规定，符合下列规定之一时，应设置消防水池。

（1）当生产、生活用水量达到最大时，市政给水管网或引入管不能满足室内外消防用水量时；

（2）当采用一路消防供水或只有一条引入管，且室外消火栓设计流量大于 20L/s 或建筑高度大于 50m 时；

（3）市政消防给水设计流量小于建筑的消防给水设计流量时。

消防水池的总蓄水有效容积大于 500m³ 时，宜设两个能独立使用的消防水池，并应设置满足最低有效水位的连通管；但当大于 1000m³ 时，应设置能独立使用的两座消防水池，每座消防水池应设置独立的出水管，并应设置满足最低有效水位的连通管。

5. 水泵接合器

水泵接合器是连接消防车向室内消防给水系统加压供水的装置。当室内消防水泵发生故障或室内消防用水量不足时，消防车从室外消火栓、消防水池或天然水源取水，通过水泵接合器将水送至室内消防管网，保证室内消防用水。

下列场所的室内消火栓给水系统应设置消防水泵接合器：

（1）高层民用建筑；

（2）设有消防给水的住宅、超过 5 层的其他多层民用建筑；

（3）超过 2 层或建筑面积大于 $10000m^2$ 的地下或半地下建筑（室）、室内消火栓设计流量大于 10L/s 平战结合的人防工程；

（4）高层工业建筑和超过 4 层的多层建筑；

（5）城市市政隧道。

自动喷水灭火系统、水喷雾灭火系统、泡沫灭火系统和固定消防炮灭火系统等水灭火系统，均应设置消防水泵接合器。

水泵接合器按安装型式可分为地上式、地下式、墙壁式和多用式。图 2-10 所示为地上、地下和墙壁式 3 种。按接合器出口的公称通径可分为 100mm 和 150mm 两种。按接合器公称压力可分为 1.6MPa、2.5MPa 和 4.0MPa 等多种。按接合器连接方式可分为法兰式和螺纹式。

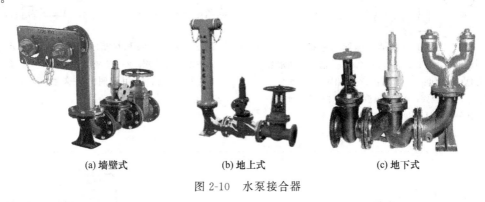

(a) 墙壁式　　　　　(b) 地上式　　　　　(c) 地下式

图 2-10　水泵接合器

五、室内消火栓给水系统的供水方式

1. 不分区供水

当消火栓栓口处最大工作压力不大于 1.20MPa 时，室内消火栓给水系统可以采用不分区的方式供水，见图 2-11。

不分区供水方式主要有以下几种。

（1）无加压泵和水箱的室内消火栓给水系统　此种系统如图 2-12 所示，常在建筑物不太高，室外给水管网所提供的水压和水量，在任何时候均能满足室内最不利点消火栓所需的水压水量时采用。

（2）设有水箱的室内消火栓给水系统　此种系统如图 2-13 所示，常用在室外给水管网一日内压力变化较大的城市或居住区。这种系统管网应独立设置，水箱可以和生产、生活用水合用，但水箱内应有保证消防用水不作他用的技术措施，从而保证在任何情况下，水箱均可提供 10min 的消防水用量，10min 后，由消防车加压通过水泵接合器进行灭火。水箱的安装高度应满足室内管网最不利点消火栓水压和水量的要求。

（3）设置消防泵和水箱的室内消火栓给水系统　在室外给水管网经常不能满足室内消火栓给水系统的水量和水压要求时，宜采用水泵、水箱联合供水的室内消火栓给水系统，如图2-14所示。消防水箱10min的消防用水量，其设置高度应保证室内最不利点消火栓的水压。消防泵只在消防时启用，对于共用的消防系统，消防泵应保证供应生活、生产、消防用水的最大流量，并应满足室内管网最不利点消火栓的水压。为了避免消防时消防水泵的出水进入水箱，应在水箱的消防出水管上设置单向阀。

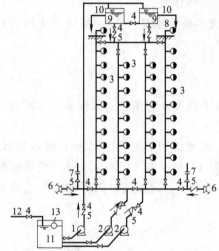

图 2-11　不分区消火栓给水系统

1—生活、生产水泵；2—消防水泵；3—消火栓和水泵
远距离启动按钮；4—阀门；5—止回阀；6—水泵
接合器；7—安全阀；8—屋顶消火栓；9—高位水箱；
10—至生活、生产管网；11—储水池；
12—来自城市管网；13—浮球阀

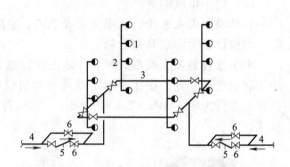

图 2-12　无加压泵和水箱的室内消火栓给水系统

1—室内消火栓；2—室内消防竖管；3—干管；
4—进户管；5—止回阀；6—旁通管及阀门

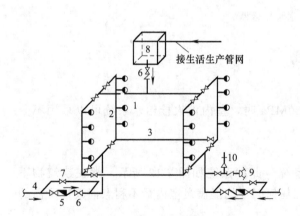

图 2-13　设有水箱的室内消火栓给水系统

1—室内消火栓；2—消防竖管；3—干管；
4—进户管；5—水表；6—止回阀；7—旁通管
及阀门；8—水箱；9—水泵接合器；10—安全阀

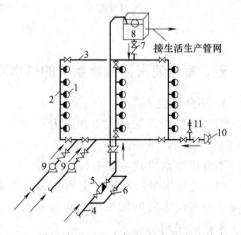

图 2-14　设置消防泵和水箱的室内消火栓给水系统

1—室内消火栓；2—消防竖管；3—干管；
4—进户管；5—水表；6—止回阀；
7—旁通管及阀门；8—水箱；9—消防水
泵；10—水泵接合器；11—安全阀

2. 分区供水

《消防给水及消火栓系统技术规范》（GB 50974—2014）规定，符合下列条件时，消防给水系统应分区供水。

（1）消火栓栓口处最大工作压力大于1.20MPa时；

（2）自动水灭火系统报警阀处的工作压力大于1.60MPa或喷头处的工作压力大于1.20MPa时；

（3）系统最高压力大于2.40MPa时。

分区供水应根据系统压力、建筑特征，经技术经济和安全可靠性比较确定，可采用消防水泵并行、水泵串联、减压水箱和减压阀减压等方式；当系统的工作压力大于2.40MPa时，应采用水泵串联、减压水箱减压的方式供水。

（1）并联分区室内消火栓给水系统 各区分别有各自专用消防水泵，独立运行，水泵集中布置。该系统管理方便，运行比较安全可靠。但高区水泵扬程较高，需用耐高压管材与管件，一旦高区在消防车供水压力不够时，高区的水泵结合器将失去作用。并联分区给水系统一般适用于分区不多的高层建筑，如建筑高度不超过100m的高层建筑，并联分区室内消火栓给水系统如图2-15所示。

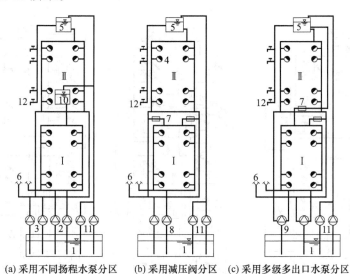

(a) 采用不同扬程水泵分区　　(b) 采用减压阀分区　　(c) 采用多级多出口水泵分区

图2-15　并联分区室内消火栓给水系统

1—消防水池；2—低区水泵；3—高区水泵；4—室内消火栓；5—屋顶水箱消防水泵；6—水泵接合器；7—减压阀；8—消防水泵；9—多级多出口水泵；10—中间水箱；11—生活给水泵；12—生活给水

（2）串联分区室内消火栓给水系统 消防给水管网竖向各区由消防水泵或串联消防水泵分级向上供水，串联消防水泵设置在设备层或避难层。

串联消防水泵分区又可分为水泵直接串联和水箱转输间接串联两种。规范建议采用消防水泵串联分区供水时，宜采用消防水泵转输水箱串联供水方式，并应符合下列规定：

①当采用消防水泵转输水箱串联时，转输水箱的有效储水容积不应小于60m³，转输水箱可作为高位消防水箱；

②串联转输水箱的溢流管宜连接到消防水池；

③当采用消防水泵直接串联时，应采取确保供水可靠性的措施，且消防水泵从低区到高区应能依次顺序启动；

④当采用消防水泵直接串联时，应校核系统供水压力，并应在串联消防水泵出水管上设置减压型倒流防止器。

消防水泵直接串联给水系统如图 2-16（a）所示。消防水泵直接从消防水池（箱）或消防管网直接吸水，消防水泵从下到上依次启动。但低区水泵作为高区的转输泵，同转输串联给水方式相比，节省投资与占地面积，但供水安全性不如转输串联，控制较为复杂。采用水泵直接串联时，应注意管网供水压力因接力水泵在小流量高扬程时出现的最大扬程叠加。管道系统的设计强度应满足此要求。

消防水泵间接串联给水系统如图 2-16（b）所示。水泵自下区水箱抽水供上区用水，不需采用耐高压管材、管件与水泵，可通过水泵结合器并经各转输泵向高区送水灭火，供水可靠性较好；水泵分散在各层，振动、噪声干扰较大，管理不便，水泵安全可靠性较差；易产生二次污染。采用水箱转输间接串联时，中间转输水箱同时起到上区输水泵的吸水池与本区消防给水屋顶水箱的作用，该部分水量都是变值，为安全计，输水水箱的容积宜适当放大，建议按 30~60min 的消防设计水量计算确定，且不宜小于 36m³。并使下区水泵输水流量适当大于上区消防水量。

在超高层建筑中，也可以采用串联、并联混合给水的方式，消防水泵混合给水系统如图 2-16（c）所示。

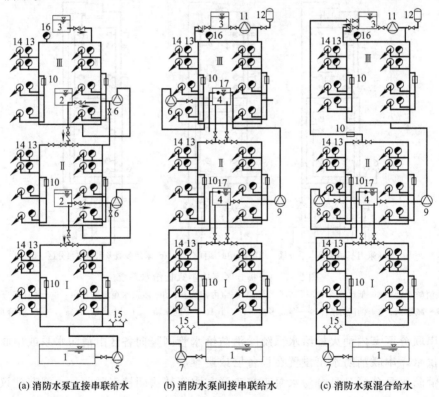

(a) 消防水泵直接串联给水   (b) 消防水泵间接串联给水   (c) 消防水泵混合给水

图 2-16 直接串联分区给水系统

1—消防水池；2—中间水箱；3—屋顶水箱；4—中间转输水箱；5—消防水泵；6—中、高区消防水泵；
7—低、中区消防水泵兼转输；8—中区消防水泵；9—高区消防水泵；10—减压阀；11—增压水泵；
12—气压罐；13—室内消火栓；14—消防卷盘；15—水泵接合器；16—屋顶消火栓；17—浮球阀

（3）减压分区室内消火栓给水系统　与生活给水系统的减压给水方式一样分为减压阀减压分区供水和减压水箱减压分区供水。

采用减压阀减压分区供水时应符合下列规定：

① 消防给水所采用的减压阀性能应安全可靠，并应满足消防给水的要求；

② 减压阀应根据消防给水设计流量和压力选择，且设计流量应在减压阀流量压力特性曲线的有效段内，并校核在150％设计流量时，减压阀的出口动压不应小于设计值的70％；

③ 每一供水分区应设不少于两个减压阀组；

④ 减压阀仅应设置在单向流动的供水管上，不应设置在有双向流动的输水干管上；

⑤ 减压阀宜采用比例式减压阀，当超过1.20MPa时宜采用先导式减压阀；

⑥ 减压阀的阀前阀后压力比值不宜大于3∶1，当一级减压阀减压不能满足要求时，可采用减压阀串联减压，但串联减压不应大于两级，第二级减压阀宜采用先导式减压阀，阀前后压力差不宜超过0.40MPa；

⑦ 减压阀后应设置安全阀，安全阀的开启压力应能满足系统安全，且不应影响系统的供水安全性。

采用减压水箱减压分区供水时应符合下列规定：

① 减压水箱有效容积、出水、排水和水位，设置场所应符合规范有关规定；

② 减压水箱布置和通气管呼吸管等应符合规范有关规定；

③ 减压水箱的有效容积不应小于18m³，且宜分为两格；

④ 减压水箱应有两条进、出水管，且每条进、出水管应满足消防给水系统所需消防用水量的要求；

⑤ 减压水箱进水管的水位控制应可靠，宜采用水位控制阀；

⑥ 减压水箱进水管应设置防冲击和溢水的技术措施，并宜在进水管上设置紧急关闭阀门，溢流水宜回流到消防水池。

六、室内消火栓给水系统的设计要求

（一）室内消火栓及消防软管卷盘的设置

1. 消火栓布置原则

室内消火栓的布置应符合下列规定。

（1）设置室内消火栓的建筑物，包括设备层在内的各层均应设置消火栓。

（2）屋顶设有直升机停机坪的建筑，应在停机坪出入口处或非电器设备机房处设置消火栓，并距停机坪机位边缘的距离不应小于5.0m。

（3）消防电梯间前室内应设置消火栓，并应计入消火栓使用数量。

室内消火栓应设在明显易于取用的地点。栓口离地面高度为1.1m，其出水方向应向下或与设置消火栓的墙面成90°角。冷库的室内消火栓应设在常温穿堂内或楼梯间内。

设有室内消火栓的建筑，如为平屋顶时宜在平屋顶上设置试验和检查用的消火栓。

高位水箱设置高度不能保证最不利点消火栓的水压要求时，应在每个室内消火栓处设置直接启动消防水泵的按钮，并应有保护措施。

室内消火栓的布置应满足同一平面有2支消防水枪的2股充实水柱同时到达任何部位的要求，但建筑高度小于或等于24m且体积小于或等于5000m³的多层仓库、建筑高度小于或等于54m且每单元设置一部疏散楼梯的住宅，以及可采用1支消防水枪的场所，可采用1支消防水枪的1股充实水柱到达室内任何部位。

2. 水枪充实水柱长度

充实水柱长度是指水枪射流中对灭火起作用的那段消防射流，也就是包含全部射流水量

75％～90％的那段密实水柱。根据消防实践证明，当水枪的充实水柱长度小于7m时，由于火场烟雾大，辐射热高，扑救火灾有一定困难，当充实水柱长度增大时，水枪的反作用力也随之加大，充实水柱长度超过15m时，因射流的反作用力而使消防队员无法把握水枪灭火。因此，火场常用的充实水柱长度一般为10～15m。

《消防给水及消火栓系统技术规范》（GB 50974—2014）要求室内消火栓栓口压力和消防水枪充实水柱应符合下列规定：

（1）消火栓栓口动压力不应大于0.50MPa，但当大于0.70MPa时应设置减压装置；

（2）高层建筑、厂房、库房和室内净空高度超过8m的民用建筑等场所的消火栓栓口动压，不应小于0.35MPa，且消防防水枪充实水柱应按13m计算；其他场所的消火栓栓口动压不应小于0.25MPa，且消防水枪充实水柱应按10m计算。

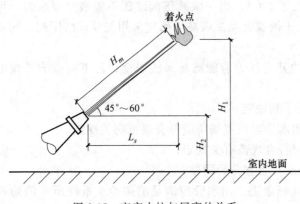

图2-17　充实水柱与层高的关系

水枪的充实水柱也不宜过大，否则水枪的反作用力会增大，从而影响消防人员的操作，不利于灭火。如图2-17所示，水枪充实水柱可按下式计算：

$$H_m = \frac{H_1 - H_2}{\sin\alpha} \tag{2-1}$$

式中　H_m——水枪充实水柱长度，m；

　　　H_1——被保护建筑物的层高，m；

　　　H_2——灭火时消防水枪枪口距地面的高度，m，一般取 $H_2=1.0$m；

　　　α——水枪充实水柱与水平面的夹角，（°），一般为45°，若有特殊困难，可适当加大，但水枪的最大倾角不应大于60°，以保证消防人员的安全和扑救效果。

3. 消火栓的保护半径

消火栓的保护半径是指某种规格的消火栓、水枪和一定长度的水带配套后，并考虑消防人员使用该设备时有一定的安全保障（为此，水枪的上倾角不宜超过45°，否则着火物下落将伤及灭火人员），以消火栓为圆心，消火栓能充分发挥作用的水平距离。

消火栓的保护半径可按下式计算：

$$R = 0.8L_d + L_s \tag{2-2}$$

式中　R——消火栓保护半径，m；

　　　L_d——水带的长度，m；

　　　L_s——水枪的充实水柱在水平面的投影长度，m；对于一般建筑（层高3～3.5m）由于两层楼板限制，一般取 $L_s=3$m；对于工业厂房和层高大于3.5m的民用建筑按 $L_s = H_m\cos 45°$ 计算。

4. 消火栓的布置间距

室内消火栓的间距应经过计算确定。但高层工业建筑、高架库房、甲、乙类厂房，室内消火栓的间距≤30m。其他单层和多层建筑室内消火栓的间距≤50m。

（1）当室内宽度较小只有一排消火栓，并且只要求1股水柱到达室内任何部位时，如图

2-18（a）所示，消火栓的间距按下式计算：

$$S_1 \leqslant 2\sqrt{R^2 - b^2} \tag{2-3}$$

式中 S_1——1 股水柱时消火栓间距，m；

  R——消火栓的保护半径，m；

  b——消火栓的最大保护宽度，m，外廊式建筑 b 为建筑宽度，内廊式建筑 b 为走道
    两侧中最大一边宽度。

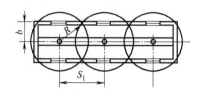

(a) 单排1股水柱到达室内任何部位

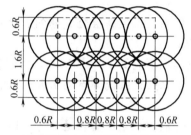

(b) 单排2股水柱到达室内任何部位

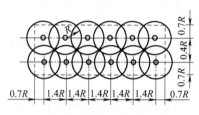

(c) 多排1股水柱到达室内任何部位

(d) 多排2股水柱到达室内任何部位

图 2-18 消火栓布置间距

（2）当室内只有一排消火栓，且要求有 2 股水柱同时到达室内任何部位时，如图
2-18（b）所示，消火栓的间距按下式计算：

$$S_2 \leqslant \sqrt{R^2 - b^2} \tag{2-4}$$

式中 S_2——2 股水柱时消火栓间距，m；

  R，b 同上式。

（3）当建筑物较宽，需要布置多排消火栓，且要求有 1 股水柱到达室内任何部位时，如
图 2-18（c）所示，消火栓的间距按下式计算：

$$S_n = 1.4R \tag{2-5}$$

（4）当建筑物较宽，需要布置多排消火栓，且要求有 2 股水柱同时到达室内任何部位
时，消火栓的间距按图 2-18（d）确定。

5. 消防软管卷盘

《建筑设计防火规范》（GB 50016—2014）规定下列建筑或场所可不设置室内消火栓系
统，但宜设置消防软卷盘或轻便消防水龙。

（1）耐火等级为一、二级且可燃物较少的单、多层丁、戊类厂房（仓库）；

（2）耐火等级为三、四级且建筑体积不大于 3000m³ 的丁类厂房；耐火等级为三、四级
且建筑体积不大于 5000m³ 的戊类厂房（仓库）；

（3）粮食仓库、金库、远离城镇并无人值班的独立建筑；

（4）存有与水接触能引起燃烧爆炸的物品的建筑；

（5）室内没有生产、生活给水管道，室外消防用水取自储水池且建筑体积不大于

5000m³ 的其他建筑。

人员密集的公共建筑，建筑高度大于 100m 的建筑和建筑面积大于 200m² 的商业服务网点内应设置消防软管卷盘或轻便消防水龙。高层住宅建筑的户内宜配置轻便消防水龙。

消防软管卷盘一般设置在走道、楼梯附近明显易于取用地点，其间距应保证室内地面的任何部位有一股水柱能够到达。

该规范还规定，住宅户内宜在生活给水官道上预留一个接 DN15 消防软管或轻便水龙头的接口。

（二）消防水箱和水池的设置

1. 消防水箱

高位消防水箱的设置位置应高于其所服务的水灭火设施，且最低有效水位应满足水灭火设施最不利点处的静水压力，并应符合下列规定。

（1）一类高层民用公共建筑不应低于 0.10MPa，但当建筑高度超过 100m 时不应低于 0.15MPa；

（2）高层住宅、二类高层公共建筑、多层民用建筑不应低于 0.07MPa，多层住宅不宜低于 0.07MPa；

（3）工业建筑不应低于 0.10MPa，当建筑体积小于 20000m³ 时，不宜低于 0.07MPa；

（4）自动喷水灭火系统等自动水灭火系统应根据喷头灭火需求压力确定，但最小不应小于 0.10MPa；

（5）当高位消防水箱不能满足上述（1）～（4）的静压要求时，应设稳压泵。

高位消防水箱的设置应符合下列规定。

（1）当高位消防水箱在屋顶露天设置时，水箱的人孔以及进出水管的阀门等应采取锁具或阀门箱等保护措施；

（2）严寒、寒冷等冬季冰冻地区的消防水箱应设置在消防水箱间内，其他地区宜设置在室内，当必须在屋顶露天设置时，应采取防冻隔热等安全措施；

（3）高位消防水箱与基础应牢固连接。

高位消防水箱间应通风良好，不应结冰，当必须设置在严寒、寒冷等冬季结冰地区的非采暖房间时，应采取防冻措施，环境温度或水温不应低于 5℃。

《消防给水及消火栓系统技术规范》（GB 50974—2014）要求高位消防水箱应符合下列规定：

（1）高位消防水箱的有效容积、出水、排水和水位等应符合该规范第 4.3.8 条和第 4.3.9 条的有关规定；

（2）高位消防水箱的最低有效水位应根据出水管喇叭口和防止旋流器的淹没深度确定，当采用出水管喇叭口应符合该规范第 5.1.13 条第 4 款的规定；但当采用防止旋流器时应根据产品确定，不应小于 150mm 的保护高度；

（3）消防水箱的通气管、呼吸管等应符合该规范第 4.3.10 条的有关规定；

（4）消防水箱外壁与建筑本体结构墙面或其他池壁之间的净距，应满足施工或装配的需要，无管道的侧面，净距不宜小于 0.7m；安装有管道的侧面，净距不宜小于 1.0m，且管道外壁与建筑本体墙面之间的通道宽度不宜小于 0.6m，设有人孔的水箱顶，其顶面与其上面的建筑物本体板底的净空不应小于 0.8m；

（5）进水管的管径应满足消防水箱 8h 充满水的要求，但管径不应小于 DN32，进水管宜设置液位阀或浮球阀；

（6）进水管应在溢流水位以上接入，进水管口的最低点高出溢流边缘的高度应等于进水管管径，但最小不应小于 25mm，最大可不大于 150mm；

（7）当进水管为淹没出流时，应在进水管上设置防止倒流的措施或在管道上设置虹吸破坏孔和真空破坏器，虹吸破坏孔的孔径不宜小于管径的 1/5，且不应小于 25mm。但当采用生活给水系统补水时，进水管不应淹没出流；

（8）溢流管的直径不应小于进水管直径的 2 倍，且不应小于 $DN100$，溢流管的喇叭口直径不应小于溢流管直径的 1.5～2.5 倍；

（9）高位消防水箱出水管管径应满足消防给水设计流量的出水要求，且不应小于 $DN100$；

（10）高位消防水箱出水管应位于高位消防水箱最低水位以下，并应设置防止消防用水进入高位消防水箱的止回阀；

（11）高位消防水箱的进、出水管应设置带有指示启闭装置的阀门。

消防水箱宜与生活或生产高位水箱合用，以保持箱内储水经常流动、防止水箱水质变坏。但水箱应有防止消防储水长期不用而水质变坏和确保消防水量不被挪用的技术措施（见图 2-19）。

对于重要的高层建筑，消防水箱最好采用两个，当一个水箱检修时，仍可保存必要的消防应急用水。两个消防水箱底部用连通管进行连接，并在连通管上设阀门，此阀门处于常开状态（见图 2-20）。发生火灾时，由消水泵供给的消防用水不应进入消防水箱，因此在水箱的消防供水管上设置止回阀。

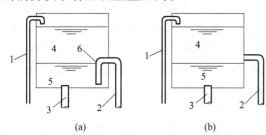
图 2-19　确保消防用水量的技术措施
1—进水管；2—生活供水管；3—消防供水管；4—生活调节水量；5—消防储水量；6—ϕ10mm 小孔

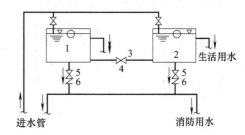
图 2-20　两个水箱储存消防用水的阀门布置
1,2—水箱；3—连通管；4,5—常开阀门；6—止回阀

2. 消防水池

《消防给水及消火栓系统技术规范》（GB 50974—2014）规定，符合下列规定之一时，应设置消防水池。

（1）当生产、生活用水量达到最大时，市政给水管网或引入管不能满足室内外消防用水量时；

（2）当采用一路消防供水或只有一条引入管，且室外消火栓设计流量大于 20L/s 或建筑高度大于 50m 时；

（3）市政消防给水设计流量小于建筑的消防给水设计流量时。

消防水池的总蓄水有效容积大于 500m³ 时，宜设两个能独立使用的消防水池，并应设置满足最低有效水位的连通管；但当大于 1000m³ 时，应设置能独立使用的两座消防水池，每座消防水池应设置独立的出水管，并应设置满足最低有效水位的连通管。

储存室外消防用水的消防水池或供消防车取水的消防水池，应符合下列规定。

（1）消防水池应设置取水口（井），且吸水高度不应大于 6.0m；

（2）取水口（井）与建筑物（水泵房除外）的距离不宜小于 15m；

（3）取水口（井）与甲、乙、丙类液体储罐等构筑物的距离不宜小于 40m；

（4）取水口（井）与液化石油气储罐的距离不宜小于 60m，当采取防止辐射热保护措施时，可为 40m。

消防用水与其他用水共用的水池，应采取确保消防用水量不作他用的技术措施（见图 2-21）。在气候条件允许并利用游泳池、喷水池、冷却水池等用作消防水池时；必须具备消防水池的功能，设置必要的过滤装置，各种用作储存消防用水的水池，当清洗放空时，必须另有保证消防用水的水池。

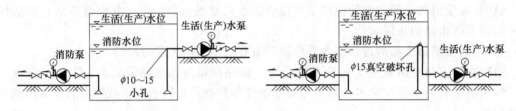

图 2-21　确保消防用水量不被他用的技术措施

消防水池的出水、排水和水位应符合下列要求。

（1）消防水池的出水管应保证消防水池的有效容积能被全部利用。

消防水池出水管的安装位置与最低水位的关系可以参见图 2-22。

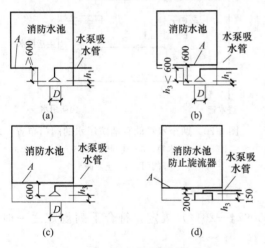

图 2-22　消防水池最低水位

A—消防水池最低水位线；*D*—吸水管喇叭口直径；h_1—喇叭口底到吸水井底的距离；h_3—喇叭口底到池底的距离

（2）消防水池应设置就地水位显示装置，并应在消防控制中心或值班室等地点设置显示消防水池水位的装置，同时应有最高和最低报警水位。

对各种水位进行监控的目的是保证消防水池不因放空或各种因素漏水而造成有效灭火水源不足。

（3）消防水池应设置溢流水管和排水设施，并应采用间接排水。

采用间歇排水目的是房子污水倒灌污染消防水池内的水。

消防水池应设置通气管；消防水池通气管、呼吸管和溢流水管等应采取防止虫鼠等进入消防水池的技术措施。

有些建筑需要将消防水池设置在高处直接向水灭火设施重力供水，也就是高位消防水池。《消防给水及消火栓系统技术规范》（GB 50974—2014）明确规定高位消防水池的最低有效水位应能满足其所服务的水灭火设施所需的压力和流量，且其有效容积应满足火灾延续时间内所需消防用水量，并应符合下列规定。

（1）高位消防水池有效容积、出水、排水和水位应符合该规范第 4.3.8 条和第 4.3.9 条的有关规定；

（2）高位消防水池应符合该规范第 4.3.10 条的有关规定；

（3）除可一路消防供水的建筑物外，向高位消防水池供水的给水管应至少有两条独立的给水管道；

（4）当高层民用建筑采用高位消防水池供水的高压消防给水系统时，高位消防水池储存室内消防给水一起火灾灭火用水量确有困难，且火灾时补水可靠时，其总有效容积不应小于室内消防给水一起火灾灭火用水量的 50%；

（5）高层民用建筑高压消防给水系统的高位消防水池总有效容积大于 200m³ 时，宜设置蓄水有效容积相等且可独立使用的两格；但当建筑高度大于 100m 时应设置独立的两座，且每座应有一条独立的出水管向系统供水；

（6）高位消防水池设置在建筑物内时，应采用耐火极限不低于 2.00h 的隔墙和 1.50h 的楼板与其他部位隔开，并应设甲级防火门，且与建筑构件应连接牢固。

（三）消防给水管道与水泵接合器的设置

1. 消防给水管道及其阀门

消火栓给水管道布置应满足下列要求。

（1）室内消火栓系统管网应布置成环状，当室外消火栓设计流量不大于 20L/s（但建筑高度超过 50m 的住宅除外），且室内消火栓不超过 10 个时，可布置成枝状；

（2）当由室外生产生活消防合用系统直接供水时，合用系统除应满足室外消防给水设计流量以及生产和生活最大小时设计流量的要求外，还应满足室内消防给水系统的设计流量和压力要求；

（3）室内消防管道管径应根据系统设计流量、流速和压力要求经计算确定；室内消火栓竖管管径应根据竖管最低流量经计算确定，但不应小于 DN100。

室内消火栓环状给水管道检修时应符合下列规定。

（1）室内消火栓竖管应保证检修管道时关闭停用的竖管不超过 1 根，当竖管超过 4 根时，可关闭不相邻的两根；

（2）每根立管上下两端与供水干管相接处应设置阀门；

室内消火栓给水管网宜与自动喷水等其他水灭火系统的管网分开设置；当合用消防泵时，供水管路沿水流方向应在报警阀前分开设置。

低压消防给水系统的系统工作压力应根据市政给水管网和其他给水管网等的系统工作压力确定，且不应小于 0.60MPa。

高压和临时高压消防给水系统的系统工作压力应根据系统可能最大运行供水压力确定，并应符合规范的相关规定。

架空管道当系统工作压力小于等于 1.20MPa 时，可采用热浸锌镀锌钢管；当系统工作压力大于 1.20MPa 时，应采用热浸锌镀锌加厚钢管或热浸锌镀锌无缝钢管；当系统工作压力大于 1.60MPa 时，应采用热浸锌镀锌无缝钢管。

在建筑室内消防管网上要设一定数量的阀门以满足检修要求，阀门的个数按管道检修时被关闭的立管不超过一条，当立管为 4 条及 4 条以上时，可关闭不相邻的两条。与高层主体建筑相连的附属建筑（裙房）内，因阀门关闭而停止使用的消火栓在同层中不超过 5 个。消防管网上的阀门设置可参照图 2-23。

室内消防管道上的阀门，应处于常开状态。要求阀门设有明显的启闭标志，常用的有明杆闸阀、蝶阀、带关闭指示的信号阀等，以便检修后及时开启阀门，保证管网水流畅通。

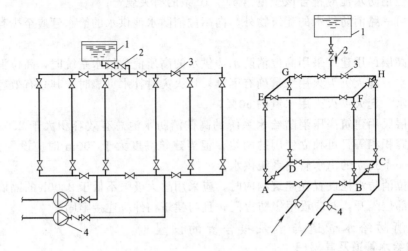

图 2-23　室内消防管网阀门设置示意
1—消防水箱；2—止回阀；3—阀门；4—消防水泵

2. 水泵接合器

下列场所的室内消火栓给水系统应设置消防水泵接合器。

（1）高层民用建筑；

（2）设有消防给水的住宅、超过 5 层的其他多层民用建筑；

（3）超过 2 层或建筑面积大于 10000m² 的地下或半地下建筑（室）、室内消火栓设计流量大于 10L/s 平战结合的人防工程；

（4）高层工业建筑和超过 4 层的多层建筑；

（5）城市市政隧道。

自动喷水灭火系统、水喷雾灭火系统、泡沫灭火系统和固定消防炮灭火系统等水灭火系统，均应设置消防水泵接合器。

消防水泵接合器的给水流量宜按每个 10～15L/s 计算。消防水泵接合器设置的数量应按系统设计流量经计算确定，但当计算数量超过 3 个时，可根据供水可靠性适当减少。临时高压消防给水系统向多栋建筑供水时，消防水泵接合器宜在每栋单体附件就近设置。

消防水泵接合器的供水压力范围，应根据当地消防车的供水流量和压力确定。消防给水为竖向分区供水时，在消防车供水压力范围内的分区，应分别设置水泵接合器；当建筑高度超过消防车供水高度时，消防给水应在设备层等方便操作的地点设置手抬泵或移动泵接力供水的吸水和加压接口。

水泵接合器应设在室外便于消防车使用的地点，且距室外消火栓或消防水池的距离不宜小于 15m，并不宜大于 40m。墙壁消防水泵接合器的安装高度距地面宜为 0.7m；与墙面上的门、窗、孔、洞的净距离不应小于 2.0m，且不应安装在玻璃幕墙下方；地下消防水泵接合器的安装，应使进水口与井盖底面的距离不大于 0.4m，且不应小于井盖的半径。

水泵接合器处应设置永久性标志铭牌，并应标明供水系统、供水范围和额定压力。水泵接合器的外形尺寸见图 2-24，基本参数和基本尺寸见表 2-2 和表 2-3。

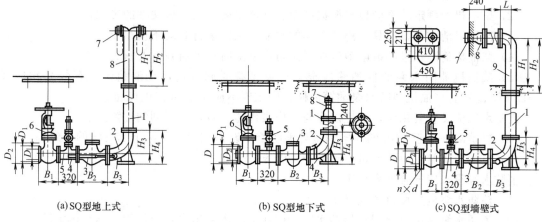

(a)SQ型地上式　　　　(b) SQ型地下式　　　　(c)SQ型墙壁式

图 2-24　水泵接合器外形尺寸

1—法兰接管；2—弯管；3—升降式单向阀；4—放水阀；5—安全阀；6—楔式闸阀；

7—进水用消防接口；8—本体；9—法兰弯管

表 2-2　水泵接合器型号及基本参数

型号规格	形式	公称直径 DN/mm	公称压力 PN/MPa	进水口	
				形式	直径/mm
SQ100 SQX100 SQB100	地上 地下 墙壁	100	1.6	内扣式	65×65
SQ150 SQX150 SQB150	地上 地下 墙壁	150			80×80

表 2-3　水泵接合器的基本尺寸

公称直径 DN/mm	结构尺寸								法兰					消防接口
	B_1	B_2	B_3	H_1	H_2	H_3	H_4	L	D	D	D	d	n	
100	300	350	220	700	800	210	318	130	220	180	158	17.5	8	KWS65
150	350	480	310	700	800	325	465	160	285	240	212	22	8	KWS80

（四）消防水泵与水泵房的设置

1. 消防水泵

消防水泵的选择和应用应符合下列规定。

（1）消防水泵的性能应满足消防给水系统所需流量和压力的要求；

（2）消防水泵所配驱动器的功率应满足所选水泵流量扬程性能曲线上任何一点运行所需功率的要求；

（3）当采用电动机驱动的消防水泵时，应选择电动机干式安装的消防水泵；

（4）流量扬程性能曲线应无驼峰、无拐点的光滑曲线，零流量时的压力不应超过设计压力的140%，且不宜小于设计额定压力的120%；

（5）当出流量为设计流量的150%时，其出口压力不应低于设计压力的65%；

（6）泵轴的密封方式和材料应满足消防水泵在低流量时运转的要求；

（7）消防给水同一泵组的消防水泵型号宜一致，且工作泵不宜超过3台；

（8）多台消防水泵并联时，应校核流量叠加对消防水泵出口压力的影响。

当采用柴油机消防水泵时应符合下列规定。

（1）柴油机消防水泵应采用压缩式点火型柴油机；

（2）柴油机的额定功率应校核海拔高度和环境温度对柴油机功率的影响；

（3）柴油机消防水泵应具备连续工作的性能，试验运行时间不应小于24h；

（4）柴油机消防水泵的蓄电池应保证消防水泵随时自动启泵的要求；

（5）柴油机消防水泵的供油箱应根据火灾延续时间确定，且油箱最小有效容积应按1.5L/kW配置，柴油机消防水泵油箱内储存的燃料不应小于50％的储量。

消防水泵应设置备用泵，其性能应与工作泵性能一致，但下列情况除外。

（1）建筑高度小于50m的住宅和室外消防给水设计流量小于等于25L/s的建筑；

（2）室内消防给水设计流量小于等于10L/s的建筑。

消防水泵吸水应符合下列规定。

（1）消防水泵应采取自灌式吸水；

（2）消防水泵从市政管网直接抽水时，应在消防水泵出水管上设置减压型倒流防止器；

（3）当吸水口处无吸水井时，吸水口处应设置旋流防止器。

离心式消防水泵吸水管、出水管和阀门等，应符合下列规定。

（1）每台消防水泵最好具有独立的吸水管，一组消防水泵，吸水管不应少于2条，当其中一条损坏或检修时，其余吸水管应仍能通过全部消防给水设计流量。几种消防泵吸水管的布置见图2-25。

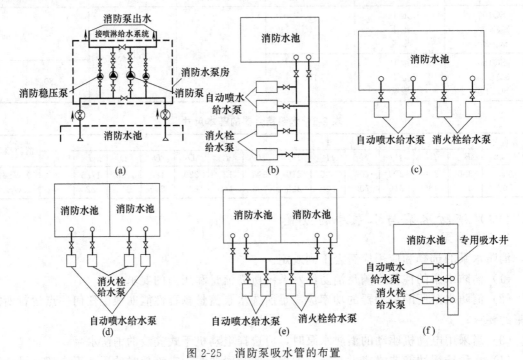

图2-25　消防泵吸水管的布置

（2）消防水泵吸水管布置应避免形成气囊。

（3）一组消防水泵应设不少于2条的输水干管与消防给水环状管网连接，当其中一条输水管检修时，其余输水管应仍能供应全部消防给水设计流量。消防水泵为2台时，其出水管的布置见图2-26。

（4）消防水泵吸水口的淹没深度应满足消防水泵在最低水位运行安全的要求，吸水管喇叭口在消防水池最低有效水位下的淹没深度应根据吸水管喇叭口的水流速度和水力条件确定，但不应小于 600mm，当采用旋流防止器时，淹没深度不应小于 200mm；

（5）消防水泵的吸水管上应设置明杆闸阀或带自锁装置的蝶阀，但当设置暗杆阀门时应设有开启刻度和标志；当管径超过 DN300 时，宜设置电动阀门；

（6）消防水泵的出水管上应设止回阀、明杆闸阀；当采用蝶阀时，应带有自锁装置；当管径大于 DN300 时，宜设置电动阀门；

（7）消防水泵吸水管的直径小于 DN250 时，其流速宜为 1.0～1.2m/s；直径大于 DN250 时，宜为 1.2～1.6m/s；

（8）消防水泵出水管的直径小于 DN250 时，其流速宜为 1.5～2.0m/s；直径大于 DN250 时，宜为 2.0～2.5m/s；

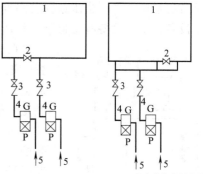

(a) 正确的布置方法　　(b) 不正确的布置方法

图 2-26　消防水泵与室内消防环状管连接方法

P—电动机；G—消防水泵；1—室内管网；2—消防分隔阀门；3—阀门与单向阀；4—出水管；5—吸水管

（9）吸水井的布置应满足井内水流顺畅、流速均匀、不产生涡漩的要求，并应便于安装施工；

（10）消防水泵的吸水管、出水管道穿越外墙时，应采用防水套管；当穿越墙体和楼板时，防水套管长度不应小于墙体厚度，或应高出楼面或地面 50mm；套管与管道的间隙应采用不燃材料填塞，管道的接口不应位于套管内；

（11）消防水泵的吸水管穿越消防水池时，应采用柔性套管；采用刚性防水套管时应在水泵吸水管上设置柔性接头，且管径不应大于 DN150。

消防水泵吸水管和出水管上应设置压力表，并应符合下列规定。

（1）消防水泵出水管压力表的最大量程不应低于水泵额定工作压力的 2 倍，且不应低于 1.60MPa；

（2）消防水泵吸水管宜设置真空表、压力表或真空压力表，压力表的最大量程应根据工程具体情况确定，但不应低于 0.70MPa，真空表的最大量程宜为 −0.10MPa；

（3）压力表的直径不应小于 100mm，应采用直径不小于 6mm 的管道与消防水泵进出口管相接，并应设置关断阀门。

2. 消防泵房

消防水泵不宜设在有防振或有安静要求房间的上一层、下一层和毗邻位置，当必须时，应采取下列降噪减振措施。

（1）消防水泵应采用低噪声水泵；

（2）消防水泵机组应设隔振装置；

（3）消防水泵吸水管和出水管上应设隔振装置；

（4）消防水泵房内管道支架和管道穿墙和穿楼板处，应采取防止固体传声的措施；

（5）在消防水泵房内墙应采取隔声吸音的技术措施。

当采用柴油机消防水泵时宜设置独立消防水泵房，并应设置满足柴油机运行的通风、排烟和阻火设施。

消防水泵房应采取不被水淹没的技术措施。

（五）增压与减压设施的设计要求

1. 增压与稳压设施

设置高位水箱的室内消火栓系统，屋顶消防水箱安装高度一般很难保证高区最不利点消防设备的水压要求。当水箱安装高度不能保证室内最不利点消防设备的水压要求时，应采用增压设备。增压设备有管道泵、稳压泵和气压罐。

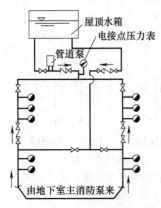

图 2-27 管道泵加压

（1）管道泵 系统中除设有消防主泵外，在屋顶水箱间设置管道泵，见图 2-27。火灾发生后，管道泵由远距离按钮及时启动，从水箱吸水加压后送至管网进行灭火。管道泵的流量应满足一个消火栓用水量或一个自动喷头的用水量，既消火栓系统不应大于 5L/s，对自动喷水灭火系统不应大于 1L/s。管道泵的扬程按照保证本区消防管网最不利消火栓所需要的压力，通过计算确定。

（2）稳压泵 稳压泵是一种小流量高扬程的水泵，设在屋顶水箱间，其作用是补充系统渗漏的水量，保持系统所需的压力。

稳压泵宜采用单吸单级或单吸多级离心泵，泵外壳和叶轮等主要部件的材质宜采用不锈钢。

稳压泵的设计流量应符合下列规定。

① 稳压泵的设计流量不应小于消防给水系统管网的正常泄漏量和系统自动启动流量；

② 消防给水系统管网的正常泄漏量应根据管道材质、接口形式等确定，当没有管网泄漏量数据时，稳压泵的设计流量宜按消防给水设计流量的 1%～3% 计，且不宜小于 1L/s；

③ 消防给水系统所采用报警阀压力开关等自动启动流量应根据产品确定。

稳压泵的设计压力应符合下列要求。

① 稳压泵的设计压力应满足系统自动启动和管网充满水的要求；

② 稳压泵的设计压力应保持系统自动启泵压力设置点处的压力在准工作状态时大于系统设置自动启泵压力值，且增加值宜为 0.07～0.10MPa；

③ 稳压泵的设计压力应保持系统最不利点处水灭火设施的在准工作状态时的压力大于该处的静水压，且增加值不应小于 0.15MPa。

（3）气压罐 设置气压罐与高位水箱配合，可以达到增压的目的。图 2-28 为采用气压给水设备增压的消防系统。

2. 消防给水系统的减压装置

室内消火栓一般采用的是直流水枪，水枪反作用力如果超过 200N，一名消防队员难以掌握进行扑救。因此，为使消防水量合理分配均衡供水、利于消防人员把握水枪安全操作，《消防给水及消火栓系统技术规范》（GB 50974—2014）规定室内消火栓栓口的动压力不应大于 0.50MPa；当大于 0.70MPa 时，必须设减压装置进行减压。一般的减压措施有以下几种。

（1）减压阀减压 消防给水系统中的减压阀常以分区形式设置，一般由两个减压阀并联安装组成减压阀组，如图 2-29 所示，两个减压阀应交换使用，互为备用。减压阀前后应装设检修阀门、压力表，宜装设软接头或伸缩节，便于检修安装。减压阀前应装设过

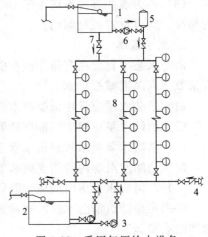

图 2-28 采用气压给水设备
增压的消防系统

1—消防水箱；2—消防水池；3—消防水泵；
4—水泵接合器；5—气压罐；6—稳压泵；
7—消防出水管；8—室内消防管网

滤器，并应便于排污，过滤器宜采用 40 目滤网。减压阀组后（沿水流方向），应设泄水阀。

（2）减压孔板减压　在消火栓处可设置减压孔板以消除剩余压力，保证消防给水系统均衡供水。减压孔板一般用不锈钢或黄铜等材料制作。减压孔板可用法兰或活接与管道连接在一起，也可直接与消火栓口组合在一起。图 2-30 为减压孔板的几种安装方式。

（3）减压稳压消火栓减压　室内减压稳压消火栓是集消火栓与减压阀，不需人工调试，只需消火栓的栓前压力保持在 0.4～0.8MPa 的范围内，其栓口出口压力就会保持在 0.3MPa±0.05MPa 的范围内，且 $DN65$ 消火栓的流量不小于 5L/s。

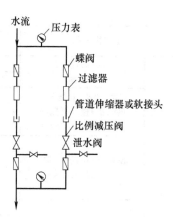

图 2-29　减压阀组示意

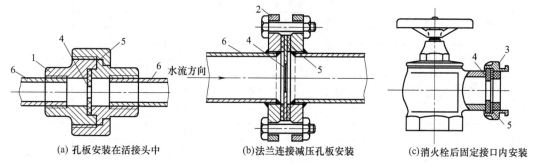

(a) 孔板安装在活接头中　　(b)法兰连接减压孔板安装　　(c)消火栓后固定接口内安装

图 2-30　减压孔板的几种安装方式

1—活接头；2—法兰；3—消火栓固定接口；4—减压孔板；5—密封垫；6—消火栓支管

七、室内消火栓给水系统的计算

室内消火栓给水系统计算的主要任务，是根据室内消火栓消防水量的要求，进行合理的流量分配后，确定给水系统管道的管径、系统所需水压、水箱的设置高度、容积和消防水泵的型号等。

1. 室内消火栓用水量

室内消火栓设计流量应根据建筑物的用途功能、高度、体积、耐火等级、火灾危险性等因素综合确定，但不应小于表 2-4 的规定。

表 2-4　室内消火栓设计流量

建筑物名称		高度 h(m)、层数、体积 V(m³)、座位数 n(个)、火灾危险性		消火栓用水量/(L/s)	同时使用水枪支数/支	每根竖管最小流量/(L/s)
单层	厂房	$h \leqslant 24$	甲、乙、丁、戊	10	2	10
			丙 $V \leqslant 5000$	10	2	10
			丙 $V > 5000$	20	4	15
		$24 < h \leqslant 50$	乙、丁、戊	25	5	15
			丙	30	6	15
		$h > 50$	乙、丁、戊	30	6	15
			丙	40	8	15
	仓库	$h \leqslant 24$	甲、乙、丁、戊	10	2	10
			丙 $V \leqslant 5000$	15	3	15
			丙 $V > 5000$	25	5	15
		$h > 24$	乙、丁、戊	30	6	15
			丙	40	8	15

续表

建筑物名称		高度 h(m)、层数、体积 V(m³)、座位数 n(个)、火灾危险性	消火栓用水量/(L/s)	同时使用水枪支数/支	每根竖管最小流量/(L/s)
单层及多层	科研楼、试验楼	≤10000	10	2	10
		>10000	15	3	10
	车站、码头、机场候车（船、机）楼和展览馆（包括博物馆）等	5000<V≤25000	10	2	10
		25000<V≤50000	15	3	10
		>50000	20	4	15
	剧院、电影院、会堂、礼堂、体育馆等	800<n≤1200	10	2	10
		1200<n≤5000	15	3	10
		5000<n≤10000	20	4	15
		n>10000	30	6	15
	旅馆	5000<V≤25000	10	2	10
		25000<V≤50000	15	3	10
		V>50000	20	4	15
	商店、图书馆、档案馆等	5000<V≤25000	15	3	10
		25000<V≤50000	25	5	15
		V>50000	40	8	15
	病房楼、门诊楼等	5000<V≤25000	10	2	10
		V>25000	15	3	15
	办公楼、教学楼、公寓、宿舍等其他建筑	高度超过 15m 或 V≥10000	15	3	10
高层	住宅	21<h≤27	5	2	5
	住宅	27<h≤54	10	2	10
		h>54	20	4	10
	一类公共建筑	h≤50	20	4	10
	二类公共建筑	h≤50	30	6	15
		h>50	40	8	15
国家级文物保护单位的重点砖木、木结构的古建筑		V≤10000	20	4	10
		V>10000	25	5	15
地下建筑		V≤5000	10	2	10
		5000<V≤10000	20	4	15
		10000<V≤25000	30	6	15
		>25000	40	8	20
人防工程	展览馆、影院、剧场、礼堂、健身体育场所等	V≤1000	5	1	5
		1000<V≤2500	10	2	10
		V>2500	15	3	10
	商场、餐厅、旅馆、医院等	V≤5000	5	1	5
		5000<V≤10000	10	2	10
		10000<V≤25000	15	3	10
		>25000	20	4	10
	丙、丁、戊类生产车间、自行车库	V≤2500	5	1	5
		>2500	10	2	10
	丙、丁、戊类物品库房、图书资料档案库	V≤3000	5	1	5
		V>3000	10	2	10

注：1. 丁、戊类高层厂房（仓库）室内消火栓的设计流量应按本表减少 10L/s，同时使用消防水枪数可按本表减少 2 支；

2. 消防软管卷盘、轻便消防水龙及多层住宅楼梯间中的干式消防竖管。其消火栓设计流量可不计入室内消防给水设计流量；

3. 当一座多层建筑有多种使用功能时，室内消火栓设计流量应分别按本表中不同功能计算，且应取最大值。

当建筑物室内设有自动喷水灭火系统、水喷雾灭火系统、泡沫灭火系统或固定消防炮灭火系统等一种或两种以上自动水灭火系统全保护时，室内消火栓系统设计流量可减少 50%，但不应小于 10L/s。

宿舍、公寓等非住宅类居住建筑的室内消火栓设计流量应按规范中的公共建筑确定。

2. 高位消防水箱的消防储水量

临时高压消防给水系统的高位消防水箱的有效容积应满足初期火灾消防用水量的要求，并应符合下列规定。

（1）一类高层公共建筑，不应小于 36m³，但当建筑高度大于 100m 时，不应小于 50m³；但当建筑高度大于 150m 时，不应小于 100m³；

（2）多层公共建筑、二类高层公共建筑和一类高层住宅，不应小于 18m³，当一类高层住宅建筑高度超过 100m 时，不应小于 36m³；

（3）二类高层住宅，不应小于 12m³；

（4）建筑高度大于 21m 的多层住宅，不应小于 6m³；

（5）工业建筑室内消防给水设计流量当小于或等于 25L/s 时，不应小于 12m³，大于 25L/s 时，不应小于 18m³；

（6）总建筑面积大于 10000m² 且小于 30000m² 的商店建筑，不应小于 36m³，总建筑面积大于 30000m² 的商店建筑，不应小于 50m³。当与（1）的规定不一致时应取其较大值。

3. 消防水池的消防储水量

消防水池有效容积的计算应符合下列规定。

（1）当市政给水管网能保证室外消防给水设计流量时，消防水池的有效容积应满足在火灾延续时间内室内消防用水量的要求；

（2）当市政给水管网不能保证室外消防给水设计流量时，消防水池的有效容积应满足火灾延续时间内室内消防用水量和室外消防用水量不足部分之和的要求。

由于各种消防流量都能够确定，因此消防水池的有效容积计算的关键是确定火灾延续时间。不同场所消火栓系统和固定冷却水系统的火灾延续时间不应小于表 2-5 的规定。

表 2-5　不同场所的火灾延续时间

建　　筑			场所与火灾危险性	火灾延续时间/h
建筑物	工业建筑	仓库	甲、乙、丙类仓库	3.0
			丁、戊类仓库	2.0
		厂房	甲、乙、丙类厂房	3.0
			丁、戊类厂房	2.0
	民用建筑	公共建筑	高层建筑中的商业楼、展览楼、综合楼,建筑高度大于 50m 的财贸金融楼、图书馆、书库、重要的档案楼、科研楼和高级宾馆等	3.0
			其他公共建筑	2.0
		住宅		
	人防工程		建筑面积小于 3000m²	1.0
			建筑面积大于等于 3000m²	2.0
		地下建筑、地铁车站		
构筑物	煤、天然气、石油及其产品的工艺装置		—	3.0
	甲、乙、丙类可燃液体储罐		直径大于 20m 的固定顶罐和直径大于 20m 浮盘用易熔材料制作的内浮顶罐	6.0
			其他储罐	4.0
			覆土油罐	

续表

建　筑	场所与火灾危险性		火灾延续时间/h
构筑物	液化烃储罐、沸点低于45℃甲类液体、液氨储罐		6.0
	空分站，可燃液体、液化烃的火车和汽车装卸栈台		3.0
	变电站		2.0
	装卸油品码头	甲、乙类可燃液体乙、油品一级码头	6.0
		甲、乙类可燃液体乙、油品二、三级码头 丙类可燃液体油品码头	4.0
		海港油品码头	6.0
		河港油品码头	4.0
		码头装卸区	2.0
	装卸液化石油气船码头		6.0
	液化石油气加气站	地上储气罐加气站	3.0
		埋地储气罐加气站	1.0
		加油和液化石油气加合建站	
	易燃、可燃材料露天、半露天堆场，可燃气体罐区	粮食土圆囤、席穴囤	6.0
		棉、麻、毛、化纤百货	
		稻草、麦秸、芦苇等	
		木材等	
		露天或半露天堆放煤和焦炭	3.0
		可燃气体储罐	

消防水池的给水管应根据其有效容积和补水时间确定，补水时间不宜大于48h，但当消防水池有效总容积大于2000m³时不应大于96h。消防水池给水管管径应经计算确定，且不应小于DN50。

当消防水池采用两路供水且在火灾情况下连续补水能满足消防要求时，消防水池的有效容积应根据计算确定，但不应小于100m³，当仅设有消火栓系统时不应小于50m³。

火灾时消防水池连续补水应符合下列规定。

（1）消防水池应采用两路消防给水；

（2）火灾延续时间内的连续补水流量应按消防水池最不利给水管供水量计算，并可按下式计算：

$$q_f = 3600Av \tag{2-6}$$

式中　q_f——火灾时消防水池的补水流量，m³/h；

　　　A——消防水池给水管断面面积，m²；

　　　v——管道内水的平均流速，m/s。

消防水池给水管管径和流量应根据市政给水管网或其他给水管网的压力、入户管管径、消防水池给水管管径，以及消防时其他用水量等经水力计算确定，当计算条件不具备时，给水管的平均流速不宜大于1.5m/s。

4. 室内消火栓口处所需水压力

消火栓口所需的水压按下列公式计算：

$$P_x = P_q + P_d + P_k \tag{2-7}$$

式中　P_x——消火栓口的水压，kPa；

　　　P_q——水枪喷嘴处的压力，kPa；

　　　P_d——水带的压力损失，kPa；

　　　P_k——消火栓栓口压力损失，kPa，按20kPa计算。

（1）水枪喷嘴处的压力　理想的射流高度（即不考虑空气对射流的阻力）为：

$$H_q = \frac{v^2}{2g} \tag{2-8}$$

水枪喷嘴处的压力

$$P_q = H_q \gamma \tag{2-9}$$

式中 v——水流在喷嘴口处的流速，m/s；

g——重力加速度，m/s^2；

H_q——理想状态下水枪射流长度，m；

γ——水的容重，kN/m^3；

P_q——水枪喷嘴处的压力，kPa。

实际射流对空气的阻力为：

$$\Delta H = H_q - H_f = \frac{K}{d} \frac{v^2}{2g} H_f \tag{2-10}$$

把式（2-8）代入式（2-10）得：

$$H_q - H_f = \frac{K}{d} H_q H_f$$

设 $\varphi = \dfrac{K}{d}$，则：
$$H_q = \frac{H_f}{1 - \varphi H_f} \tag{2-11}$$

式中 K——空气沿程阻力系数，由实验确定的阻力系数；

H_f——水流垂直射流高度，m；

d——水枪喷嘴口径，m；

φ——与水枪喷嘴口径有关的数据。

可按经验公式 $\varphi = \dfrac{0.25}{d + (0.1d)^3}$ 计算，其结果见表 2-6。

表 2-6 系数 φ 值

水枪喷嘴直径 d/mm	13	16	19
φ	0.0165	0.0124	0.0097

水枪充实水柱高度 H_m 与水流垂直射流高度 H_f 的关系由下列公式表示：

$$H_f = \alpha_f H_m \tag{2-12}$$

式中 α_f——与 H_m 有关的实验数据，$\alpha_f = 1.19 + 80(0.01H_m)^4$，可查表 2-7。

将式（2-12）代入式（2-11）可得到水枪喷嘴处的压力与充实水柱的关系为：

$$H_q = \frac{\alpha_f H_m}{1 - \varphi \alpha_f H_m} \tag{2-13}$$

表 2-7 系数 α_f 值

H_m/m	7	10	13	15	20
α_f	1.19	1.20	1.21	1.22	1.24

（2）水枪的实际射流量 根据孔口出流公式：

$$q_x = \mu \frac{\pi d^2}{4} \sqrt{2gH_q} = 0.003477 \mu d^2 \sqrt{H_q}$$

令 $B = (0.003477 \mu d^2)^2$ 则：

$$q_x = \sqrt{BH_q} \tag{2-14}$$

式中 q_x——水枪的射流量，L/s；

B——水枪水流特性系数，与水枪口径有关，可查表 2-8；

H_q——理想状态下水枪射流长度，m；

μ——孔口流量系数，采用 $\mu=1.0$。

表 2-8　水枪水流特性系数 B

水枪口直径/mm	13	16	19	22
B	0.346	0.793	1.577	2.836

注：水枪的设计射流量不应小于表 2-4 的最小流量的要求。

（3）水流通过水带的压力损失

$$P_d = A_d L_d q_x^2 \gamma \tag{2-15}$$

式中　P_d——水带的压力损失，kPa；

A_d——水带的比阻，可采用表 2-9 值；

L_d——水带的长度，m；

q_x——水枪的射流量，L/s。

表 2-9　水带的比阻 A_d 值

水带材料	水带直径/mm	
	50	65
帆布、麻质	0.015	0.0043
衬胶	0.00677	0.00172

设计时根据规范对最小流量的要求和充实水柱的要求，查表 2-10 确定消火栓口处所需水压力很方便。表中水带的长度 L_d 按 25m 计。

表 2-10　H_m-H_q-q_x 关系表

规范要求最小射流量/(L/s)	最小充实水柱 H_m/m	栓口直径 DN/mm	喷嘴直径 d/mm	设计射流量 q_x/(L/s)	设计充实水柱 H_m/m	设计喷嘴压力 H_q/kPa	水带压力损失 h_d/kPa		设计栓口所需压力 H_x/kPa	
							帆布麻质	衬胶	帆布麻质	衬胶
2.5	7.0	50	13	2.50	11.6	181.3	23.5	10.6	225	212
			16	2.72	7.0	93.1	27.8	12.5	141	126
2.5	10.0	50	13	2.50	11.6	181.3	23.5	10.6	225	212
			16	3.34	10.0	140.8	12.0	4.8	173	166
5.0	7.0	65	19	5.00	11.4	158.3	26.9	10.8	205	189
	13.0	65	19	5.42	13.0	186.1	31.6	12.6	238	219

5. 确定消防给水管网的管径

枝状管网和环状管网均应确定最不利管路上的最不利点。当室内要求有两个或两个以上消火栓同时使用时，在单层建筑中以最高最远的两个或多个消火栓作为计算最不利点；在多层建筑中按表 2—8 所列数值确定最不利点和进行流量分配。环状网在确定最不利计算管路时，可按枝状网对待，即选择恰当管道作为假设不通水管路，这样环状网就可以按枝状网计算。

选定建筑物的最高与最远的两个或多个消火栓为计算最不利点，以此确定计算管路，并按照消防规范规定的室内消防用水量进行流量分配，最不利点消防竖管和消火栓流量分配应符合表 2-11 规定。

表 2-11　最不利点计算流量分配

室内消防计算流量/(L/s)	最不利点消防竖管出水枪数/支	相邻竖管出水枪数/支
1×5	1	
2×2.5	2	

续表

室内消防计算流量/(L/s)	最不利消防竖管出水枪数/支	相邻竖管出水枪数/支
2×5	2	
3×5	2	1
4×5	2	2
6×5	3	3

按公式（2-14）确定最不利点处消火栓水枪射流量，以下各层水枪的实际射流量根据消火栓口处的实际压力计算，确定消防管网中各管段的流量。

按流量公式 $Q=\frac{1}{4}\pi D^2 v$ 计算出各管段的管径。消防管内水流速度一般以 $1.4\sim1.8\mathrm{m/s}$ 为宜，不允许超过 $2.5\mathrm{m/s}$。

为了保证消防车通过水泵接合器向消火栓给水系统供水灭火，室内消防竖管管径不应小于 50mm。

消防用水与其他用水合并的室内管道，当其他用水达到最大秒流量时，应仍能供给全部消防用水量。淋浴用水量可按计算用水量的 15％计算，洗刷用水量可不计算在内。

6. 消防给水管网的压力损失

（1）沿程压力损失 沿程压力损失按下式计算

$$P_{2y}=iL \tag{2-16}$$

式中　P_{2y}——沿程水头损失，MPa；

i——每米管道水头损失（水力坡降），MPa/m；

L——计算管道长度，m。

（2）局部压力损失 局部压力损失宜采用当量长度法计算，即将各种阀门管件折算成当量长度，按公式（2-16）计算，阀门管件的当量长度按表 2-12 确定，i 为同管径同流量下的水力坡度。管道的局部压力损失也可按沿程损失的 10％计。

表 2-12　当量长度

管件名称	管件直径/mm								
	25	32	40	50	70	80	100	125	150
45°弯头	0.3	0.3	0.6	0.6	0.9	0.9	1.2	1.5	2.1
90°弯头	0.6	0.9	1.2	1.5	1.8	2.1	3.1	3.7	4.3
三通或四通	1.5	1.8	2.4	3.1	3.7	4.6	6.1	7.6	9.2
蝶阀			1.8	2.1	3.1	3.7	2.7	3.1	
闸阀			0.3	0.3	0.3	0.6	0.6	0.9	
止回阀	1.5	2.1	2.7	3.4	4.3	4.9	6.7	8.3	9.8
异径接头	32 25	40 32	50 40	70 50	80 70	100 80	125 100	150 125	200 150
	0.2	0.3	0.3	0.5	0.6	0.8	1.1	1.3	1.6

注：当异径接头的出口直径不变而入口直径提高一级时，其当量长度应增大 0.5 倍，提高 2 级或 2 级以上时，其当量长度应增大 1.0 倍。

7. 室内消防系统所需水压力（或消防泵的扬程）

室内消防系统所需水压力（或消防泵的扬程）：

$$P=P_1+P_2+P_{x0} \tag{2-17}$$

式中　P_1——给水引入管与最不利消火栓之间的高程差，kPa（如由消防泵供水，则为消防储水池最低水位与最不利消火栓之间的高程差）；

P_2——计算管路压力损失，kPa；

P_{x0}——最不利消火栓口处所需水压力，kPa。

8. 高位水箱设置高度

水箱设置高度应保证室内最不利点消防设备的水压要求，可按下式计算：

$$H=0.1(P_{x0}+P_g) \tag{2-18}$$

式中　H——高位水箱与最不利消火栓之间的垂直压力差高度，m；

P_{x0}——最不利点消火栓栓口所需水压，kPa；

P_g——最不利计算管路压力损失，kPa。

【例 2-1】　一幢 7 层科研楼，已知该楼层高均为 3.2m，建筑宽 15m，长 40m，体积＞10000m³。室外给水管道的埋深 1m，所提供的水压力为 200kPa，室内外地面高层差 0.4m，要求进行消火栓给水系统管径和水泵的设计计算。

【解】

1. 选择给水方式

估算室内消防给水所需水压力：

$$P=280+40(n-2)=280+40\times(7-2)=480\text{kPa}$$

室外给水管道所提供的水压力为 200kPa，显然不能满足室内消防给水水压要求，应采用水泵-水箱联合给水方式；

2. 消火栓的布置

按规范要求采用单出口消火栓布置，按 2 股水柱可达室内平面任何部位计算，水带长度为 25m。

$$R=0.8L_d+L_s=0.8\times25+3=23\text{m}$$

则消火栓的最大保护半径和布置间距为：

$$S\leqslant\sqrt{R^2-b^2}=\sqrt{23^2-8.0^2}=21.6\text{m}$$

每层楼布置一排 3 个消火栓，如图 2-31（a），消火栓的间距为 20m。根据平面图绘制系统图 2-31（b）。

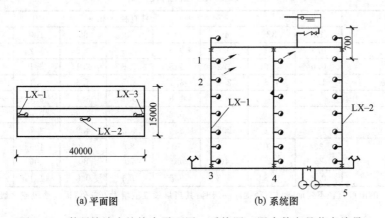

(a) 平面图　　　(b) 系统图

图 2-31　科研楼消火栓给水平面图、系统图（图中数字是节点编号）

3. 水力计算

（1）确定最不利情况下出流水枪支数及出流水枪位置　查表 2-4，该科研楼室内消火栓最小用水量为 15L/s，3 支水枪同时出流，每根竖管最小流量 10L/s，每支水枪最小流量 5L/s。

选最不利立管上 2 支水枪出流，次不利立管上 1 支水枪出流。

（2）确定消火栓设备规格 规范规定，大于 6 层的民用建筑水枪充实水柱长度不得小于 10m。

根据水枪充实水柱长度不得小于 10m 和每支水枪最小流量 5L/s 的要求，查表 2-10，则设计充实水柱长度 $H_m = 11.4$m，每支水枪最小流量 $q_x = 5$L/s，设计栓口所需压力 $P_x = 205$kPa。消火栓设备规格：水枪 $DN = 19$mm，水带 $DN = 65$mm，$L_d = 25$m，麻质水带；水栓 $DN = 65$mm。

（3）消防管道流量、管径、压力损失计算 查表 2-8，$B = 1.577$；查表 2-9，$A_d = 0.0043$。

1—2 段：

$$Q_{1-2} = q_{x1} = 5\text{L/s}$$

$$P_{x1} = 205\text{kPa}$$

采用镀锌钢管，查给水钢管（水煤气管）水力计算表，$DN = 100$mm，$v = 0.58$m/s，$i = 0.074$kPa/m

2—3 段：

$$P_{x2} = p_{x1} + \Delta Z_{1-2} + \sum P_{1-2} = 205 + 32 + 3.2 \times 0.074 = 237.24\text{kPa}$$

$$P_{x2} = P_{q2} + P_{d2} + 20 = \frac{q_{x2}^2}{B} + A_z L_d q_{x2}^2 + 20$$

$$q_{x2} \sqrt{\frac{P_2 - 20}{\frac{1}{B} + A_z L_d}} = \sqrt{\frac{(238 - 20)/10}{\frac{1}{1.577} + 0.0043 \times 25}} = 5.4\text{L/s}$$

$$Q_{2-3} = q_{x1} + q_{x2} = 5 + 5.4 = 10.4\text{L/s}$$

查给水钢管（水煤气管）水力计算表，$DN = 100$mm，$v = 1.21$m/s，$i = 0.30$kPa/m

$$Q_{3-4} = Q_{2-3} = 10.4\text{L/s} \qquad Q_{4-5} = Q_{2-3} + 5 = 15.4\text{L/s}$$

计算结果详见表 2-13，消防立管及横干管均采用 $DN100$。

表 2-13 消火栓系统水力计算表

设计管段编号	设计流量 Q/(L/s)	管径 DN/mm	流速 v/(m/s)	管段长度 L/m	单位管长压力损失 i/(kPa/m)	管段沿程压力损失 iL/kPa
1—2	5	100	0.58	3.2	0.074	0.24
2—3	10.4	100	1.21	17.5	0.30	5.25
3—4	10.4	100	1.21	20	0.30	6.0
4—5	15.4	100	1.79	18	0.64	11.52
					$\sum iL = 23.01$	

4. 消防水泵的选择

$$Q_b = 15.4\text{L/s}$$

$$P_b = P_1 + P_2 + P_{x0} = (3.2 \times 6 + 1.1 + 1.4) \times 10 + 1.1 \times \sum iL + 205 = 447.3\text{kPa}$$

消防泵的设计流量为 15.4L/s，扬程为 447.3kPa。

第三章 »

自动喷水灭火系统

第一节　自动喷水灭火系统种类与设置原则

一、自动喷水灭火系统的种类

自动喷水灭火系统是一种固定形式的自动灭火装置。当建筑物内发生火灾时，安装于建筑物内部的喷头会自动开启灭火，同时发出火警信号，启动消防水泵从水源抽水，按设定的喷水强度喷水灭火。

自动喷水灭火系统按喷头的开闭形式可分为闭式系统和开式系统。闭式系统包括湿式系统、干式系统、预作用系统、重复启闭预作用系统等。开式系统包括雨淋系统、水幕系统和水喷雾系统等。目前我国普遍使用湿式系统、干式系统、预作用系统以及雨淋系统和水幕系统。

二、自动喷水灭火系统设置原则

我国现行的《自动喷水灭火系统设计规范》（GB 50084—2001）（2005 年版）规定：自动喷水灭火系统应在人员密集、不宜疏散、外部增援灭火与救生较困难的性质重要或火灾危险性较大的场所中设置。

规范同时又规定自动喷水灭火系统不适用于存在遇水发生爆炸或加速燃烧的物品；遇水发生剧烈化学反应或产生有毒有害物质的物品；洒水将导致喷溅或沸溢的液体的场所。

《建筑设计防火规范》（GB 50016—2014）也对生产建筑、仓储建筑、单、多层民用建筑、高层民用建筑是否设置自动喷水灭火系统做了具体的规定。

《建筑设计防火规范》（GB 50016—2014）规定下列高层民用建筑或场所应设置自动灭火系统，除该规范另有规定和不宜用水保护或灭火者外，宜采用自动喷水灭火系统：

（1）一类高层公共建筑（除游泳池、溜冰场外）；

（2）二类高层公共建筑的公共活动用房、走道、办公室和旅馆的客房、可燃物品库房、自动扶梯底部和垃圾道顶部；

（3）高层建筑中的歌舞娱乐放映游艺场所；

（4）高层公共建筑中经常有人停留或可燃物较多的地下、半地下室房间；

（5）建筑高度大于 27m 但小于等于 100m 的住宅建筑的公共部位，建筑高度大于 100m 的住宅建筑。

我国现行的《汽车库、修车库、停车场设计放火规范》（GB 50067—2014）规定，除敞开式修车库、屋顶停车场外，下列汽车库、修车库应设置自动喷水灭火系统。

（1）Ⅰ、Ⅱ、Ⅲ类地上汽车库。

（2）停车数超过 10 辆的地下汽车库。

（3）机械式立体汽车库或复式汽车库。

（4）采用垂直升降梯作汽车疏散出口的汽车库。

（5）Ⅰ类修车库。

《人民防空工程设计防火规范》（BG 50098—2009）的规定下列入防工程和部位应设置自动喷水灭火系统。

（1）除丁、戊类物品库房和自行车库外，建筑面积大于 500m² 丙类库房和其他建筑面积大于 1000m² 的人防工程。

（2）大于 800 个座位的电影院和礼堂的观众厅，且吊顶下表面至观众席室内地面高度不大于 8m 时，舞台使用面积大于 200m² 时，观众厅与舞台之间的台口宜设置防火幕或水幕分隔。

（3）当防火卷帘的耐火极限不符合现行国家标准《门和卷帘耐火试验方法》（GB 7633）有关背火面辐射热的判定条件时，应设置自动喷水灭火系统保护。

（4）歌舞娱乐放映游艺场所。

（5）建筑面积大于 500m² 的地下商店和和展览厅。

（6）燃油或燃气锅炉房和装机总容量大于 300kW 柴油发电机房。

下列人防工程和部位宜设置自动喷水灭火系统。当有困难时，也可设置局部应用系统，局部应用系统应符合现行国家标准《自动喷水灭火系统设计规范》（GB 50084）的有关规定。

（1）建筑面积大于 100m²，且小于或等于 500m² 的地下商店和展览厅。

（2）建筑面积大于 100m²，且小于或等于 1000m² 的影剧院、礼堂、健身体育场所、旅馆、医院等；建筑面积大于 100m²，且小于或等于 500m² 的丙类库房。

三、火灾危险等级划分

建筑物内存在物品的性质、数量，以及其结构的疏密、包装和分布状况，将决定火灾荷载及发生火灾时的燃烧速度与放热量，是划分自动喷水灭火系统设置场所火灾危险等级的重要依据。

我国现行的《自动喷水灭火系统设计规范》（GB 50084—2001）将自动喷水灭火系统设置场所火灾危险等级划分为四级，分别为轻危险级、中危险级（其中又分为Ⅰ级和Ⅱ级）、严重危险级（其中又分为Ⅰ级和Ⅱ级）及仓库危险级（其中又分为Ⅰ级、Ⅱ级和Ⅲ级）。

（1）轻危险级 一般是指下述情况的设置场所。即可燃物品较少、可燃性低和火灾发热量较低、外部增援和疏散人员较容易。

（2）中危险级 一般是指下列情况的设置场所。即内部可燃物数量为中等，可燃性也为中等，火灾初期不会引起剧烈燃烧的场所。

（3）严重危险级 一般是指火灾危险性大，且可燃物品数量多，火灾时容易引起猛烈燃烧并可能迅速蔓延的场所。

（4）仓库危险级 仓库火灾危险等级的划分，参考了美国的《一般储存仓库标准》（NFPA-231）（1995 年版）和《货架式储存仓库标准》（XFPA-231C）（1995 年版），并结合我国国情，综合归纳并简化为Ⅰ、Ⅱ、Ⅲ级仓库。

设置自动喷水灭火系统的建筑，应根据室内空间条件、人员密集程度，采用自动喷水灭火系统扑救初期火灾的难易程度以及疏散及外部增援条件等因素，并参照表 3-1 确定其火灾危险等级。

表 3-1　设置场所火灾危险等级举例

危险等级		设置场所举例
轻危险级		建筑高度为 24m 及以下的旅馆、办公楼；仅在走道设置闭式系统的建筑等
中危险级	Ⅰ级	（1）高层民用建筑中的旅馆、办公楼、综合楼、邮政楼、金融电信楼、指挥调度楼、广播电视楼（塔） （2）公共建筑（含单、多高层）中的医院、疗养院、娱乐场所、木结构古建筑、国家文物保护单位、图书馆（书库除外）、档案馆、展览馆（厅）、总建筑面积小于 5000m² 的商场、总建筑面积小于 1000m² 的地下商场。 （3）文化遗产建筑中的木结构古建筑、国家文物保护单位等 （4）工业建筑中的食品、家用电器、玻璃制品厂等的备料与生产车间，且室内净空高度不超过 4m；火车站、飞机场、码头的旅客休息厅；钢结构屋架、冷藏库等
	Ⅱ级	（1）民用建筑：舞台（葡萄架除外）、书库、总建筑面积 5000m² 及以上的商场、总建筑面积 1000m² 及以上的地下商场 （2）工业建筑：棉毛麻丝及化纤的纺织、织物及制品生产车间；木材木器及胶合板、谷物加工、烟草及制品、饮用酒（啤酒除外）、皮革及制品、造纸及纸制品、制药厂等的备料与生产车间
严重危险级	Ⅰ级	印刷厂、酒精制品、可燃液体制品等工厂的备料与生产车间等
	Ⅱ级	固体易燃物品、易燃液体喷雾操作区域、可燃的气溶胶制品、溶剂、油漆、沥青制品等工厂的备料及生产车间、摄影棚、舞台"葡萄架"下部
仓库危险级	Ⅰ级	食品、烟酒、木箱、纸箱包装的不燃难燃物品、仓储式商场的货架区
	Ⅱ级	木材、纸、皮革、谷物及制品、棉毛麻丝化纤及制品、家用电器、电缆、钢塑混合材料制品、各种塑料瓶包装的不燃物品及各类物品混杂储存的仓库等
	Ⅲ级	A组塑料与橡胶及其制品；沥青制品等

注：表中 A 组、B 组塑料与橡胶举例见《自动喷水灭火系统设计规范》（GB 50084—2001）附录 B。

第二节　闭式自动喷水灭火系统

一、闭式自动喷水灭火系统的分类

闭式自动喷水灭火系统是指在自动喷水灭火系统中采用闭式喷头，平时系统为封闭系统，火灾发生时喷头自动打开喷水灭火的灭火系统。

闭式系统主要包括湿式系统、干式系统、预作用系统和重复启闭预作用系统。

1. 湿式自动喷水灭火系统

湿式自动喷水灭火系统主要由闭式喷头、管路系统、报警装置、湿式报警阀及其供水系统组成，如图 3-1 所示。由于在喷水管网中经常充满有压力的水，故称湿式喷水灭火系统。其工作原理如图 3-2 所示。

平时管道内始终充满有压水，系统压力由高位消防水箱或稳压装置维持，水通过湿式报警阀导向杆中的水压平衡小孔保持阀板前后水压平衡，由于阀芯的自重和阀芯前后的所受水的总压力不同，阀芯处于半闭状态（阀芯上面的总压力大于阀芯下面的总压力）。发生火灾时，火源周围环境温度上升，导致火源上方的喷头开启、出水，由于水压平衡小孔来不及补水，报警阀上面的水压下降，此时阀下水压大于阀上水压，于是阀板开启，向洒水管网及洒水喷头供水，同时水沿着报警阀的环形槽进入延迟器、压力继电器及水力警铃等设施，发出火警信号并启动消防水泵等设施，消防控制室同时接到信号。

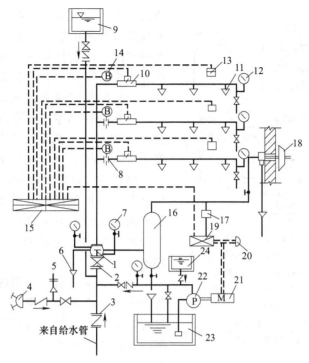

图 3-1 湿式自动喷水灭火系统

1—湿式报警阀；2—闸阀；3—止回阀；4—水泵接合器；5—安全阀；6—排水漏斗；7—压力表；
8—节流孔板；9—高位水箱；10—水流指示器；11—闭式洒水喷头；12—压力表；13—感烟探测器；
14—火灾报警装置；15—火灾收信机；16—延迟器；17—压力继电器；18—水力报警器；
19—电气控制箱；20—按钮；21—驱动电机；22—消防泵；23—消防水池；24—水泵补充水箱

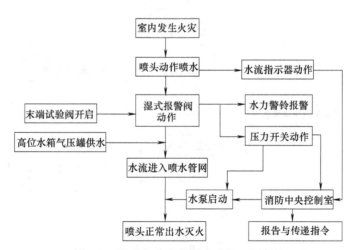

图 3-2 湿式自动喷水灭火系统工作原理

湿式喷水灭火系统应用较广，与其他类型的自动喷水灭火系统比较，灭火迅速，构造较简单、经济可靠、维护检查方便等优点。但由于管网中充满有压水，如安装不当，会产生渗漏，损坏建筑物装饰和影响建筑物使用。湿式自动喷水灭火系统适用于室内环境温度不低于4℃和不高于70℃的建筑物和构筑物。

2. 干式自动喷水灭火系统

干式自动喷水灭火系统适用于室内温度低于4℃或高于70℃的建筑物和构筑物，主要由

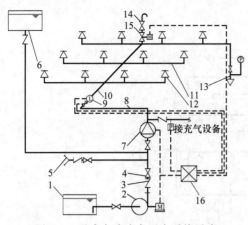

图 3-3 干式自动喷水灭火系统示意
1—水池；2—水泵；3—止回阀；4—闸阀；5—水
泵接合器；6—消防水箱；7—干式报警阀组；
8—配水干管；9—水流指示器；10—配水管；
11—配水支管；12—闭式喷头；13—末
端试水装置；14—快速排气阀；
15—电动阀；16—报警控制器

闭式喷头、管路系统、报警装置、干式报警阀、充气设备及供水系统组成，如图 3-3 所示。由于在报警阀上部管路中充以有压气体，故称干式喷水灭火系统。其工作原理如图 3-4 所示。

干式报警阀前管网内充满压力水，阀后的管路内充满压缩空气，平时处于警备状态。当发生火灾时，室内温度升高使闭式喷头打开，喷出压缩空气，报警阀后的气压下降。当降至某一限值时，报警阀前的压力水进入供水管路，将剩余的气体从已打开的喷头处推赶出去，喷水灭火。同时压力水通过另一管路系统推动水力警铃和压力开关报警，并启动消防水泵加压供水。

由于干式喷水灭火系统在报警阀后充以空气而无水，该系统在喷水之前有一个排气进水过程，使喷水灭火的动作较湿式系统缓慢，影响控火速度。一般可在干式报警阀出口管道上安装排气加速器，加速报警阀处的降压过程，缩短排气时间。另外，干式喷水灭火系统需有 1 套充气设备，管网气密性能要求高，系统设备复杂，维护管理也较为不便。

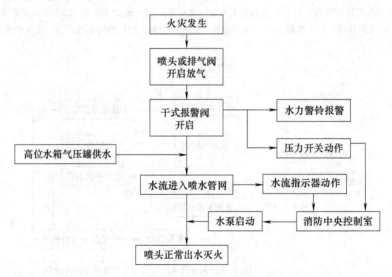

图 3-4 干式自动喷水灭火系统工作原理

3. 预作用自动喷水灭火系统

预作用自动喷水灭火系统主要由闭式喷头、预作用阀（或雨淋阀）、火灾探测装置、报警装置、充气设备、管网及供水设施等组成，如图 3-5 所示。

当发生火灾时，探测器启动发出报警信号，启动预作用阀，使整个系统充满水而变成湿式系统，以后动作程序与湿式喷水灭火系统完全相同。其工作原理如图 3-6 所示。

预作用喷水灭火系统将湿式喷水灭火系统与电子技术、自动化技术紧密结合起来，集湿式和干式喷水灭火系统的长处，既可广泛采用，又提高了安全可靠性。预作用式自动喷水灭火系统适用于建筑装饰要求高、不允许有水渍损失，或者是冬季结冻不能采暖，而又要求灭火及时的建筑物。具有下列要求之一的场所应采用预作用系统：系统处于准工作状态时，严禁管道漏水，如贵重物品用房和计算机房等；严禁系统误喷，如棉花和烟草库房等；替代干式系统。

在同一区域内设置相应的火灾探测器和闭式喷头，火灾探测器的动作必须先于喷头的动作。为保证系统在火灾探测器发生故障时仍能正常工作，系统应设置手动操作装置。当采用不充气的空管预作用喷水灭火系统时，可采用雨淋阀。当采用充气的预作用喷水灭火系统时，为了防止系统的气体渗漏，应采用隔膜式雨淋阀。

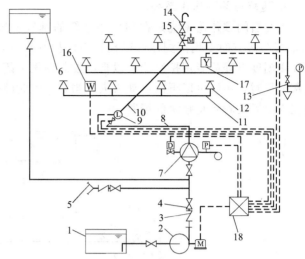

图 3-5 预作用自动喷水灭火系统示意

1—水池；2—水泵；3—止回阀；4—闸阀；5—水泵接合器；6—消防水箱；7—预作用报警阀组；8—配水干管；9—水流指示器；10—配水管；11—配水支管；12—闭式喷头；13—末端试水装置；14—快速排气阀；15—电动阀；16—感湿探测器；17—感烟探测器；18—报警控制器

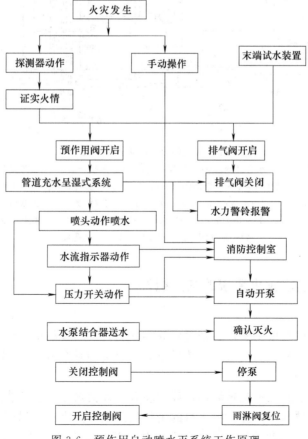

图 3-6 预作用自动喷水灭系统工作原理

4. 重复启闭预作用系统

重复启闭预作用系统是在预作用系统的基础上增加了重复启闭的功能，系统组成见图3-7。发生火灾时专用探测器可以控制系统排气充水，必要时喷头破裂及时灭火。当火灾扑灭环境温度下降后专用探测器可以自动控制系统关闭，停止喷水，以减少火灾损失。当火灾死灰复燃时，系统可以再次启动灭火。当非火灾时喷头意外破裂，系统不会喷水。适用于必须在灭火后及时停止喷水的场所。

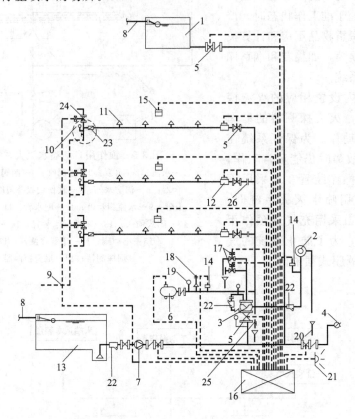

图 3-7　重复启闭预作用系统

1—高位水箱；2—水力警铃；3—水流控制阀；4—水泵接合器；5—消防安全指示阀；
6—空压机；7—消防水泵；8—进水管；9—排水管；10—末端试水装置；11—闭式喷头；
12—水流指示器；13—水池；14—压力开关；15—火灾探测器；16—控制箱；17—电磁
阀；18—安全阀；19—压力表；20—排水漏斗；21—电铃；22—过滤器；23—水表；
24—排气阀；25—排水阀；26—节流孔板

二、闭式自动喷水灭火系统的主要组件

1. 闭式喷头

闭式喷头的喷口用热敏感元件、密封件等零件所组成的释放机构封闭住，灭火时释放机构自动脱落，喷头开启喷水。闭式喷头按感温元件分为玻璃球喷头（图3-8）和易熔合金锁片喷头（图3-9）。

玻璃球喷头的热敏感元件是玻璃球，球内装有一种受热会发生膨胀的彩色液体，球内留有1个小气泡。平时玻璃球支撑住喷水口的密封垫。当发生火灾、温度升高时，球内液体受热膨胀，小气泡缩小。温度持续上升，膨胀液体充满玻璃球整个空间，当压力达到某一值

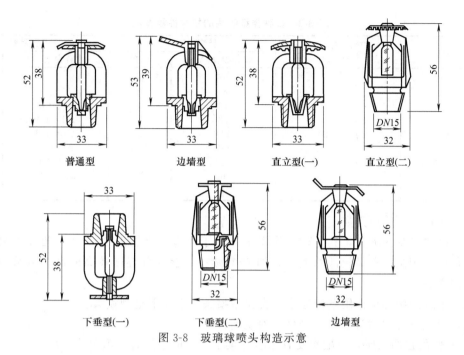

图 3-8 玻璃球喷头构造示意

时，玻璃球炸裂，喷水口的密封垫脱落，压力水冲出喷口灭火。玻璃球喷头体积小、重量轻、耐腐蚀，广泛用于各类建筑物、构筑物。但由于本身特性的影响，在环境温度低于−10℃的场所、受油污或粉尘污染的场所、易于受机械碰撞的部位不能采用。

易熔合金片喷头的热敏感元件为易熔金属合金，平时易熔合金片支撑住喷水口，当发生火灾时，环境温度升高，直至使喷头上的锁封易熔合金熔化，释放机构脱落，压力水冲出喷口喷水灭火。易熔合金片喷头的种类较多，目前选用较多的是弹性锁片型易熔元件喷头，是由易熔金属、支撑片、溅水盘、弹性片组成，如图 3-9 所示。这种喷头可安装于不适合玻璃球喷头使用的任何场合。

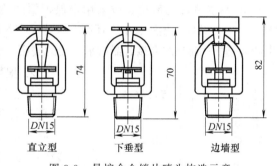

图 3-9 易熔合金锁片喷头构造示意

根据喷头的安装位置及布水形式又可分成标准型喷头、装饰型喷头、边墙型喷头。各种喷头的适用场所见表 3-2。各种喷头的技术性能参数见表 3-3。

表 3-2 各种类型喷头适用场所

玻璃球洒水喷头	外形美观、体积小、重量轻、耐腐蚀，适用于宾馆等要求美观高和具有腐蚀性的场所
易熔合金洒水喷头	适用于外观要求不高，腐蚀性不大的工厂、仓库和民用建筑
直立型洒水喷头	适用于安装在管路下经常有移动物体的场所，尘埃较多的场所
下垂型洒水喷头	适用于各种保护场所
边墙型洒水喷头	安装空间狭窄，通道状建筑适用此种喷头
吊顶型喷头	属装饰型喷头，可安装于旅馆、客厅、餐厅、办公室等建筑
普通型洒水喷头	可直立、下垂安装，适用于有可燃吊顶的房间
干式下垂型洒水喷头	专用于干式喷水灭火系统的下垂型喷头
自动启闭洒水喷头	具有自动启闭功能，凡需降低水渍损失场所均适用
快速反应洒水喷头	具有短时启动效果，凡要求启动时间短场所均适用
大水滴洒水喷头	适用于高架库房等火灾危险等级高的场所
扩大覆盖面洒水喷头	喷水保护面积可达 30～36m²，可降低系统造价

表 3-3　各种类型喷头的技术性能参数

喷头类别	喷头公称口径 /mm	玻璃球喷头		易熔合金喷头	
		动作温度/℃	颜色	动作温度/℃	颜色
闭式喷头	10,15,20	57	橙		
		68	红	57～77	本色
		79	黄	80～107	白
		93	绿	121～149	蓝
		141	蓝	163～191	红
		182	紫红	204～246	绿
		227	黑	260～302	橙
		260	黑	320～343	黑
		343	黑		

喷头选择的一般原则如下。

（1）闭式系统的喷头，其公称动作温度宜高于环境最高温度30℃。一般在不易接受热量的部位可采用温度等级较低的喷头，如57℃喷头；在局部温度较高的部位可采用温度等级较高的喷头。

（2）干式系统、预作用系统应采用直立型喷头或干式下垂型喷头。

（3）湿式系统的喷头选型应符合下列规定：

① 不作吊顶的场所，当配水支管布置在梁下时，应采用直立型喷头；

② 吊顶下布置的喷头，应采用下垂型喷头或吊顶型喷头；

③ 顶板为水平面的轻危险级、中危险级Ⅰ级居室和办公室，可采用边墙型喷头；

④ 自动喷水-泡沫联用系统应采用洒水喷头；

⑤ 易受碰撞的部位，应采用带保护罩的喷头或吊顶型喷头。

（4）公共娱乐场所、中庭环廊；医院、疗养院的病房及治疗区域，老年、少儿、残疾人的集中活动场所；超出水泵接合器供水高度的楼层；地下的商业及仓储用房宜采用快速响应喷头。

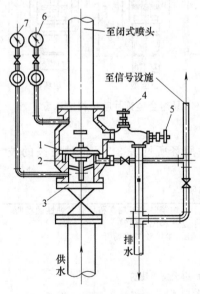

图 3-10　湿式报警阀构造示意

1—报警阀及阀芯；2—阀座凹槽；3—控
制阀；4—试铃阀；5—排水阀；
6—阀后压力表；7—阀前压力表

2. 报警阀

报警阀是自动喷水灭火系统的关键组件之一，其作用是开启和关闭管网的水流，传递控制信号至控制系统并启动水力警铃直接报警。闭式自动喷水灭火系统的报警阀又分为湿式报警阀、干式报警阀2种类型。报警阀共有 $DN50mm$、$DN65mm$、$DN80mm$、$DN125mm$、$DN150mm$、$DN200mm$ 等规格。

（1）湿式报警阀　湿式报警阀安装在湿式闭式自动喷水灭火系统的总供水干管上，主要作用是接通或关闭报警阀水流，喷头动作后报警水流将驱动水力警铃和压力开关报警，防止水倒流，并通过报警阀对系统的供水装置和报警装置进行检验。目前国产的有导孔阀型和隔板座圈型两种形式。图3-10为导孔阀型湿式报警阀原理图。ZSF系列湿式报警阀的规格见表3-4。

湿式报警阀平时阀芯前后水压相等（水通过导向管中的水压平衡小孔保持阀板前后水压平衡），由于阀芯的自重和阀芯前后所受水的总压力不同，阀芯处于关闭状态（阀芯上面的总压力大于阀芯下面的总压力）。发生火灾时，闭式喷头喷水，由于水压平衡小孔来不及补水，报警阀上面的水压下降，此时阀下水压大于阀上水压，于是阀板开启，向洒水管网及洒水喷头供水，同时水沿着报警阀的环形槽进入延迟器，这股水首先充满延迟器后才能流向压力继电器及水力警铃等设施，发出火警信号并启动消防水泵等设施。若水流较小，不足以补充从节流孔板排出的水，就不会引起误报。

表 3-4　ZSF 系列湿式报警阀规格

型号	进水管直径 DN /mm	最大工作压力 /MPa	水源	水压（最高点喷头） /MPa	外形尺寸/mm					
					A	B	C	D	E	F
ZSF65	65	1.2	高位水箱或恒压水源	0.1	450	330	640	<2000	380	480
ZSF80	80				490	350	660		400	500
ZSF100	100				600	420	680		400	500
ZSF150	150				620	440	700		420	600

湿式报警阀都要垂直安装，与延时器、水力警铃、压力开关与试水阀等构成一个整体。图 3-11 为湿式报警阀安装示意图。

湿式报警阀应设在距地面 0.8～1.5m 范围内，并没有冰冻危险、管理维护方便的房间内。在生产车间中的报警阀组，应设有保护装置，防止冲撞和误动作。湿式报警阀前的控制阀应用环形软锁将闸门手轮锁死在开启状态，也可用安全信号阀显示其开启状态。

串联接入湿式系统的干式、预作用、雨淋等其他系统，应分别设置独立的报警阀。其控制的喷头数计入湿式阀组件控制的喷头总数。

安装报警阀的部位应设有排水设施，其排水管径不应小于报警阀组试水阀直径的 2 倍。

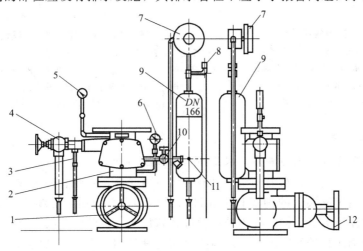

图 3-11　湿式报警阀安装示意

1—控制阀；2—报警止回阀；3—试水警铃；4—放水阀；5，6—压力表；7—水力警铃；8—压力开关；9—延时器；10—警铃管阀门；11—滤网；12—软锁

（2）干式报警阀

干式报警阀安装在干式闭式自动喷水灭火系统的总供水干管的立管上。其作用是用来隔开管网中的空气和供水管道中的压力水，使喷水管网始终保持干管状态。图 3-12 为干式报警阀原理图。

阀体 1 内装有差动双盘阀板 2，以其下圆盘关闭水，阻止从干管进入喷水管网，以上圆盘承受压缩空气，保持干式阀处于关闭状态。

当闭式喷头开启时，空气管网内的压力骤降，作用在差动阀板上圆盘上的压力降低，因此，阀板被推起，水通过报警阀进入喷水管网由喷头喷出，同时水通过报警阀座上的环形槽进入信号设施进行报警。

干式报警阀上圆盘的面积为下圆盘面积的 8 倍，因此，为了使上下差动阀板上的作用力平衡并使阀保持关闭状态，闭式喷洒管网内的空气压力应大于水压的 1/8，并应使空气压力保持恒定。图 3-13 为干式报警阀安装示意图。

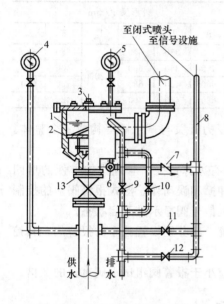

图 3-12　干式报警阀构造示意

1—阀体；2—差动双盘阀板；3—充气塞；
4—阀前压力表；5—阀后压力表；6—角阀；
7—止回阀；8—信号阀；9～11—截
止阀；12—小孔阀；13—总闸阀

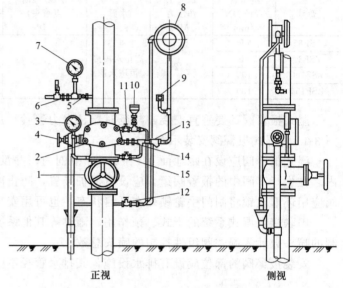

图 3-13　干式报警阀安装示意

1—控制阀；2—干式报警阀；3—阀前压力表；4—阀后压力表；
5—截止阀；6—止回阀；7—压力开关；8—水力警铃；9—压力
继电器；10—注水漏斗；11—注水阀；12—截止阀；
13—总闸阀；14—止回阀；15—试警铃阀

3. 水流报警装置

水流报警装置主要有水力警铃、水流指示器和压力开关。

（1）水力警铃　是一种水力驱动的机械装置，由壳体、叶轮、铃锤和铃盖等组成。当阀瓣被打开，水流通过座圈上的沟槽和小孔进入延迟器，充满后，继续流向水力警铃的进水口，在一定的水流压力下，推动叶轮带动铃锤转臂旋转，使铃锤连续击打警铃而发出报警铃声。水力警铃是消防报警的措施之一，与报警阀配套使用，宜设在公共通道或值班室的外墙上，实物图见图 3-14 （a）。当报警阀打开消防水源后，具有一定压力的水流冲动叶轮打铃报警。水力警铃宜安装在报警阀附近，连接管道应采用镀锌钢管，长度不超过 6m 时，管径为 15mm；长度超过 6m 时，管径为 20mm；连接水力警铃管道的总长度不宜大于 20m，工作压力不应小于 0.05MPa。水力警铃与各报警阀之间的高度不得大于 5m。

（2）水流指示器和信号阀　水流指示器的功能是及时报告发生火灾的部位。当喷头开启喷水或管网发生水量泄漏时，管道中有水流通过，引起水流指示器中桨片随水流而动作，接通延时电路 15～30s 后，继电器触点吸合，向消防控制室发出电信号，指示开启喷头所在的分区。水流指示器的实物图见图 3-14 （b）。

除报警阀组控制的喷头只保护不超过防火面积的同层场所外，每个防火分区和每个楼层

(a) ZSJL型水力警铃　　　　　(b) 水流指示器　　　　　　　(c) ZSJY型压力开关

图 3-14　水流报警装置

均要求设有水流指示器。设置货架内喷头的仓库，顶板下喷头与货架内喷头应分别设置水流指示器，这样有利于判断喷头的状况。为使系统维修时关停的范围不致过大而在水流指示器入口前设置阀门时，要求该阀门采用信号阀，其信号线与消防控制室相连，在消防控制室可以监视信号阀启闭状态，防止因误操作而造成配水管道断水的故障。国内生产的信号阀有无触点式输出和有触点式输出两种，电源为 24V 直流电，显示灯可就近显示，也可远距离（消防控制室）显示。

（3）压力开关　压力开关是自动喷水灭火系统中的一个重要部件，一般垂直安装于延迟器和水力警铃之间的管道上，其作用是将系统的压力信号转换为电信号输出。图 3-14（c）所示为 ZSJY 型压力开关。

4. 延迟器

延迟器是一个有进水口和出水口的圆筒形储水容器，见图 3-15。下端有进水口，与报警阀的报警口连接相通，上端有出水口，连接水力警铃，用于防止由于水源水压波动原因引起报警阀开启而导致的误报。报警阀开启后，水流需经 30s 左右充满延迟器后方可冲入水力警铃。

5. 末端试水装置

末端试水装置由球阀、三通、喷头体（试水接）与压力表头组成，见图 3-16。每个报警阀组控制的最不利点喷头处，应设末端试水装置，以供检验系统工作情况。其他防火分区、楼层均应设直径为 25mm 的试水阀。末端试水装置应由试水阀、压力表以及试水接头组成，如图 3-17 所示。试水接头出水口的流量系数，应等同于同楼层或防火分区内的最小流量系数喷头。末端试水装置的出水，应采取孔口出流的方式排入排水管道。

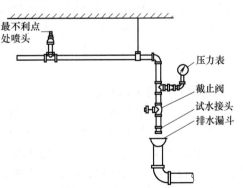

图 3-15　延迟器　　　图 3-16　末端试水装置　　　图 3-17　末端试水装置组成

感烟　　　　　　　感温

图 3-18　火灾探测器

6. 火灾探测器

火灾探测器是自动喷水灭火系统的重要组成部分。目前常用的有感烟、感温探测器，见图3-18。感烟探测器是利用火灾发生地点的烟雾浓度进行探测，感温探测器是通过火灾引起的温升进行探测。火灾探测器布置在房间或走廊的天花板下面。

三、闭式自动喷水灭火系统分区

大型建筑或高层建筑往往需若干个自动喷水灭火系统才能满足灭火的需要，在平面上、竖向上分区设置各自的系统。

1. 平面分区原则

闭式自动喷水灭火系统的平面布置宜与建筑物防火分区一致，尽量做到区界内不出现两个以上的系统交叉，有关防火分区的规定见《高层民用建筑设计防火规范》（GB 50045—95）。若在同层平面上有两个以上自动喷水灭火时，系统相邻处两个边缘喷头的间距不应超过0.5m，以加强喷水强度，起到加强两区之间阻火能力，如图3-19所示。

湿式和预作用自动喷水灭火系统的每个报警阀控制喷头数不宜超过800个。当配水支管同时安装向下保护吊顶下空间和向上保护吊顶内空间的喷头时，只将数量较多一侧的喷头计

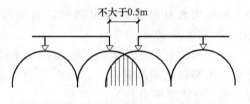

不大于0.5m

图 3-19　两个相邻自动喷水灭火系统交界处的喷头间距要求

入报警阀控制的喷头总数。有排气装置的干式自动喷水灭火系统最大喷头数不宜大于500个，无排气装置的干式自动喷水灭火系统最大喷头数不宜大于250个。

2. 竖向分区原则

自动喷水灭火系统管网内的工作压力不应大于1.2MPa，但适当降低管网的工作压力可减少维修工作量和避免发生渗漏。自动喷水灭火系统的竖向分区压力可与消火栓给水系统相近，通常将每一分区内的最高喷头与最低喷头之间的高程控制在50m以内，为保证同一竖向分区内的供水均匀性，在分区低层部分的入口处设减压孔板，将入口压力控制在0.40MPa以下。

屋顶高位水箱和各区的中间消防水箱的设置高度，应能满足各分区最高层喷头的最低供水压力要求，如果不能满足，需设置增压稳压设备。

当城市给水管网的压力能保证安全供水时，可充分利用城市自来水压力，单独形成一个系统。

3. 闭式系统常用的给水方式

（1）设重力水箱和水泵的不分区的给水方式　常用于建筑高度在100m以下的高层建筑，见图3-20。该系统能够保证初期火灾的消防用水；气压水罐设在高位，工作压力小，有效容积利用率高；低层供水在报警阀前采用减压阀减压，保证系统供水的均匀性。在实际应用中还可以采用多级多出口水泵替代该系统的水泵和减压阀，用同一水泵来保证高、低区各自不同的用水压力，使系统更为简单。

（2）无水箱给水方式　在规范或当地消防部门允许不设消防水箱的情况下，可采用该给

水方式,见图 3-21。该系统不设高位消防水箱,设备集中,维护管理方便。但初期火灾的消防用水不容易得到保证,气压水罐容积较大。

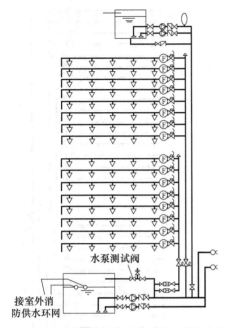

图 3-20 设重力水箱和水泵的不分区的给水方式

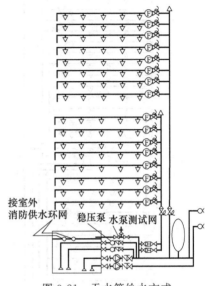

图 3-21 无水箱给水方式

(3) 分区串联给水方式 常用于建筑高度 100m 以上的超高层建筑,见图 3-22。该系统高、低供水独立,高区采用水泵串联加压供水。高区发生火灾时,先启动运输泵,后启动喷淋,水泵运行安全可靠。低区采用屋顶消防水箱做稳压水源,使中间水箱的高度不受限制,减压阀设在高位,工作压力低,对于超过消防车压力范围的高区,可在位于低区的高压消防水泵接合器处设能启动高区水泵的启泵按钮,使消防车能够通过消防水泵接合器与高区水泵串联工作,向高区加压供水。但该系统设中间消防水箱,占用上层使用面积,容易产生噪声和二次污染;水泵机组多,投资大;设备分散,不便于维护管理。

分区串联给水方式也可利用低区的喷淋泵作为高区的传输泵,从而节省了投资和占用面积。低区喷淋泵同时受高、低区报警的控制,系统控制比较复杂,运行不如前者串联给水方式可靠。

(4) 并联分区给水方式 适用于建筑高度 100m 以上的超高层建筑,见图 3-23。并联分区给水方式可在各区分别设水泵加压供水,各自独立,互不影响;设备集中设置,便于维护管理;采用减压阀替代中间水箱,节省上层使用面积,防止噪声和二次污染,简化系统;减压阀设在高位,工作压力低,运行安全可靠。

由于水泵扬程有限,这种给水方式不适用于高区的高度超出水泵供水压力范围的情况。

并联分区中高、低区也可共用同一组喷淋泵,喷淋泵按满足高区水压要求设计,在低区报警阀前设减压阀,向低区共用同一组喷淋泵,这种给水节省投资和使用面积,但喷淋泵同时受高、低区报警阀控制,系统控制比较复杂。

四、闭式自动喷水灭火系统的设计与计算

(一) 设计基本参数

闭式自动喷水灭火系统的设计应保证建筑物的最不利点喷头有足够的喷水强度。各危险

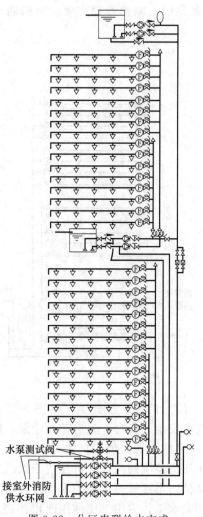

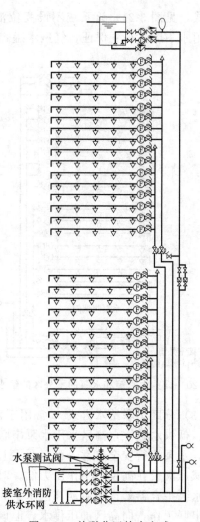

图 3-22 分区串联给水方式　　　　　　图 3-23 并联分区给水方式

等级的设计喷水强度、作用面积、喷头设计压力，不应低于规范的规定。民用建筑和工业厂房的系统设计基本参数见表 3-5；仓库的系统设计基本参数见表 3-6 和表 3-7。

表 3-5　民用建筑和工业厂房的系统设计基本参数

火灾危险等级		净空高度/m	喷水强度/[L/(min·m²)]	作用面积/m²
轻危险级			4	
中危险级	Ⅰ级		6	160
	Ⅱ级	≤8	8	
严重危险级	Ⅰ级		12	260
	Ⅱ级		16	

注：1. 装设网格、栅板类通透性吊顶的场所，系统的喷水强度按表中值的 1.3 倍取值。
　　2. 干式系统的作用面积按表中值的 1.3 倍取值。
　　3. 雨淋系统中每个雨淋阀控制的喷水面积不宜大于表中的数值。
　　4. 系统最不利点处喷头最低工作压力不应小于 0.05MPa。
　　5. 仅在走道设置单排喷头的闭式系统，其作用面积应按最大疏散距离所对应的走道面积确定。

　　当货架储物仓库的最大净空高度或货品最大堆积高度超过表 3-6、表 3-7 的规定时，仅在顶板设置喷头，将不能满足有效灭控火的需要。在这种情况下，应在距地面 4m 处设货架喷头，货架喷头的喷水强度应满足表 3-7 的要求，并按开放 4 只喷头确定水量。

表 3-6   仓库的系统设计基本参数

火灾危险等级	最大净空高度 /m	货品最大堆积 高度/m	喷水强度/ [L/(min·m²)]	作用面积 /m²	喷头工作 压力/MPa
仓库危险级Ⅰ级	9.0	4.5	12	200	0.10
仓库危险级Ⅱ级			16	300	
仓库危险级Ⅲ级	6.5	3.5	20	260	

注：系统最不利点处喷头最低工作压力不应小于 0.05MPa。

表 3-7   仓库采用快速响应早期抑制喷头的系统设计基本参数

火灾危险等级	最大净空 高度/m	货品最大堆 积高度/m	配水支管喷头或配 水支管的间距/m	作用面积内开放 的喷头数/只	喷头工作压 力/MPa
仓库危险级Ⅰ级、Ⅱ级	9.0	7.5	3.7	12	0.34
仓库危险级Ⅲ级 （非发泡类）	9.0	7.5	3.3	12	0.34
仓库危险级Ⅰ级、Ⅱ级、Ⅲ级 （非发泡类）	12.0	10.5	3.0	12	0.50
仓库危险级Ⅲ级 （发泡类）	9.0	7.5	3.0	12	0.68

注：本表中的数值仅适用于 $K=200$ 的快速响应早期抑制喷头。

（二）喷头的布置

1. 一般规定

喷头应布置在顶板或吊顶下易于接触到火灾热气流并有利于均匀布水的位置。其布置间距要求在保护的区域内任何部位发生火灾都能得到一定强度的水量。

喷头的布置形式有正方形、长方形、菱形，见图 3-24。具体采用何种形式应根据建筑平面和构造确定。

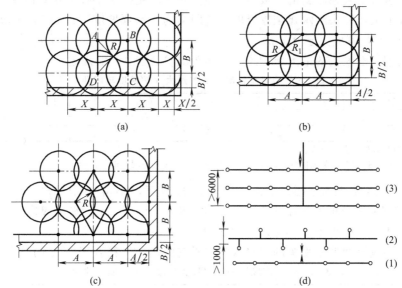

(a)   (b)

(c)   (d)

图 3-24   喷头布置几种形式

正方形布置时：

$$X = B = 2\cos45°\qquad(3-1)$$

长方形布置时：

$$\sqrt{A^2 + B^2} \leqslant 2R\qquad(3-2)$$

菱形布置时：

$$A = 4R\cos30°\sin30° \tag{3-3}$$

$$B = 2R\cos30°\sin30° \tag{3-4}$$

式中　R——喷头的最大保护半径，m。

喷头的布置间距和位置原则上应满足房间的任何部位发生火灾时均能有一定强度的喷水保护。对喷头布置成正方形、长方形、菱形情况下的喷头布置间距，可根据喷头喷水强度、喷头的流量系数和工作压力确定，并符合下列要求。

（1）直立型、下垂型标准喷头的布置，包括同一根配水支管上喷头的间距及相邻配水支管的间距，应根据喷水强度、喷头的流量系数和工作压力确定，并不应大于表 3-8 的规定值，且不宜小于 2.4m。

表 3-8　喷头的布置间距

喷水强度/ [L/(min · m²)]	正方形布置的边长 /m	矩形及平行四边形 布置的长边边长/m	每只喷头最大保 护面积/m²	喷头与端墙的最 大距离/m
4	4.4	4.5	20.0	2.2
6	3.6	4.0	12.5	1.8
8	3.4	3.6	11.5	1.7
12～20	3.0	3.6	9.0	1.5

注：1. 仅在走道上设置单排系统的闭式系统，其喷头间距应按走道地面不留漏喷空白点确定；
　　2. 货架内喷头的间距不应小于 2m，并不应大于 3m。

（2）除吊顶喷头及吊顶下安装的喷头外，直立型、下垂型标准喷头，其溅水盘与顶板的距离，不应小于 75mm，且不应大于 150mm。喷头在门、窗、洞口处，距洞口上表面的距离不宜大于 15cm，距墙面宜为 7.5～15cm。

（3）喷头垂直安装在倾斜的顶板下时，喷头布置间距按水平投影距离计算。尖屋顶的屋脊处应设一排喷头，喷头溅水盘至屋脊的垂直距离为：屋顶坡度＞1/3 时，不应大于 0.8m；屋顶坡度＜1/3 时，不应大于 0.6m。

（4）边墙型标准喷头的最大保护跨度与间距应符合表 3-9 的规定。

表 3-9　边墙型标准喷头的最大保护跨度与间距

设置场所火灾危险等级	配水支管上喷头最大间距/m	单排喷头最大保护跨度/m	两排相对喷头最大保护跨度/m
中危险级	3.6	3.6	7.2
轻危险级	3.0	3.0	6.0

注：1. 两排相对喷头应交错布置。
　　2. 室内跨度大于两排相对喷头最低保护跨度时，应在两排相对喷头中间增加一排喷头。

（5）直立式边墙型喷头其溅水盘与顶板的距离，不应小于 100mm，且不应大于 150mm，与背墙的距离的不应小于 50mm，且不应大于 100mm。水平式边墙型喷头其溅水盘与顶板的距离，不应小于 150mm，且不应大于 300mm。

（6）快速响应早期抑制喷头的溅水盘与顶板的距离，应符合表 3-10 的要求。

表 3-10　快速响应早期抑制喷头的溅水盘与顶板的距离　　　　　单位：mm

喷头安装方式	直立型		下垂型	
	不应小于	不应大于	不应小于	不应大于
溅水盘与顶板的距离	100	150	150	360

（7）货架内喷头宜与顶板下喷头交错布置，其溅水盘与上方层板的距离，不应小于 75mm，且不应大于 150mm。与其下方货品顶面的垂直距离不应小于 150mm。

（8）货架内喷头上方的货架层板，应为封闭层板。货架内喷头上方如有孔洞、缝隙，应在喷头的上方设置集热挡水板。集热挡水板应为正方形或圆形金属板，其平面面积不宜小于 $0.12m^2$，周围弯边的下沿，宜与喷头的溅水盘平齐。

（9）净空高度大于 800mm 的闷顶和技术夹层内有可燃物时，应设置喷头。

（10）当局部场所设置自动喷水灭火系统时，与相邻不设自动喷水灭火系统场所连通的走道或连通开口的外侧，应设喷头。

（11）装设通透性吊顶的场所，喷头应布置在顶板下。

（12）采用闭式系统场所的最大净空高度不应大于表 3-11 的规定，但仅用于保护室内钢屋架等建筑构件和设置货架式系统，不受此表规定的限制。

表 3-11　采用闭式系统场所的最大净空高度　　　　　单位：m

设置场所	采用闭式系统场所的最大净空高度
民用建筑和工业厂房	8
仓库	9
采用快速响应早期抑制喷头的仓库	12

2. 喷头与障碍物的距离

喷头安装在屋内顶板、吊顶或斜屋顶易于接触到火灾热气流并有利于均匀布水的位置，喷头与障碍物的距离应满足以下要求。

（1）直立、下垂型喷头与梁、通风管道的距离应符合表 3-12 的规定，见图 3-25。

（2）直立、下垂型标准喷头的溅水盘以下 0.45m 范围内、其他喷头的溅水盘以下 0.9m 范围内，如有屋架等间断障碍物或管道时，喷头与邻近障碍物的最小水平距离宜符合表 3-13 的规定，见图 3-26。

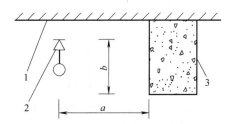

图 3-25　直立、下垂型喷头与梁的距离
1—顶板；2—直立型喷头；3—梁（或通风管道）

表 3-12　直立、下垂型喷头与梁、通风道的距离

直立、下垂型喷头与梁、通风道 侧面的水平距离 a/m	直立、下垂型喷头与梁、通风管道底面 与其上方喷溅水盘的最大垂直距离 b/mm	
	标准喷头	非标准喷头
$a<0.3$	0	0
$0.3\leqslant a<0.6$	60	38
$0.6\leqslant a<0.9$	140	140
$0.9\leqslant a<1.2$	240	250
$1.2\leqslant a<1.5$	350	375
$1.5\leqslant a<1.8$	450	550
$a=1.8$	>450	>550

表 3-13　喷头与屋架等间断障碍物的距离　　　　　单位：m

c、e 或 $d\leqslant0.2$	c、e 或 $d>0.2$
$3c$ 或 $3e$（c 与 e 取大值）或 $3d$	0.6

（3）当梁、通风管道、排管、桥架等障碍物的宽度大于 1.2m 时，应在障碍物下方增设喷头，见图 3-27。

（4）直立型、下垂型喷头与不到顶隔墙的水平距离，不得大于喷头溅水盘与不到顶隔墙顶面垂直净距的 2 倍，见图 3-28。

（5）直立型、下垂型喷头与靠墙障碍物的距离应符合下列规定，见图 3-29。

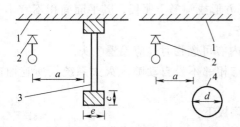

图 3-26　喷头与邻近障碍物的最小水平距离
1—顶板；2—喷头；3—屋架；4—管道

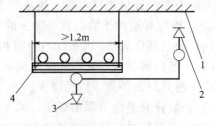

图 3-27　在宽度大于 1.2m 时，
在障碍物下方增设喷头
1—顶板；2—直立型喷头；3—下垂
型；4—排管（或梁、通风管道、桥架等）

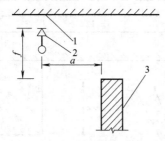

图 3-28　喷头与不到顶隔墙的距离
1—顶板；2—直立型喷头；3—不到顶隔墙

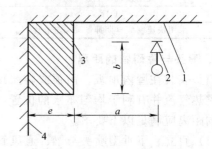

图 3-29　直立、下垂型喷头与靠墙障碍物的距离
1—顶板；2—直立型喷头；3—靠墙障碍物；4—墙面

当横截面边长小于 750mm 时，喷头与靠墙障碍物的距离，应按下式计算。

$$a \geqslant (e-200) + b \qquad (3\text{-}5)$$

式中　a——喷头与障碍物侧面的水平间距，mm；

　　　b——喷头溅水盘与障碍物底面的垂直间距，mm；

　　　e——障碍物横截面的边长，mm，$e < 750$。

当横截面边长大于或等于 750mm 或 a 的计算值大于表 3-8 中喷头与墙面距离的规定时，应在靠墙障碍物下增设喷头。

（6）边墙型喷头的两侧 1m 与正前方 2m 范围内，顶板或吊顶下不应有阻挡喷水的障碍物。

（三）管网

1. 管网布置

自动喷水灭火系统的配水管网，由直接安装喷头的配水支管、向配水支管供水的配水管、向配水管供水的配水干管以及总控制阀向上（或向下）的垂直立管组成。

室内供水管道应布置成环状，其进水管不宜少于两条，当其中一条进水管发生故障时，其余进水管应仍能保证全部用水量和水压。自动喷水灭火系统一般设计成独立系统，在自动喷水灭火系统报警阀后的管网与室内消火栓给水管网分开设置。报警阀后的管道不许设置其他用水设备，稳压供水管也必须在报警阀前与系统相连。

供水干管应设分隔阀门，设在便于维修的地方，并经常处于开启状态。

报警阀后的管网可分为枝状管网、环状管网和格栅状管网。采用环状管网的目的是减少系统管道水头损失和使系统布水更均匀，一般在中危险等级场所或对于民用建筑为降低吊顶空间高度时采用。自动喷水系统一般采用枝状管网，管网应尽量对称、合理，以减小管径、节约投资和方便计算。通常根据建筑平面的具体情况布置成侧边式和中央式两种方式，见图3-30。

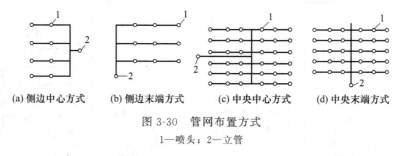

(a) 侧边中心方式　　(b) 侧边末端方式　　(c) 中央中心方式　　(d) 中央末端方式

图 3-30　管网布置方式

1—喷头；2—立管

管网布置与设计时应注意以下几个问题。

（1）配水管道的工作压力不应大于1.20MPa，否则应进行竖向分区。分区方式有并联分区和串联分区。如图3-31、图3-32所示为分区给水系统示意。

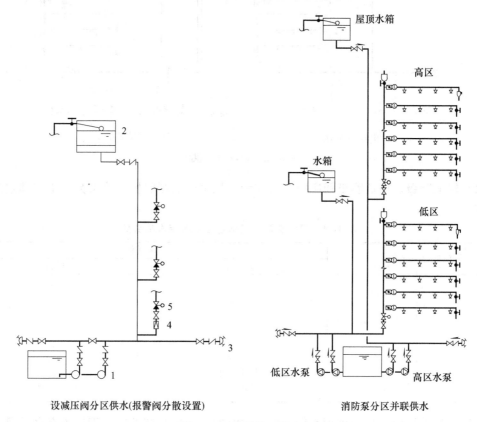

设减压阀分区供水(报警阀分散设置)　　　　　消防泵分区并联供水

图 3-31　并联分区供水

1—消防水泵；2—消防水箱；3—水泵接合器；4—减压阀；5—报警阀组

（2）管道的直径应经水力计算确定。配水管道的布置，应使配水管入口的压力均衡。轻危险级、中危险级场所中各配水管入口的压力均不宜大于0.40MPa。

（3）配水管两侧每根配水支管控制的标准喷头数，轻危险级、中危险级场所不应超过8只，同时在吊顶上下安装喷头的配水支管，上下侧均不应超过8只。严重危险级及仓库危险级场所均不应超过6只。

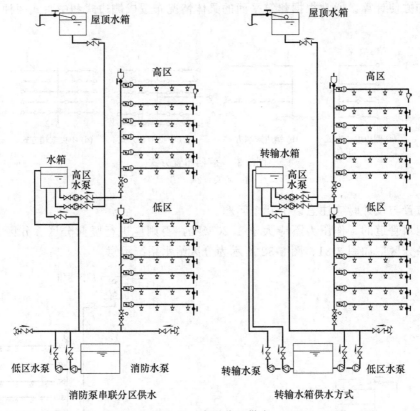

图 3-32　串联分区供水

（4）轻危险级、中危险级场所中配水支管、配水管控制的标准喷头数，不应超过表3-14的规定。

表 3-14　配水支管、配水管控制的标准喷头数

公称管径/mm	危险等级	
	轻危险级	中危险级
25	1	1
32	3	3
40	5	4
50	10	8
65	18	12
80	48	32
100	按水力计算	64
150	按水力计算	按水力计算

（5）布置管网时，应考虑配水管网的充水时间。干式系统的配水管道的充水时间，不宜大于 1min；预作用系统与雨淋系统的配水管道的充水时间，不宜大于 2min。

（6）干式系统、预作用系统的供气管道，采用钢管时，管径不宜小于 15mm；采用铜管时，管径不宜小于 10mm。

（7）水平安装的管道宜有坡度，并应坡向泄水阀。充水管道的坡度不宜小于 2‰，准工作状态不充水管道的坡度不宜小于 4‰。

2. 管材与管道安装

自动喷水管道采用内外壁热镀锌钢管。报警阀入口前管道可采用内壁不防腐的钢管，但

在该管段的末端设置过滤器。

系统管道的连接应采用沟槽式连接件（卡箍）或丝扣、法兰连接。报警阀前采用内壁不防腐的钢管时，可采用焊接连接。

系统中的直径等于或大于100mm的管道，应分段采用法兰或沟槽式连接件（卡箍）连接。水平管道上法兰间的管道长度不宜大于20m；立管上法兰间的距离，不应跨越3个及以上楼层。净空高度大于8m的场所内，立管上应有法兰。

水平安装的管道宜有坡向泄水阀的坡度。充水管的坡度不宜小于2‰，准工作状态不充水管道的坡度不宜小于4‰。

管道吊架或支架的位置不能影响喷头的喷水效果，一般吊架与喷头的距离不应小于300mm，与末端喷头的距离不应大于750mm。管道支架或吊架的距离见表3-15。

表 3-15 管道支架或吊架的距离

公称直径/mm	25	32	40	50	65	80	100	125	150	200	250	300
间距/m	3.5	4.0	4.5	5.0	6.0	6.0	6.5	7.0	8.0	9.5	11.0	12.0

3. 管道充气和排气

干式喷水灭火系统及干湿式交替喷水灭火系统的每组管网容积，不应超过1500L。如果设有加速排气装置时，可增至3000L。

对于干式及干湿式交替系统的管道，可用空气压缩机充气，其给气量应不小于$0.15m^3/min$。在空气压缩站能保证不间断供气时，也允许由空气压缩站供应。

在配水管的顶端，宜设自动排气阀。

（四）报警阀与水力警铃

1. 报警阀布置

报警阀应设在距地面高度宜为1.2m，且没有冰冻危险，易于排水，管理维修方便及明显的地点。每个报警阀组供水的最高与最低喷头，其高程差不宜大于50m。一个报警阀所控制的喷头数应符合表3-16规定。

表 3-16 一个报警阀所控制的喷头数

系 统 类 型		危 险 级 别		
		轻级	中级	严重级
		喷头数/只		
湿式喷水灭火系统		500	800	1000
干式喷水灭火系统	有排气装置	250	500	500
	无排气装置	125	250	—

当配水支管同时安装保护吊顶下方和上方空间的喷头时，应只将数量较多一侧的喷头计入报警阀组控制的喷头总数。

2. 水力警铃的布置

水力警铃应设在有人值班的地点附近；与报警阀连接管道，其管径为20mm，总长度不宜大于20m。

（五）消防供水

闭式系统的给水水源，应能确保系统的用水量和水压要求。闭式系统的用水可以由市政或企业的生产、消防给水管道供给，也可由消防水池或天然水源供给。当采用天然水源时，应考虑水中的悬浮物、杂质不致堵塞喷头出口。

1. 消防水箱

采用临时高压给水系统的自动喷水灭火系统，应设高位消防水箱。高位消防水箱的消防储水量应按 10min 室内消防用水量计算，但不可超过 18m³（严重危险级除外）。并联给水方式的分区消防水箱容量应与高位消防水箱相同。

建筑高度不超过 24m、并按轻危险级或中危险级场所设置湿式系统、干式系统或预作用系统时，如设置高位水箱有困难，应采用 5L/s 流量的气压给水设备供给 10min 初期用水量。

高位消防水箱的设置高度应保证最不利点喷头静水压力。最不利点喷头静水压力不应低于 0.10MPa。当高位消防水箱不能满足静压要求时，应设增压稳压设施。

消防水箱的出水管应设止回阀，并与报警阀入口前管道连接。轻危险级、中危险级建筑出水管管径不应小于 80mm，严重危险级建筑和仓库危险级出水管管径不应小于 100mm。

2. 水泵

系统应设独立的供水泵，并应按一运一备或二运一备比例设置备用泵。水泵应采用自灌式吸水方式，每组供水泵的吸水管不应少于 2 根。报警阀入口前设置环状管道的系统，见图 3-33，每组供水泵的出水管不应少于 2 根，供水泵的吸水管应设控制阀，出水管应设控制阀、止回阀、压力表和直径不小于 65mm 的试水阀。必要时，应采取控制供水泵出口压力的措施。

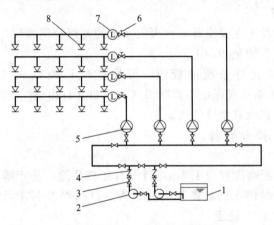

图 3-33 报警阀入口前的环状管道系统

1—水池；2—水泵；3—闸阀；4—止回阀；5—报警阀组；
6—信号阀；7—水流指示器；8—闭式喷头

3. 水泵接合器

自动喷水灭火系统应设水泵接合器，其数量应按室内消防用水量经计算确定，每个水泵接合器的流量应按 10～15L/s 计算。

当水泵接合器的供水能力不能满足最不利点处作用面积的流量和压力要求时，应在当地消防车供水能力接近极限的部位，设置接力供水设施。接力供水设施由接力水箱和固定的电力泵或柴油机泵、手抬泵等接力泵，以及水泵接合器或其他形式的接口组成。接力供水设施示意图见图3-34。

水泵接合器应设在便于同消防车连接的地方，其周围15～40m 内应设消火栓或消防水池。

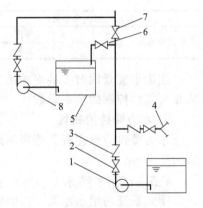

图 3-34 接力供水设施示意

1—供水泵；2—闸阀；3—止回阀；
4—水泵接合器；5—接力水箱；
6—闸阀（常闭）；7—闸
阀（常闭）；8—接力水泵

（六）闭式自动喷水灭火系统水力计算

自动喷水灭火系统的水力计算主要是为了确定喷头出

水量和管段的流量；确定管段的管径；计算高位水箱设置高度；计算管网所需的供水压力，选择消防水泵；确定管道节流措施等。

计算方法有特性系数法和作用面积法。特性系数计算法，从系统最不利点喷头开始，沿程计算各喷头的水压力、流量和管段的设计流量、压力损失，直到管段累计流量达到设计流量为止。在此后的管段中流量不再增加。按特性系数计算方法设计的系统其特点是安全性较高，即系统中除最不利点喷头以外的任一喷头的喷水量或任意 4 个喷头的平均喷水量均超过设计要求。此种计算方法适用于燃烧物热量大、火灾危险严重场所的管道计算及开式雨淋（水幕）系统的管道水力计算。

特性系数计算法严密细致，工作量大，但计算时按最不利点处喷头起逐个计算，不符合火灾发展的一般规律。实际火灾发生时，一般都是由火源点呈辐射状向四周扩大蔓延，而只有失火区上方的喷头才会开启喷水。火灾实例证明，在火灾初期往往是只开放一只或数只喷头，对轻级或中级危险系统往往也是靠少量喷头喷水扑灭灭火。如上海国际饭店、中百一店和上海几次大的火灾，开启的喷头数最多不超过 4 只喷头。这是因为火灾初期可燃物少，且少量喷头开启，每只喷头的实际水压和流量必然超过设计值较多，有利于灭火；即使火灾扩大，对上述系统只要确保在作用面积内的平均喷水强也能保证灭火。因此，对轻级和中级，采用作用面积计算法是合理的、安全的。

作用面积计算法与特性系数计算法的计算方法最大区别是：计算时假定作用面积内每只喷头的喷水量相等，均以最不利点喷头喷水量取值；而后者每只喷头的出流量是不同的，需逐个计算，较复杂。作用面积计算法可使计算大大简化，因此《自动喷水灭火系统设计规范》推荐采用此方法。

下面主要介绍作用面积法的计算步骤与原理。

① 在最不利点处画定矩形的作用面积，作用面积的长边平行支管，其长度不宜小于作用面积平方根的 1.2 倍，确定发生火灾后最多开启的喷头数 m。

② 根据最不利喷头的工作压力，按式（3-6）计算最不利喷头出水量 q_0。

③ 计算作用面积内管段设计流量。按最不利点处作用面积内喷头同时喷水的总流量确定。

④ 校核喷水强度。最不利点处作用面积内任意 4 只喷头围合范围内的平均喷水强度，轻危险级、中危险级不应低于表 3-5 规定值的 85%；严重危险级和仓库危险级不应低于表 3-5 和表 3-7 的规定值。

⑤ 按管段连接喷头数，由表 3-14 确定各管段的管径。

⑥ 计算管路的压力损失。

⑦ 确定水泵扬程或系统入口处的供水压力，与特性系数法相同。

1. 基本参数的确定

根据建筑物类型和危险等级，由表 3-5 确定喷水强度、作用面积、喷头工作压力。

2. 系统作用面积的确定

根据管网的布置情况选定最不利作用面积位置。考虑到实际火灾发生时，一般都是由火源点呈辐射状向四周蔓延，在失火区才会开放喷头，因此可采用"矩形面积"保护法，仅在"矩形面积"内的喷头才计算喷水量。水力计算选定的最不利作面积宜采用正方形或长方形，当采用长方形布置时，其长边应平行于配水支管，边长不宜小于作用面积平方根的 1.2 倍，即：

$$L = 1.2\sqrt{A}$$

（3-6）

$$B = \frac{A}{L} \tag{3-7}$$

式中　A——最不利作用面积，m^2；

　　　B——最不利作用面积长边边长，m；

　　　L——最不利作用面积短边边长，m。

　　最不利作用面积的通常在水力条件最不利处，即系统供水的最远端。图 3-35 为支状管网最不利作用面积的几个位置图，其中 A、B 两种方式应优先选择。图 3-36 为环状管网最不利作用面积位置可供选择的几个方案。

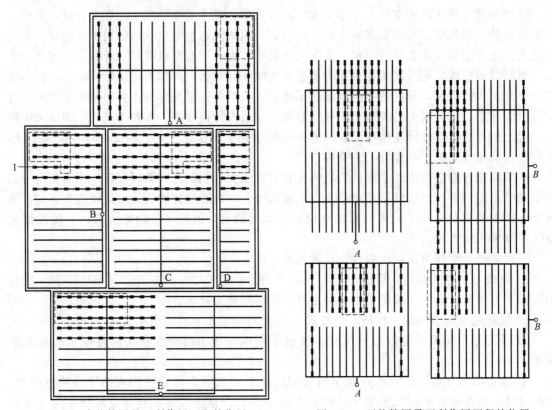

图 3-35　支状管网最不利作用面积的位置　　　　图 3-36　环状管网最不利作用面积的位置

3. 喷头的出流量

　　单个喷头的出水量与喷头处的压力和喷头本身的结构、水力特性有关，一般是以不同条件下的喷头的特性系数来反映喷头的结构及喷头喷口直径对流量的影响。

　　闭式喷头的出水量可按下式计算：

$$q = K\sqrt{10P} \tag{3-8}$$

式中　q——喷头出水量，L/s；

　　　K——喷头特性系数，当喷头的公称直径为 15mm 时，$K = 1.33$；

　　　P——喷头的工作压力，MPa。

4. 系统的设计流量

　　自动喷水灭火系统的设计流量按最不利点处作用面积内喷头同时喷水的总流量确定：

$$Q_s = \frac{1}{60}\sum_{i=1}^{n} q_i \tag{3-9}$$

式中 Q_s——系统的设计流量，L/s；

　　　q_i——最不利点处作用面积内各喷头节点的流量，L/min；

　　　n——最不利点处作用面积内的喷头数。

自动喷水灭火系统的设计流量的计算应注意以下几点。

① 保证任意作用面积内的平均喷水强度不低于表 3-5 和表 3-6 的规定值。

② 最不利点处作用面积内的任意 4 只喷头范围内的平均喷水强度，轻危险级、中危险级不应低于表 3-5 规定值的 85％；严重危险级和仓库危险级不应低于表 3-5 和表 3-7 的规定值。

③ 当建筑物内设有多种类型的系统，或有不同危险等级的场所，系统的设计流量应按各类型系统及不同危险等级场所设计流量的最大值确定。

④ 同时设置自动喷水灭火系统与水幕系统的建筑物，需要同时开启时，系统的设计流量应按同时供给自动喷水灭火系统和水幕系统的用水量确定。当满足这种要求有困难时，宜将水幕系统设为独立的系统。

5. 设计流速校核

流速必须满足自动喷水灭火系统设计计算的有关规定，流速计算公式如下：

$$v = K_C Q \tag{3-10}$$

式中 K_C——流速系数，m/L，见表 3-17；

　　　Q——流量，L/s；

　　　v——流速，m/s。

表 3-17 K_C 值

管径/mm	25	32	40	50	70	80	100	125	150	200	250
钢管	1.883	1.05	0.80	0.47	0.283	0.204	0.115	0.075	0.053	—	—
铸铁管	—	—	—	—	—	—	0.1273	0.0814	0.0566	0.0318	0.021

校核管段流速如果大于规定值，说明初选管径偏小，应重新选择管径。

6. 管道压力损失

（1）管段的压力损失　按下式计算：

$$H = ALQ^2 \tag{3-11}$$

$$L = L_1 + L_2 \tag{3-12}$$

式中 H——计算管段的压力损失，MPa；

　　　A——管道比阻，镀锌钢管的比阻见表 3-18；

　　　L——管段计算长度，m；

　　　L_1——管段长度，m；

　　　L_2——管件的当量长度，m；管件的当量长度可参见第二章表 2-12；

　　　Q——管段流量，L/s。

表 3-18 镀锌钢管的比阻

公称直径/mm	25	32	40	50	70	80	100	125	150
比阻$\times 10^{-7}$ /[MPa$\cdot$s^2/(m$\cdot$L^2)]	43670	9387	4454	1108	289.4	116.9	26.74	8.625	3.395

（2）报警阀压力损失　报警阀的局部压力损失计算公式如下：

$$P_f = \beta_f Q^2 \tag{3-13}$$

式中 P_f——报警阀的局部压力损失，kPa；

Q——设计流量，L/s；

β_f——报警阀的比阻，s²/L²，见表 3-19 。

表 3-19 报警阀的比阻　　　　　　　　　　　单位：s²/L²

名称	公称直径 DN/mm	β_f	名称	公称直径 DN/mm	β_f
湿式报警阀	100	0.0296	干湿两用报警阀	150	0.0204
湿式报警阀	150	0.00852	干式报警阀	150	0.0157
干湿两用报警阀	100	0.0711			

7. 系统水压力计算

自动喷水灭火系统所需水压力（或消防泵的扬程）计算公式如下：

$$P = P_1 + P_2 + P_f + P_0 \tag{3-14}$$

式中　P——系统所需水压（或消防泵的扬程），kPa；

P_1——给水引入管与最不利喷头之间的高程差（如由消防泵供水，则为消防储水池最低水位与最不利消火栓之间的高程差），kPa；

P_2——计算管路压力损失，kPa；

P_f——报警阀的局部压力损失，kPa；

P_0——最不利喷头的工作压力，kPa，经计算确定。

8. 减压计算

轻、中危险级系统中各配水管入口的压力，应经水力计算确定，并均不宜大于 0.40MPa。通过增加减压设备限制配水管入口的压力的办法，来限制配水管长度及其沿程水头损失，达到均衡各层管段流量的目的。

当系统中设有减压孔板时，应符合下列规定。

（1）应设置在直径不小于 50mm 的水平直管段上，其前后管段的长度均不宜小于该管段直径的 5 倍；

（2）孔口直径不应小于设置管段直径的 30%，且不应小于 20mm。

（3）应采用木锈钢板制作。

当系统中设有节流管时，应符合下列规定。

（1）节流管内水的平均流速不应大于 20m/s；

（2）节流管的长度不宜小于 1m；

（3）节流管的直径宜按其上游管段直径的 1/2 确定。

节流管的水头损失按下式计算：

$$H_g = \xi \frac{V_g^2}{2g} + 0.00107 L \frac{V_g^2}{d_g^{1.3}} \tag{3-15}$$

式中　H_g——节流管的水头损失，10^{-2}MPa；

ξ——节流管局部阻力系数，取值 0.7；

V_g——节流管内水的平均流速，m/s；

d_g——节流管的计算内径，m，取值应按节流管内径减 1mm 确定。

L——节流管的长度，m。

当系统中设有减压阀时，应设在报警阀组入口前，同时应符合下列规定。

（1）减压阀前应设过滤器；

（2）垂直安装的减压阀，水流方向宜向下；

（3）当连接两个及以上报警阀组时，应设置备用减压阀（图 3-37）。

9. 计算例题

某 5 层商场，每一层的净空高度小于 8m，根据喷头的平面布置图，经计算得出最不利喷头 1 处的压力为 0.1MPa，最不利点喷头与水泵吸水水位高差为 28.60m，其作用面积的喷头布置见图 3-38，试按作用面积法进行自动喷水系统水力计算，确定水泵的流量和扬程。该设置场所火灾危险等级为中危险Ⅱ级。

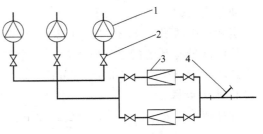

图 3-37 减压阀安装示意
1—报警阀；2—闸阀；3—减压阀；4—过滤器

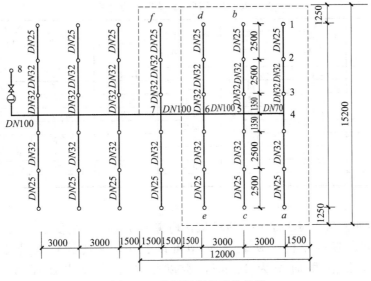

图 3-38 作用面积的喷头布置

【解】

按作用面积法计算。

1. 基本设计数据确定

由表 3-5 查得中危险Ⅱ级建筑物的基本设计数据为：设计喷水强度为 8.0L/（min·m²），作用面积 160m²。

2. 喷头布置

根据建筑结构与性质，本设计采用作用温度为 68℃闭式吊顶型玻璃球喷头，喷头采用 2.5m×3.0m 和 2.7m×3.0m 矩形布置，使保护范围无空白点。

3. 作用面积划分

作用面积选定为矩形，矩形面积长边长度：$L=1.2\sqrt{A}=1.2\times\sqrt{160}=15.2$m，短边长度为 10.5m。

最不利作用面积在最高层（5 层处）最远点。矩形长边平行最不利喷头的配水支管，短边垂直于该配水支管。

每根支管最大动作喷头数 $n=15.2\div2.5=6$ 只

作用面积内配水支管 $N=10.5\div3=3.5$ 只，取 4 只

动作喷头数：$4 \times 6 = 24$ 只

实际作用面积：$15.2 \times 12 = 182.4 \text{m}^2 > 160 \text{m}^2$

故应从较有利的配水支管上减去 3 个喷头的保护面积，见图 3-27，则最后实际作用面积：$15.2 \times 12 - 3 \times 2.5 \times 3.0 = 160 \text{m}^2$

4. 水力计算

计算结果见表 3-20，其计算公式如下。

（1）作用面积内每个喷头出流量 $q = K\sqrt{10H} = 1.33 \times \sqrt{10 \times 0.1} = 1.33 \text{L/s}$

（2）管段流量 $Q = nq$

（3）管道流速 $v = K_C Q$，K_C 值见表 3-17；

（4）管道压力损失 $P_2 = ALQ^2$，A 值见表 3-18。

表 3-20 最不利计算管路水力计算

管段	喷头数/只	设计流量/(L/s)	管径/mm	管段计算长度/m	流速系数	设计流速/(m/s)	管段比阻/[kPa·s²/(m·L²)]	压力损失/kPa
1—2	1	1.33	25	2.5	1.833	2.44	4.368	19.3
2—3	2	2.66	32	2.5	1.05	2.79	0.9387	16.6
3—4	3	3.99	32	3.15	1.05	4.19	0.9387	47.1
4—5	6	7.98	70	6.7	0.283	2.23	0.02894	12.3
5—6	12	15.96	100	9.1	0.115	1.84	0.002675	6.2
6—7	18	23.94	100	9.1	0.115	2.75	0.002675	13.9
7—8	21	27.93	100	28.6	0.115	3.21	0.002675	59.7
8—水泵	21	27.93	150	36.2	0.053	1.48	0.0003395	9.6
								$\Sigma h_y = 184.7$

5. 校核

（1）设计流速校核　表 3-20 中，设计流速均满足 $v \leqslant 5\text{m/s}$ 的要求。

（2）设计喷水强度校核　从表 3-20 中可以看出，系统计算流量 $Q = 27.93\text{L/s} = 1675.8\text{L/min}$，系统作用面积为 160m^2，所以系统平均喷水强度为：$1675.8/160 = 10.5\text{L/min} > 8\text{L/min}$，满足中危险级 II 级建筑物防火要求。

最不利点处作用面积内 4 只喷头围合范围内的平均喷水强度：$1.33 \times 60/3 \times 2.5 = 10.64\text{L/min} > 8\text{L/min}$，满足中危险级 II 级建筑物防火要求。

6. 选择喷洒泵

（1）喷洒泵设计流量 $Q = 27.93\text{L/s}$；

（2）喷洒泵扬程 P

$$P_1 = 28.6 \times 10 = 286\text{kPa}$$

$$P_2 = 184.7\text{kPa}$$

$$P_f = \beta_f Q^2 = 0.0296 \times 27.93^2 = 23.1\text{kPa}$$

$$P = P_1 + P_2 + P_f + P_0 = 286 + 184.7 + 23.1 + 100 = 593.8\text{kPa}$$

五、工程实例

某工厂的办公区为轻危险级。根据建筑结构与性质，设计采用作用温度为 68℃ 直立型闭式喷头。办公楼二层喷头平面布置如图 3-39 所示，办公室房间内喷头采用 $4.0\text{m} \times 3.0\text{m}$ 矩形布置，走廊喷头单排布置，间距为 4.0m，喷头距墙面距离符合表 3-8 要求，使保护范围无空白点。

图 3-40 为该工厂办公区自动喷水系统图，共设有两组湿式报警阀组。

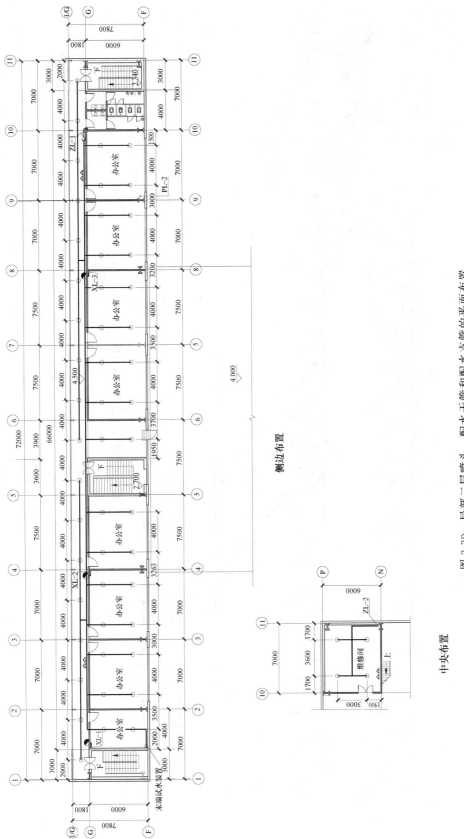

侧边布置

中央布置

图 3-39　局部二层喷头、配水干管和配水支管的平面布置

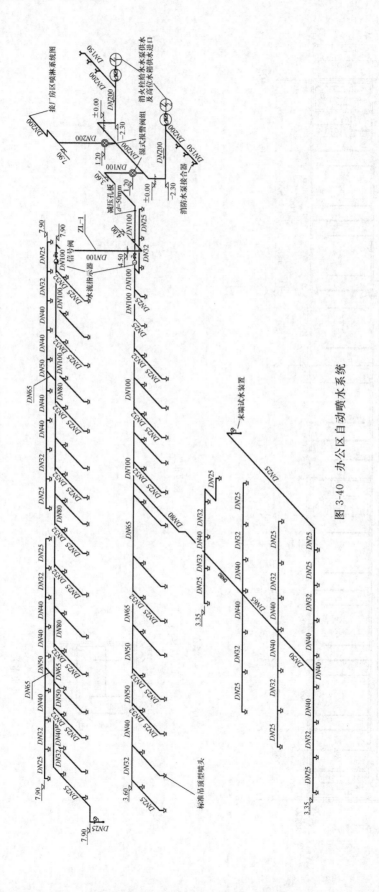

图 3-40　办公区自动喷水系统

第三节　雨淋灭火系统

开式自动喷水灭火系统是指在自动喷水灭火系统中采用开式喷头，平时系统为敞开状态，报警阀处于关闭状态，管网中无水，发生火灾时报警阀开启，管网充水，喷头喷水灭火。

开式自动喷水灭火系统主要可分为3种形式：雨淋系统、水幕系统和水喷雾系统。

雨淋喷水灭火系统是由火灾探测系统、开式喷头、传动装置、喷水管网、雨淋阀等组成。发生火灾时，系统管道内给水是通过火灾探测系统控制雨淋阀来实现的，并设有手动开启阀门装置。

一、雨淋灭火系统的设置范围

雨淋灭火系统具有出水量大，灭火控制面积大，灭火及时等优点，但水渍损失大于闭式系统。通常用于燃烧猛烈、蔓延迅速的某些严重危险级场所。《建筑设计防火规范》（GB 50016—2014）规定下列场所应设置雨淋自动喷水灭火系统。

（1）火柴厂的氯酸钾压碾厂房，建筑面积大于100m² 生产、使用硝化棉、喷漆棉、火胶棉、赛璐珞胶片、硝化纤维的厂房；

（2）建筑面积大于60m²或储存量大于2t的硝化棉、喷漆棉、火胶棉、赛璐珞胶片、硝化纤维的仓库；

（3）日装瓶数量大于3000瓶的液化石油气储配站的灌瓶间、实瓶库；

（4）特等、甲等剧场的舞台葡萄架下部，超过1500个座位的其他等级剧场和超过2000个座位的会堂或礼堂的舞台葡萄架下部；

（5）建筑面积不小于400m²的演播室，建筑面积不小于500m²的电影摄影棚；

（6）乒乓球厂的轧坯、切片、磨球、分球检验部位。

我国现行《自动喷水灭火系统设计规范》（GB 50084—2001）（2005年版）规定具有下列条件之一的场所，应采用雨淋灭火系统。

（1）燃烧猛烈、火灾水平蔓延速度快、闭式喷头的开放不能及时使喷水有效覆盖着火区域；

（2）严重危险级Ⅱ级建筑；

（3）室内净空高度超过表3-21的规定，且必须迅速扑救初期火灾。

表3-21　采用闭式系统场所的最大净空高度

设置场所	采用闭式系统场所的最大净空高度/m
民用建筑与工业厂房	8
仓库	9
采用快速响应早期抑制喷头的仓库	12

应设置雨淋灭火系统的具体场所如下。

（1）火柴厂的氯酸钾压碾厂房。

（2）建筑面积超过100m²生产和使用硝化棉、喷漆棉、火胶棉、赛璐珞胶片、硝化纤维的厂房。

（3）建筑面积超过60m²或储存重超过2t的硝化棉、喷漆棉、火胶棉、赛璐珞胶片、硝化纤维库房。

（4）日装瓶数量超过 3000 瓶的液化石油储配站的罐瓶间、实瓶库。

（5）超过 1500 个座位的剧院和超过 2000 个座位的会堂舞台的葡萄架下部。

（6）建筑面积超过 400m² 的演播室、录音室。

（7）建筑面积超过 500m² 的电影摄影棚。

（8）乒乓球厂的轧坯、切片、磨球、分球检验部位。

二、雨淋灭火系统的分类

雨淋喷水系统可分为空管式雨淋喷水灭火系统和充水式雨淋喷水灭火系统 2 类。

1. 空管式雨淋喷水灭火系统

空管式雨淋喷水灭火系统的雨淋阀后的管网为干管状态，该系统可由传动管（见图 3-41）或电动设备（见图 3-42）启动。

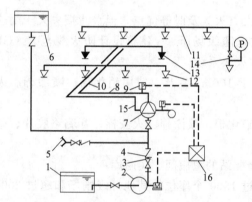

图 3-41　传动管启动雨淋喷水灭火系统

1—消防水池；2—水泵；3—闸阀；4—止回阀；5—水泵接
合器；6—消防水箱；7—雨淋阀组；8—配水干管；9—压力
开关；10—配水管；11—配水支管；12—开式喷头；
13—闭式喷头；14—末端试水装置；15—传动管；
16—报警控制器；P—压力开关；M—驱动电机

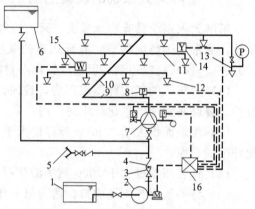

图 3-42　电动启动雨淋喷水灭火系统

1—消防水池；2—水泵；3—闸阀；4—止回阀；
5—水泵接合器；6—消防水箱；7—雨淋阀组；
8—压力开关；9—配水干管；10—配水管；11—配
水支管；12—开式洒水喷头；13—末端试水装置；
14—感烟探测器；15—感温探测器；16—报
警控制器；D—电磁阀；M—驱动电机

2. 充水式雨淋喷水灭火系统

充水式雨淋喷水灭火系统的雨淋阀后的管网内平时充水，水面高度低于开式喷头的出口，并借溢流管保持恒定（见图 3-43）。雨淋阀一旦开启，喷头立即喷水，喷水速度快，用于火灾危险性较大或有爆炸危险的场所，灭火效率较高。该系统可用易熔锁封、闭式喷头传动管或火灾探测装置控制启动。

三、雨淋灭火系统主要组件

1. 喷水器和开式喷头

（1）喷水器　喷水器的类型应根据灭火对象的具体情况进行设计和选择。有些喷水器已有定型产品，有些可在现场加工制作。图 3-44 为几种常用的喷水器。

（2）开式洒水喷头　开式洒水喷头为不带热敏元件和密封组件的闭式喷头。喷头由本体、支架、溅水盘等零件构成，图 3-45 为几种常用的开式洒水喷头。

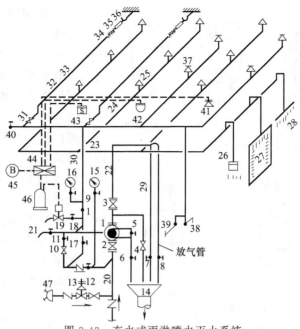

图 3-43　充水式雨淋喷水灭火系统

1—成组作用阀；2~4—闸阀；5~9—截止阀；10—小孔阀；11，12—截止阀；13—单向阀；14—漏斗；
15，16—压力表；17，18—截止阀；19—电磁阀；20—供水干管；21—水嘴；22，23—配水主管；
24—配水支管；25—开式喷头；26—淋水器；27—淋水环；28—水幕；29—溢流管；30—传动管；
31—传动阀门；32—钢丝绳；33—易熔锁扣；34—拉紧弹簧；35—拉紧连接器；36—钩子；37—闭
式喷头；38—手动开关；39—长柄手动开关；40—截止阀；41—感光探测器；42—感温探测器；
43—感烟探测器；44—收信机；45—报警装置；46—自控箱；47—水泵接合器

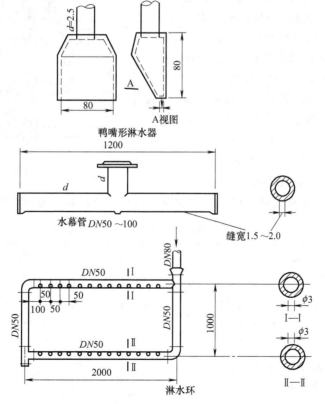

图 3-44　几种常用的喷水器

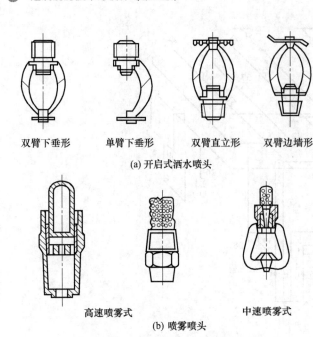

双臂下垂形　　单臂下垂形　　双臂直立形　　双臂边墙形

(a) 开启式洒水喷头

高速喷雾式　　　　中速喷雾式

(b) 喷雾喷头

图 3-45　开式洒水喷头构造示意

2. 雨淋报警阀

雨淋报警阀简称雨淋阀，是雨淋灭火系统中的关键设备，其作用是接通或关断向配水管道的供水。雨淋报警阀不仅用于雨淋系统，还是水喷雾、水幕灭火系统的专用报警阀。

雨淋报警阀阀瓣上方为自由空气，阀瓣用锁定机构扣住，锁定机构的动力由供水压力提供。发生火灾后，启动装置使锁定机构上作用的供水压力迅速降低，从而使阀瓣脱扣、开启，供水进入消防管网。

常用雨淋阀有隔膜式雨淋阀、双圆盘式雨淋阀、杠杆式雨淋阀等几种形式。

（1）隔膜式雨淋阀　如图 3-46 所示。分 A、B、C 三室，A 室通供水干管，B 室通淋水管网，C 室通传动管。在未失火时，A、B、C 三室都充满了水，其中 A、C 两室内充满的水具有相同的压力。因为 C 室通过一个直径 3mm 旁通管与供水干管相通，而 B 室内仅充满具有一定静压的水，这部分静压力是由雨淋管网的水平管道与雨淋阀之间的高度差造成的，如把水放掉，则成为空管。雨淋阀 C 室的橡胶隔膜大圆盘的面积一般为 A 室小圆盘面积的两倍以上，因此在相同水压作用下，雨淋阀处于关闭状态。

当发生火灾时，传动管网由手动或自动将传动管及 C 室中大圆盘上的水压释放，由于 3mm 的小管补水不及时，使 C 室中大圆盘下部压力大于上部的压力，雨淋阀在供水管水压作用下自动开启，向雨淋管网供水灭火。

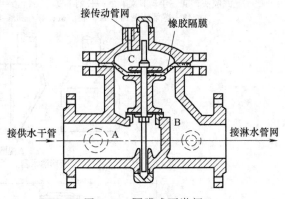

接传动管网　　橡胶隔膜

接供水干管　　　接淋水管网

图 3-46　隔膜式雨淋阀

隔膜式雨淋阀启动灭火后，可以借水的压力自动复位，其主要技术数据见表 3-22。

表 3-22　隔膜式雨淋阀主要技术数据

项　目		阀门规格/mm		
		DN65	DN100	DN150
启动时间/ms	水压 0.138MPa	301	221	236
	水压 0.5MPa	132	108	148
自动复位时间/s	水压 0.138MPa	7.68		
	水压 0.5MPa	5.52	20.60	51.94
局部阻力系数 ξ		8.01	8.04	7.49
布橡胶隔膜厚度/mm		2	5	4
隔膜的爆破压力/MPa		3.5	2.0	2.2
隔膜的行程/mm		36	44	52

火灾结束后，只要向传动管及 C 室中重新充压力水，雨淋阀即自行关闭。这种雨淋阀由于 B、C 两室相通，误动作造成水渍损失小，另外，火灾结束后，能通过关闭通往传动管网的阀门进行复位，操作简单易行。

（2）双圆盘式雨淋阀　如图 3-47 所示。工作原理同隔膜式雨淋阀。这种雨淋阀由于大、小圆盘密封垫厚薄不易掌握，容易误动作造成水渍损失，另外，火灾结束后，复位手续繁琐，劳动量大，目前一般不宜采用。

（3）杠杆式雨淋阀　如图 3-48 所示。阀板将 A、B 两室隔开，由一个制动器将阀板锁在阀座上，制动器的推杆与 C 室的隔膜相连，隔膜的移动受 C 室水压的影响，并带动推杆移动和制动器动作。A、C 两室之间由带止回阀的旁通管相连。发生火灾时，传动管网由手动或自动泄压，将 C 室的压力水释放，由于旁通管补水不及，使进水压力作用于阀板上的力矩大于推杆，使阀板开启，向雨淋管网供水灭火。这种雨淋阀水头损失较小，发生火灾时，供水不会因为复位造成断水，是一种较好形式的雨淋阀。另外，火灾结束后，复位操作简单易行。

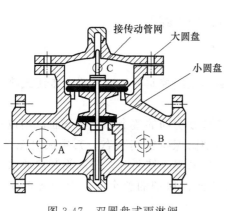

图 3-47　双圆盘式雨淋阀

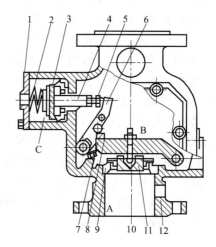

图 3-48　杠杆式雨淋阀

1—端盖；2—弹簧；3—皮碗；4—轴；
5—顶端；6—摇臂；7—锁杆；8—垫铁；
9—密封圈；10—顶杆；11—阀瓣；12—阀体

（4）ZSY/SL-02 系列雨淋控水阀　如图 3-49 所示。该雨淋控水阀设计充分考虑了工业消防的特殊要求，使其在工业消防中的应用具有明显的优势。与通用雨淋阀相比，ZSY/SL-02 系列雨淋控水阀具有以下优点。

① 开启时间短。

② 可水平、竖直安装，管路布置方便，适合于电缆隧道、地下油库等狭窄场合。

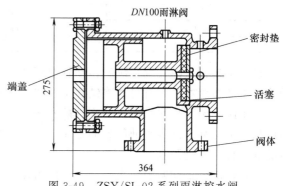

图 3-49　ZSY/SL-02 系列雨淋控水阀

③ 非电控远程手动功能能够保证雨淋阀在火灾现场电控失灵而又无法现场紧急手动情况下，在远处安全点启闭雨淋阀。

④ 自动控制复位功能能够保证进行持续灭火。

⑤ 计算流体力学技术在阀内水流通道设计中的应用，使水力摩阻损失降为最低。

⑥ 体积小，结构简单，工作稳定可靠，使用寿命长。

雨淋控水阀技术参数见表 3-23。

表 3-23　雨淋控水阀技术参数

规　格	DN50	DN60	DN80	DN100	DN150	DN200
水力摩阻/MPa	0.040	0.040	0.040	0.035	0.035	0.035
最大工作压力/MPa	1.2					
试验工作压力/MPa	2.4					
外接法兰	按国标 GB 9113.3—88					
一般环境	球墨铸铁加不锈钢衬套					

（5）ZSFW 温感雨淋阀　ZSFW 温感雨淋阀是自动喷水灭火系统中的控制阀门，是一种定温动作的雨淋阀，主要应用于门洞、窗口、防火卷帘门等处作防火分隔、降温雨淋控制阀门，也可用于设备、区域的定向防火分隔，一个 ZSFW 温感雨淋阀可接的喷头数量根据其型号和喷头喷水口径确定。该雨淋阀分有 ZSFW-32、ZSFW-40、ZSFW-50、ZSFW-65 型。

雨淋阀形式较多，选择雨淋阀时要注意：

① 水流速度为 4.5m/s 时，水头损失不宜大于 0.02MPa；

② 雨淋阀开启后应能够防止其自动回到伺服状态。

3. 火灾探测传动控制装置

自动开启雨淋阀常用的传动装置有：带易熔锁封钢索绳控制的传动装置，带闭式喷头控制的充水或充气式传动管装置和电动传动管装置。

（1）带易熔锁封钢索绳控制的传动装置　一般安装在房间的整个天花板下面，用拉紧弹簧和连接器，使钢丝绳保持 25kg 的拉力，从而使传动阀保持密闭状态。其构成见图 3-50。当易燃物着火时，室内温度上升，易熔锁封被溶化，钢丝绳系统断开，传动阀开启放水，传动管网内水压骤降，雨淋阀自动开启，所有开式喷头向被保护的整个面积上一齐自动喷水灭火。

易熔锁封公称动作温度应根据房间在操作条件下可能达到最高气温选用，见表 3-24。常用的是 72℃。

表 3-24　易熔锁封选用温度

公称动作温度/℃	使适用环境温度/℃	色标
72	38	无色
100	65	白色
141	107	蓝色

易熔锁封钢丝绳控制系统的传动管要承受 25kg 的拉力，所以一般都沿墙固定。充水传动管道不能布置在冬季有可能冻结而又不采暖的房间内。易熔锁封传动管直径采用 25mm。

为了防止传动管泄水后所产生的静水压力影响雨淋阀的开启，因此，充水传动管网的最高标高，不能高于雨淋阀处压力的 1/4。在传动管网标高过高时，雨淋阀便无法启动。充气传动管网标高不受限制。

充水传动管道应敷设成大于 0.005 的坡度，坡向雨淋阀；并应在传动管网的末端或最高点设置放气阀。以防止传动管中积存空气、延缓传动作用时间、影响雨淋阀的及时开启。

（2）带闭式喷头控制的充水或充气式传动管装置　如图 3-51 所示。用带易熔元件的闭式喷头或带玻璃球塞的闭式喷头作为探测火灾和传动控制的感温元件。

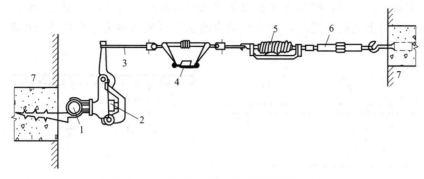

图 3-50　带易熔锁封钢索绳控制的传动装置

1—传动管网；2—传动阀门；3—钢索绳；4—易熔锁封；5—拉紧弹簧；6—拉紧联结器；7—墙壁

闭式喷头公称动作温度的选用同闭式自动喷水灭火系。闭式喷头的水平距离一般为 3m，距顶棚的距离不应大于 150mm。

传动管的直径充水时为 25mm，充气时为 15mm，并应有不小于 0.005 的坡度坡向雨淋阀。充水的传动管最高点宜设放气阀门。

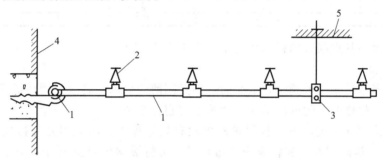

图 3-51　带闭式喷头控制的充水或充气式传动管装置

1—传动管网；2—闭式喷头；3—管道吊架；4—墙壁；5—顶面

（3）电动传动管装置　是依靠火灾探测器的信号，通过继电器直接开启传动管上的电磁阀，使传动管泄压开启雨淋阀。根据保护区域的火灾合理选择感温、感烟、感光火灾探测器，其具体设计见《火灾自动报警系统设计规范》（GBJ 116）。

（4）手动旋塞传动控制装置　应设在主要出入口处明显而易于开启的场所。发生火灾时，如果在其他火灾探测传动装置动作前，发现火灾，可手动打开阀门，使传动管网放水泄压，开启雨淋阀。设计中手动旋塞传动控制作为其他传动控制系统的补充。

四、雨淋灭火系统的设计要求

1. 开式喷头布置

喷头布置的主要任务是使一定强度的水均匀地喷淋在整个被保护面积上。喷头一般采用正方形布置，如图 3-52 所示。喷头间距根据每个喷头的保护面积决定。

喷头一般安装在建筑突出部分的下面。在充水式的雨淋系统中，喷头应向下安装；在空管式的雨淋系统中，喷头可向下或向上安装。当喷

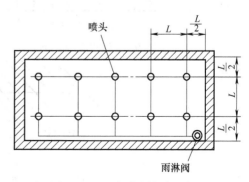

图 3-52　开式喷头的平面布置

直接安装在建筑梁底下时，喷头溅水盘与梁底之间的距离一般不应大于 0.08m。

当喷头必须高于梁底布置时，喷头与梁边的水平距离与喷头盘高出梁底的距离有关。见图 3-53 和表 3-25。

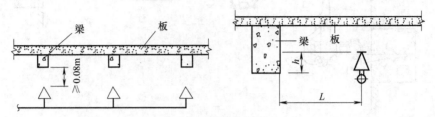

图 3-53　喷头与梁边的距离

表 3-25　喷头与梁边的距离

喷头与梁边的 水平距离 L/m	喷头喷溅水盘高出 梁底的距离 h/m	喷头与梁边的 水平距离 L/m	喷头喷溅水盘高出 梁底的距离 h/m
$L<0.30$	0.00	$1.05\leq L<1.20$	0.15
$0.30\leq L<0.60$	0.025	$1.20\leq L<1.35$	0.175
$0.60\leq L<0.75$	0.05	$1.35\leq L<1.50$	0.225
$0.75\leq L<0.90$	0.075	$1.50\leq L<1.65$	0.275
$0.90\leq L<1.05$	0.10	$1.65\leq L<1.80$	0.35

雨淋系统最不利点喷头的供水压力不应小于 0.05MPa。

2. 管网布置

在一组雨淋系统中雨淋阀超过 3 个时，雨淋阀前的供水干管应采用环状管网。环状管网应设置检修阀。检修时关闭的雨淋阀的数量不应超过 2 个。

对于空管式雨淋系统，由于被保护对象没有爆炸危险，因此当被保护建筑面积超过了 2400m² ，为减少消防用水量和相应的设备容量，可将被保护对象划分若干个装有雨淋阀的放水分区。每幢建筑的分区数量不得超过 4 个（包括各层在内）。

雨淋喷水灭火设备管道的布置要求基本和自动喷水灭火系统相同，但每根支管上装设的喷头不宜超过 6 个，每根配水干管的一端所负担分布支管的数量不应超过 6 根，以免布水不均，如图 3-54 所示。

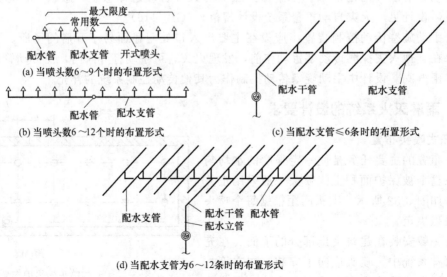

图 3-54　喷头、配水干管和配水支管的平面布置

3. 雨淋阀的设置

雨淋阀、电磁泄压阀等控制系统应集中安装在被保护区附近的控制室内，室内冬季最低温度不宜低于 4℃，以免冰冻使系统失灵。控制室离被保护区不宜过远，以免雨淋阀后的管网过长，延迟洒水。

手动旋塞控制阀门在手动旋塞在失火时必须由人工打开，因此，这种阀门必须设置在通道门口附近或其他便于安全开启的地点。

水力传动雨淋阀旁边有不少附属阀件，安装时要占一定的面积，所以雨淋阀应安装在便于操作，不妨碍工艺生产的场所。

当一个雨淋阀的供水量不能满足一组开式自动喷水系统时，可用几个雨淋阀并联安装，如图 3-55 所示。用传动管网连接的雨淋阀并联安装示例如图 3-56 所示。

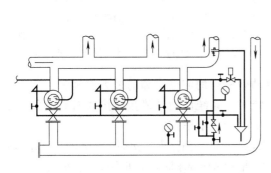

图 3-55　雨淋阀并联安装

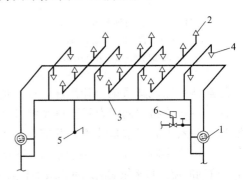

图 3-56　用传动管网连接的雨淋阀并联安装
1—雨淋阀；2—开式喷头；3—传动管网；
4—闭式喷头；5—手动开关；6—电磁阀

4. 系统控制方式的选用

雨淋灭火系统控制有手动控制、手动水力控制和自动控制三种方式，选择时应根据所保护的易燃物品的性质、数量、火灾危险程度、建筑物面积、建筑结构的耐火等级以及操作情况等确定。

（1）手动控制方式　这是一种最简单的雨淋喷水系统，系统中只设有开式喷头和手动控制阀，如图 3-57 所示。适用于工艺危险性小、给水干管直径小于 50mm 且失火时有人在现场操作的情况。当发生火灾时，由人工及时地打开旋塞，达到灭火目的。

（2）手动水力控制方式　当给水干管的直径＞65mm 时，应采用手动水力传动的成组作用阀。系统设有开式喷头、带手动开关的传动管网和雨淋阀。适用于保护面积较大，工艺危险性较小，失火时尚能来得及用人工开启雨淋装置时采用。如图 3-58 所示。

（3）自动控制方式　系统中设有开式喷头、易熔锁封（或闭式喷头、火焰、感温、感烟火灾探测器）自控的传动管网、手动开关以及雨淋阀，发生火灾后，当室内温度达到一定值时，传动管网自动放水降压，开启雨淋法喷水灭火。

五、雨淋灭火系统的设计计算

1. 基本要求

（1）雨淋灭火系统的设计参数应符合表 3-5 和表 3-6 的要求。

（2）雨淋系统中每个雨淋阀控制的喷水面积不宜大于表 3-5 中的数值。

（3）雨淋灭火系统的设计流量，应按雨淋阀控制的喷头数的流量之和确定。多个雨淋阀

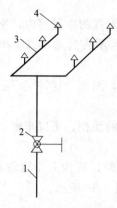

图 3-57　手动旋塞控制方式

1—供水管；2—手动旋塞；

3—配水管网；4—开式喷头

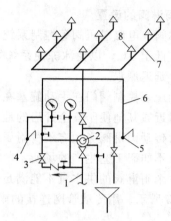

图 3-58　手动水力控制方式

1—供水管；2—雨淋阀；3—小孔闸阀；4,5—手动

开关；6—传动管网；7—配水管网；8—开式喷头

并联的雨淋系统，其系统设计流量，应按同时启动雨淋阀的流量之和的最大值确定。

（4）当建筑物中同时设置雨淋系统和水幕系统时，系统的设计流量应按同时启动的雨淋系统和水幕系统的用水量计算，并应取二者之和中的最大值确定。

（5）雨淋系统的水源可为屋顶水箱、室外水塔或高地水池（储存火灾初期 10min 的消防水量）。当室外管网的流量和水压能满足室内最不利点灭火用水量和水压要求时，也可不设屋顶水箱。

（6）雨淋系统的工作时间采用 1h。

2. 传动管网管径的确定

传动管网不进行水力计算。充水的传动管网一律采用 $d=25mm$ 的管道。但当利用闭式喷头作为传动控制时，充气传动管网可以采用 $d=15mm$ 的管道。

3. 雨淋喷头出流量计算

雨淋喷头出流量与喷头构造、喷口直径、压力有关，可以按下式计算：

$$Q=\mu F\sqrt{200gH} \tag{3-16}$$

式中　Q——喷头喷水量，m^3/s；

　　　μ——与喷头构造有关的流量特性系数，0.7；

　　　F——喷口截面积，m^2；

　　　g——重力加速度，$9.8m/s^2$；

　　　H——喷水处的水压力，MPa。

最不利喷头的水压不应小于 0.05MPa。

4. 系统水力计算

雨淋系统的水力计算方法与闭式自动喷水灭水火系统的管道水力计算方法基本相同，但消防用水量应按同时喷水的喷头的数量，经水力计算确定，并保证任意相邻 4 个喷头的平均喷水强度不得小于表 3-5 的规定。

雨淋阀的局部水头损失计算采用表 3-26 所列公式计算。

表 3-26　雨淋阀的局部水头损失计算公式

雨淋阀直径/mm	双盘雨淋阀	隔膜雨淋阀
DN65	$h=0.048Q^2$	$h=0.0371Q^2$
DN100	$h=0.00634Q^2$	$h=0.00664Q^2$
DN150	$h=0.0014Q^2$	$h=0.00122Q^2$

注：表中 Q 以 L/s 计，h 以 10^4Pa 计。

第四节　水 幕 系 统

水幕系统不具备直接灭火的能力，而是利用密集喷洒所形成的水墙或水帘，或配合防火卷帘等分隔物，阻断烟气和火势的蔓延，保护火灾邻近的建筑。密集喷洒的水墙或水帘，自身即具有防火分隔作用；而配合防火卷帘等分隔物的水幕，则利用直接喷向分隔物的水的冷却作用，保持分隔物在火灾中的完整性和隔热性。

一、水幕系统设置原则

《建筑设计防火规范》（GB 50016—2014）规定下列部位宜设置水幕系统。

（1）特等、甲等剧场、超过1500个座位的其他等级的剧场、超过2000个座位的会堂或礼堂和高层民用建筑中超过800个座位的剧场、礼堂的舞台口及上述场所中与舞台相连的侧台、后台的门窗洞口；

（2）应设防火墙等防火分隔物而无法设置的局部开口部位；

（3）需要冷却保护的防火卷帘或防火幕的上部。注：舞台口也可采用防火幕进行分隔。

我国现行的《自动喷水灭火系统设计规范》规定，防护冷却水幕应直接将水喷向被保护对象；防火分隔水幕不宜用于尺寸超过15m（宽）×8m（高）的开口（舞台口除外）。

水幕消防设备是用途广泛的阻火设备，但必须指出，水幕设备只有与简易防火分隔物相配合时，才能发挥良好的阻火效果。

二、水幕系统的类型与组成

1. 水幕系统的类型与作用

水幕系统可分为三种类型。第一种是采用开式喷头的水幕系统，其作用是用水墙或水帘作为防火分隔物，这种系统与雨淋系统相似，一旦有火，系统整体动作喷水。第二种是采用水幕喷头的水幕系统，其作用是既可作为水墙或水帘作用的防火分隔物，又可作为冷却防火分隔物，发生火灾时也是系统整体动作喷水。第三种是采用加密喷头湿式系统，这种系统仅用于冷却防火分隔物，使其达到设计规定的耐火极限。这种系统的喷头在发生火灾时不是整体动作喷水，而是随着烟气温度的升高逐步依次开放。目前三种形式在工程中都采用，设计人员可根据工程具体情况和当地消防局的意见进行设计。

2. 水幕系统的组成

水幕消防备由水幕喷头（或开式喷头、加密喷头）、管道、雨淋阀（或手动快开阀）、供水设备和控测报警装置等组成，如图3-59

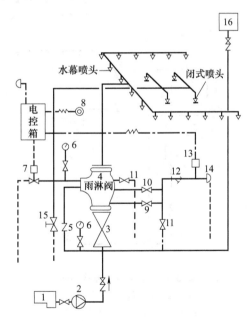

图 3-59　水幕消防系统

1—水池；2—水泵；3—供水阀门；4—雨淋阀；
5—止回阀；6—压力表；7—电磁阀；8—按钮；
9—试警铃阀；10—警铃管阀；11—防水阀；
12—滤网；13—压力开关；14—警铃；
15—手动开关；16—水箱

所示。水幕系统中的报警阀，可以采用用雨淋报警阀组，也可采用常规的手动操作启闭的阀门。采用雨淋报警阀组的水幕系统，须设配套的火灾自动报警系统或传动管系统联动，由报警系统或传动管系统监测火灾和启动雨淋阀的启动。

三、水幕系统控制设备

水幕系统的控制阀可采用自动控制和手动控制，在无人看管的场所应采用自动控制阀。当设置自动控制阀时，还应设手动控制阀，以备自动控制阀失灵时，可用手动控制阀开启水幕。手动控制阀应设在发生火灾时人员便于接近的地方。

（1）利用闭式喷头启动水幕的控制阀 雨淋阀可作为水幕自动控制阀，在水幕控制范围内的天花板上均匀布置闭式喷头，一旦发生火灾，闭式喷头自动开启，打开水幕控制阀。如图 3-60 所示。

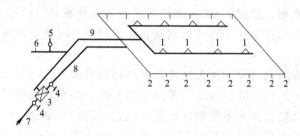

图 3-60 利用闭式喷头启动水幕的控制阀
1—自动喷头；2—水雾喷头；3—控制阀；4—阀门；
5—气压表；6—压缩空气来源管道；7—消防水源
供水管；8—供水干管；9—压缩空气管道

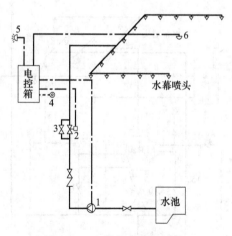

图 3-61 电动控制水幕系统
1—水泵；2—电动阀；3—手动阀；4—电
按钮；5—电铃；6—火灾探测器

（2）电动控制阀 在水幕控制范围内的开花板上布置感温或感烟火灾探测器，与水幕的电动控制阀或雨淋阀联锁而自动开启控制阀，如图 3-61 所示。感温或感烟火灾探测器把火灾信号经电控箱启动水泵和打开电动阀，同时电铃报警。如果人们先发现火灾，火灾探测器尚未动作，可按电钮启动水泵和电动阀，如电动阀发生事故，可打开手动快开阀。

（3）手动控制阀 在经常有人停留的场所可采用手动控制阀，手动控制阀应采用快开阀门。阀门设在火灾时人员便于接近且不受火灾威胁的地方。当在墙内不能开启水幕时，可在墙外开启水幕的措施。

四、水幕系统的设计要求

1. 水幕喷头及选用

水幕系统应采用开式喷头和水幕喷头，开式喷头在雨淋系统中已经进行了介绍，在这里仅介绍水幕喷头。水幕喷头是开口的，按其构造与用途可分为幕帘式水幕喷头、窗口水幕喷

头和檐口水幕喷头。小型水幕喷头口径分为 6mm、8mm、10mm 三种；大型水幕喷头口径
分为 12.7mm、16mm、19mm 三种。

　　幕帘式水幕喷头有缝隙式水幕喷头和雨淋式水幕喷头两种，如图 3-62 所示。另外使用
较广的有檐口水幕喷头和窗口水幕喷头，如图 3-63 所示。檐口水幕喷头半圆形开口对准被
保护面，使喷洒的水朝向一面，浇洒在立面或檐口上，用于保护墙、门、窗、防火卷帘及檐
口等，以增强耐火性能。如喷头在水平面内并垂直于水平支管安装，喷口上的半圆形开口向
下，就能形成垂直向下的水幕带。

　　檐口水幕喷头用于防止邻近建筑火灾对屋檐的威胁，或增加屋檐的耐火能力而设置向屋
檐洒水的水幕喷头。

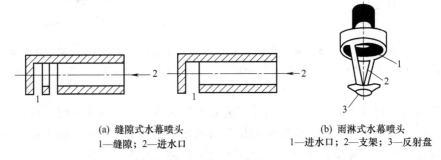

(a) 缝隙式水幕喷头　　　　　　　　　　　　(b) 雨淋式水幕喷头
1—缝隙；2—进水口　　　　　　　　　　　1—进水口；2—支架；3—反射盘

图 3-62　幕帘式水幕喷头

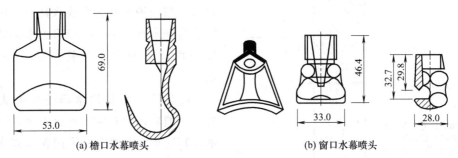

(a) 檐口水幕喷头　　　　　　　　　　　　(b) 窗口水幕喷头

图 3-63　水幕喷头

2. 喷头布置

　　水幕喷头应根据喷水强度的要求布置，不应出现空白点。

　　(1) 防火分离水幕的水幕喷头布置　应保证水幕的宽度不小于 6m。采用水幕喷头时，
喷头不应少于三排，见图 3-64；采用开式洒水喷头时，喷头不应少于两排，见图 3-65。喷
头的布置间距见表 3-27。

表 3-27　防火分隔水幕的喷头布置间距

防火分隔水幕种类	水幕喷头(三排)	开式洒水喷头(两排)
喷头的流量系数(K)	61	80
喷头最小工作压力/MPa	0.10	0.10
喷头的出水流量/(L/min)	61	80
线型喷水强度/[L/(min·m)]	2	2
喷头喷水半径/m	2.5	3.0
喷头间距/m	1.05	1.40

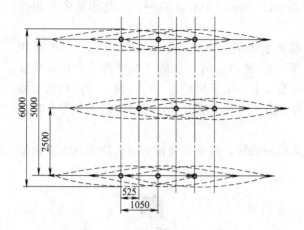

图 3-64　防火分离水幕三排布置示意
注：喷头流量系数 $K=61$，喷头工作压力 $P=0.10MPa$

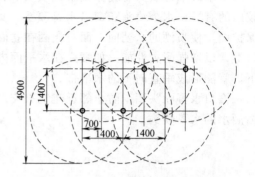

图 3-65　防火分离水幕二排布置示意
注：喷头流量系数 $K=61$，喷头工作压力 $P=0.10MPa$

对于开口面积超过 $3m^2$ 的部位且由于工艺要求无法设置防火隔离物时，可以用防火隔水水幕带替代防火隔离物。由于水幕喷头的流量系数比洒水喷头小，用于防火隔水水幕时易出现喷出的水幕不连续的现象，因此，防火隔水水幕宜采用标准开式喷头。

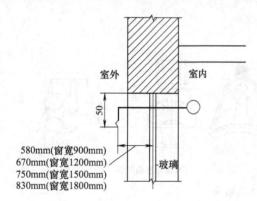

图 3-66　窗口水幕喷头与窗口玻璃的距离

（2）冷却防护水幕的水幕喷头布置　舞台口冷却防护水幕应构成水幕带，可采用开式喷头和水幕喷头。冷却防护水幕的供水可以采用单管单侧、双管单侧和双管双侧供水。

冷却防护水幕的水幕喷头可成单排布置，并喷向保护对象。防火卷帘、防火幕上的冷却防护水幕喷头应采用窗口式水幕喷头或缝隙式水幕喷头。水幕喷头应在防火卷帘、防火幕的上方，成单排布置。窗口上方的消防水幕喷头应采用窗口式水幕喷头，喷头应设在窗口顶下部 50mm 处，而喷头与窗口玻璃的距离与所保护窗口的宽度有关，具体详见图 3-66。

窗口设一排喷头时，喷头直径不小于 10mm。檐口水幕喷头应布置在顶层窗口或檐口板下约 200 mm 处，如图 3-67 所示。檐口水幕喷头的直径与檐口下挑檐梁的间距有关，设计时可参照表 3-28 选择。

表 3-28　檐口下挑梁间水幕喷头的布置

檐口下挑梁间距/m	2.5	2.5~3.5	>3.5	
檐口水幕喷头口径/mm	12.7	16	12.7	16
水幕喷头数/个	1	1	每2.5m一个	每3.5m一个

注：檐口下挑梁间宜采用大口径水幕喷头。如果供水困难，采用喷头时，应保证檐口挑梁间每米宽度的水幕流量不小于 0.5L/s。

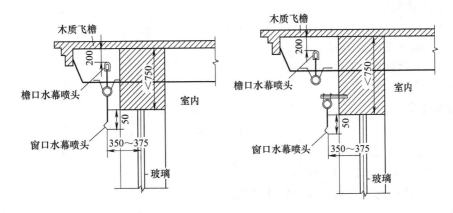

图 3-67 檐口水幕喷头的布置

3. 管网布置

消防水幕喷头的控制阀后的管网内平时不充水，当发生火灾时，打开控制阀，水进入管网，通过水幕喷头喷水。

同一给水系统内，消防水幕超过三组时，消防水幕控制阀前的供水管网应采用环状管网。用阀门将环状管道分成若干独立段。阀门的布置应保证管道检修或发生事故时关闭的控制阀不超过 2 个。控制阀设在便于管理、维修方便且易于接近的地方。消防水幕控制阀后的供水管网可采用环状，也可采用枝状。

水幕系统的配水管道布置不宜过长，应具有较好的均匀供水条件，同时系统不宜过大，缩小检修影响范围，每组水幕系统安装的喷头数不应超过 72 个。水幕管道负荷水幕喷头数最大数量可按照表 3-29 采用。

表 3-29 管道最大水幕喷头负荷数

水幕喷头口径 /mm	最大负荷数/个									
	管道公称直径/mm									
	20	25	32	40	50	70	80	100	125	150
6	1	3	5	6						
8	1	2	4	5						
10	1	2	3	4						
12,7	1	2	2	3	8(10)	14(10)	21(36)	36(72)		
16			1	2	4	12	12	22(26)	34(45)	50(72)
19				1	9	9	16(18)	24(32)	35(52)	

注：1. 本表是按喷头压力为 0.05MPa 时，流速不大于 5m/s 的条件下计算的。
2. 括弧中的数字是管道流速不大于 10m/s 计算的。

五、水幕系统设计计算

水幕消防系统在作为配合保护门窗、屋檐、简易防火灾墙等分隔物时，其喷水量每米长度应不小于 0.5L/s。舞台口或面积不超过 3m² 的洞口，如要形成能分隔火源、阻止火势蔓延的水幕带，其喷水量每一根水幕管每米长度应不小于 1L/s。当开口部位面积超过 3m² 应设置消防水幕带。消防水幕带的供水强度，应保证每米保护长度内的消防用水量应不小于2L/s。

1. 消防用水量

$$Q=qL \tag{3-17}$$

式中　Q——水幕系统消防流量，L/s；

　　　q——喷水强度，L/(s·m)；

　　　L——水幕长度，m。

2. 喷头流量

$$q=K\sqrt{10P} \tag{3-18}$$

式中　q——喷头喷水量，L/s；

　　　P——喷水处的水压力，MPa；

　　　K——与喷头构造有关的流量特性系数。

3. 水压

消防水幕管网最不利点水幕喷头的水压应不小于 0.05MPa，用于水幕带的水幕喷头，其最不利点喷头的水压应不小于 0.10MPa，同一系统中处于下层的水幕管道应采取减压措施。

4. 流速

装置喷头的管道内流速不应大于 3m/s，不装喷头的输水管道内流速不应大于 5m/s。

5. 管道压力损失

$$H=H_1+H_2+H_3+\sum h_g \tag{3-19}$$

式中　H——控制阀前供水管处所需水压，MPa；

　　　H_1——管网最不利点水幕喷头压力，MPa；

　　　H_2——最不利点水幕喷头与控制阀供水管处垂直压力差，MPa；

　　　H_3——控制阀的水头损失，MPa；

　　　h_g——最不利点水幕喷头至控制阀的管道水头损失，MPa。

水幕水力计算方法与闭式系统方法相同，具体参见本章相关内容。

第五节　自动喷水-泡沫联用灭火系统

自动喷水-泡沫灭火系统就是在自动喷水灭火系统中配置可供给泡沫混合液的设备，组成既可喷水又可喷泡沫的固定灭火系统，它可以是开式系统，也可以是闭式系统。主要特点是利用泡沫灭火剂来强化灭火效果，前期喷水控火，后期喷泡沫强化灭火效果；或前期喷泡沫灭火，后期喷水冷却防止复燃。由于这种系统加入了泡沫灭火剂，因此，灭火效果更好，而且可以节省灭火用水。

一、自动喷水-泡沫联用灭火系统的使用范围

自动喷水-泡沫联用系统是比自动喷水灭火系统更有效的系统，用于高层民用建筑的柴油发电机房和燃油锅炉房，也有用于地下停车库，其灭火效果比普通自动喷水灭火系统好，又比固定式泡沫喷淋灭火系统简单、经济。

自动喷水-泡沫联用系统应用于 A 类固体火灾、B 类易燃液体火灾、C 类气体火灾的扑灭。我国《汽车库、修车库、停车场设计防火规范》（GB 50067—97）明确提出 I 类地下汽车库、I 类修车库宜设置自动喷水-泡沫联用系统。

《自动喷水灭火系统设计规范》（GB 50084—2001）（2005 年版）规定，存在较多易燃液体的场所，宜按下列方式之一采用自动喷水-泡沫联用系统。

(1) 采用泡沫灭火剂强化闭式系统性能；

(2) 雨淋系统前期喷水控火，后期喷泡沫强化灭火效能；

(3) 雨淋系统前期喷泡沫强化灭火，后期喷水冷却防止复燃。

自动喷水-泡沫联用系统的大小可同自动喷水系统湿式、干式、预作用、雨淋、水喷雾等系统的大小相同。

二、自动喷水-泡沫联用灭火系统的分类与组成

《泡沫灭火系统设计规范》（GB 50151—2010）将自动喷水-泡沫联用灭火系统分为以下几种类型。

(1) 泡沫-雨淋系统　即在原有的雨淋系统上增加泡沫供给装置。

(2) 泡沫-干式系统　即在原有的干式自动喷水灭火系统上增加泡沫供给装置。

(3) 泡沫-预作用系统　即在原有的预作用自动喷水灭火系统上增加泡沫供给装置。

(4) 泡沫-水喷雾系统　即在原有的水喷雾系统上增加泡沫供给装置。

(5) 泡沫-闭式自动喷水系统　即在原有的湿式自动喷水灭火系统上增加泡沫供给装置，使系统能喷泡沫。

自动喷水-泡沫联用灭火系统是由自动喷水灭火系统和泡沫灭火系统两部分组成，即在普通湿式自动喷水灭火系统中并联一个钢制带橡胶囊的泡沫罐，橡胶囊内装泡沫浓缩液，在系统中配上控制阀及比例混合器就成了自动喷水-泡沫联用灭火系统，系统组成示意图见图 3-68。泡沫浓缩液必须采用轻水泡沫。目前国内生产的轻水泡沫有两种泡沫液：一种是用于油类及碳氢化合物火灾，一种是用于扑灭极性溶剂、水溶性和非水溶性碳水化合物火灾。泡沫添加系统有压系统和无压系统 2 种类型。泡沫罐一般为钢制，内有橡胶囊，囊内装泡沫浓缩液，钢罐和橡胶囊之间可进水。罐的形式有卧式和立式两种，国内生产的泡沫罐和比例混合器组装在一起为一个整体。

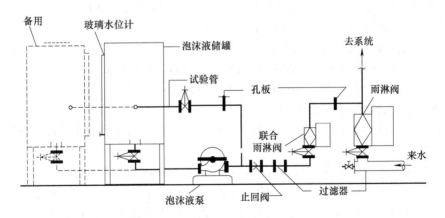

图 3-68　自动喷水-泡沫系统示意

当发生火灾时，闭式喷头出水，报警阀打开，消防水进入管网。一部分水进入泡沫罐的水室，利用水压将泡沫液挤过控制阀及比例混合器，通过消防水的引射作用，将泡沫液掺进消防水中。混合液从喷头喷出，在遇空气后自动生成灭火泡沫。由于该系统不

需要特殊的泡沫喷头和泡沫发生器，大大简化了使用条件，且其水力计算可视同湿式自动喷水灭火系统，故一般的湿式自动喷水灭火系统按上述做法很容易就改造成了自动喷水-泡沫联用灭火系统。

三、自动喷水-泡沫联用灭火系统设计计算

1. 设计参数的确定

自动喷水-泡沫联用系统设计参数的选用应满足《自动喷水灭火系统设计规范》（GB 50084—2001）规定和《泡沫灭火系统设计规范》（GB 50151—2010）的规定。

闭式自动喷水-泡沫联用系统应符合下列规定。

（1）喷水强度、作用面积、喷头压力应满足表 3-5 的要求。

（2）湿式系统自喷水至喷泡沫的转换时间，按 4L/s 流量计算，不应大于 3min。

（3）泡沫比例混合器应在流量等于和大于 4L/s 时符合水与泡沫灭火剂的混合比规定。

（4）持续喷泡沫的时间不应小于 10min。

雨淋自动喷水-泡沫联用系统应符合下列规定。

（1）前期喷水后期喷泡沫的系统，喷水强度与喷泡沫强度均应满足表 3-5 和表 3-7 的要求。

（2）前期喷泡沫后期喷水的系统，喷泡沫强度与喷水强度均应执行现行国家标准《泡沫灭火系统设计规范》（GB 50151—2010）的规定。

（3）持续喷泡沫时间不应小于 10min。

《泡沫灭火系统设计规范》（GB 50151—2010）的相关规定，泡沫-水喷淋系统可用于下列场所。

（1）具有非水溶性液体泄漏火灾危险的室内场所。

（2）存放量不超过 $25L/m^2$ 或超过 $25L/m^2$ 但有缓冲物的水溶性液体室内场所。

泡沫喷雾系统可用于保护独立变电站的油浸电力变压器、面积不大于 $200m^2$ 的非水溶性液体室内场所。

泡沫-水喷淋系统泡沫混合液与水的连续供给时间，应符合下列规定。

（1）泡沫混合液连续供给时间不应小于 10min。

（2）泡沫混合液与水的连续供给时间之和不应小于 60min。

泡沫-水雨淋系统与泡沫-水预作用系统的控制，应符合下列规定。

（1）系统应同时具备自动、手动和应急机械手动启动功能。

（2）机械手动启动不应超过 180N。

（3）系统自动或手动启动后，泡沫液供给控制装置应自动随供水主控阀的动作而动作或与之同时动作。

（4）系统应设置故障监视与报警装置，且应在主控制盘上显示。

当泡沫液管线长度超过 15m 时，泡沫液应充满其管线，且泡沫液管线及其管件的温度应在泡沫液的储存温度范围内；埋地铺设时，应设置检查管道密封性的设施。

泡沫-水喷淋系统应设置系统试验接口，其口径应分别满足系统最大流量与最小流量要求。

泡沫-水喷淋系统的防护区应设置安全排放或容纳设施，且排放或容纳量应按被保护液体最大泄漏量、固定式系统喷洒量，以及管枪喷射量之和确定。

为泡沫-水雨淋系统与泡沫-水预作用系统配套设置的火灾探测与联动控制系统，除应

符合国家标准《火灾自动报警系统设计规范》（GB 50116）的有关规定外，应符合下列规定。

（1）当电控型自动探测及附属装置设置在有爆炸和火灾危险的环境时，应符合现行国家标准《爆炸和火灾危险环境电力装置设计规范》（GB 50058）的有关规定。

（2）设置在腐蚀性气体环境中的探测装置，应由耐腐蚀材料制成或采取防腐蚀保护。

（3）当选用带闭式喷头的传动管传递火灾信号时，传动管的长度不应大于300m，公称直径宜为15～25mm，传动管上的喷头应选用快速响应喷头，且布置间距不宜大于2.5m。

自动喷水-泡沫联用系统在美国应用较早，美国的《泡沫自动喷水和泡沫水喷雾系统的安装设计规范》中的相关设计参数具体规定如下，供设计时参考。

（1）系统设计的喷水强度应符合保护场所的危险等级，但不应小于$6.5L/(min \cdot m^2)$。泡沫的喷射时间不应小于10min，但当系统实际喷水量（即系统最有利作用面积的系统设计流量）大于设计值时，系统泡沫的喷射时间最小不应小于7min，系统供水时间60min。

（2）对于湿式、干式和预作用泡沫自动喷水灭火系统，系统的设计作用面积为465m²；每个喷头的保护面积不应大于9.3m²，2个喷头之间或连接喷头的支管之间的间距不应大于3.7m；喷头为非吸气式喷头。安装在吊顶上的喷头的动作温度应是121～149℃，位于中间层的喷头的动作温度是57～77℃。

2. 系统水力计算

自动喷水-泡沫联用系统的管网水力计算与自动喷水灭火系统相同，具体详见本章的相关内容。

泡沫的设计用量按下式计算：

$$V_F = KQBT \tag{3-20}$$

式中　V_F——泡沫液的体积，L；

Q——系统设计流量，L/min；

B——泡沫混合液中泡沫浓缩液的百分比浓度，一般碳氢化合物火灾为3%，极性溶剂火灾为6%；

T——泡沫液的供应时间，一般为10min，在系统最有利作用面积处最大流量时的供应时间不应小于7min；

K——安全系数，通常取系数为$K = 1.3～1.6$。

对于湿式系统-泡沫泡沫联用系统，自喷水至喷泡沫的转换时，应按流量4L/s，转换时间不应大于3min来复核管道的长度和报警阀后的容积。为了满足上述规定，设计时报警阀应设置在保护区的附近。

对于干式系统和预作用系统，为减少报警阀后的管道容积也应把报警阀置于系统保护区域的附近。

泡沫液的供应管道应尽可能地短，当超过10m时，严格按照泡沫液系统的管道水力阻力公式进行计算。

泡沫比例混合器应在等于和大于4L/s时符合水与泡沫灭火剂的混合比规定。在选择泡沫比例混合器时，应核对比例混合器的性能是否满足技术要求。

图3-69为自动喷水-泡沫联用灭火系统平面布置图。

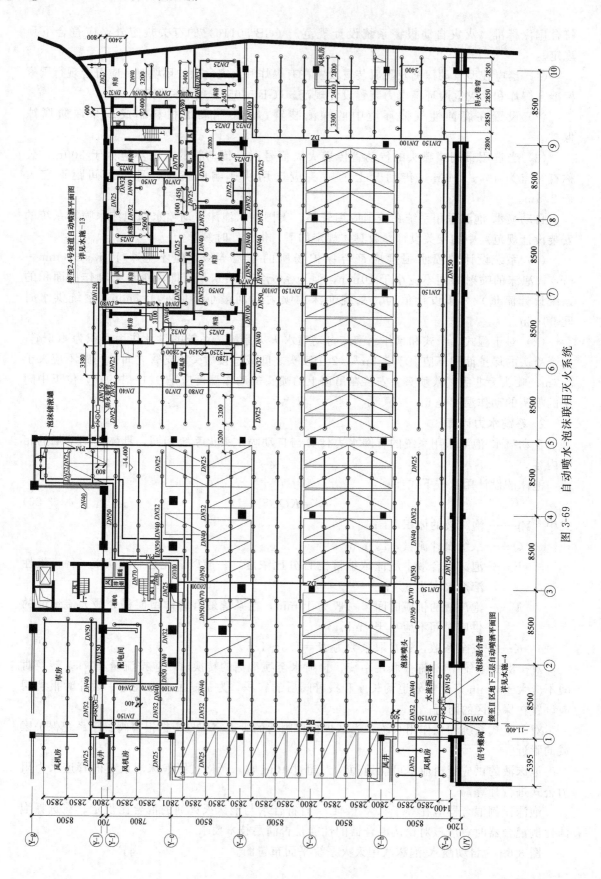

图 3-69 自动喷水-泡沫联用火火系统

第四章 »
水喷雾灭火系统

第一节　水喷雾灭火系统的应用范围与组成

水喷雾灭火系统是在自动喷水灭火系统的基础上发展起来的一种灭火系统，可进行灭火或防护冷却。它是利用水雾喷头在一定水压下将水流分解成细小水雾滴后喷射到燃烧物质的表面，通过表面冷却、窒息、乳化、稀释几种作用从而实现灭火。水喷雾灭火系统不仅安全可靠，经济实用，而且具有适用范围广，灭火效率高的优点。

与自动喷水系统相比较水喷雾灭火系统具有以下几方面的特点。

(1) 其保护对象主要是火灾危险性大、火灾扑救难度大的专用设施或设备。

(2) 该系统不仅能够扑救固体火灾，而且可扑救液体和电气火灾。

(3) 该系统不仅可用于灭火，而且可用于控火和防护冷却。

一、水喷雾灭火系统的特点及应用范围

《水喷雾灭火系统技术规范》（GB 50219—2014）规定水喷雾灭火系统可用于扑救固体物质火灾、丙类液体火灾、饮料酒火灾和电气火灾，并可用于可燃气体和甲、乙、丙类液体的生产、储存装置或装卸设施的防护冷却。水喷雾灭火系统不得用于扑救遇水能发生化学反应造成燃烧、爆炸的火灾，以及水雾会对保护对象造成明显损害的火灾。

《建筑设计防火规范》（GB 50016—2014）规定下列场所应设置自动灭火系统，且宜采用水喷雾灭火系统。

(1) 单台容量在 40MVA 及以上的厂矿企业油浸变压器，单台容量在 90MVA 及以上的电厂油浸变压器，单台容量在 125MVA 及以上的独立变电站油浸变压器；

(2) 飞机发动机试验台的试车部位；

(3) 设置在高层民用建筑内充可燃油的高压电容器和多油开关室。

设置在室内的油浸变压器、充可燃油的高压电容器和多油开关室，可采用细水雾灭火系统。

二、水喷雾灭火系统的组成

水喷雾灭火系统的组成和雨淋自动喷水系统相似，系统主要由雨淋阀、水雾喷头、管网、供水设施及探测系统和报警系统组成，如图 4-1 所示。

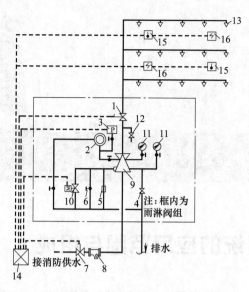

图 4-1　水喷雾灭火系统示意

1—试验信号阀；2—水力警铃；3—压力开关；
4—放水阀；5—非电控远程手动装置；6—现场
手动装置；7—进水信号阀；8—过滤器；
9—雨淋报警阀；10—电磁阀；11—压力表；
12—试水阀；13—水雾喷头；14—火灾报警控制器；
15—感温探测器；16—感烟探测器

3. 火灾探测与传动控制系统

水喷雾灭火系统可采用火焰、感温、感烟火灾控测器来进行报警和控制雨淋阀的开启，也可采用闭式喷头传动控制系统来进行控制。

三、水喷雾灭火系统的控制方式

为了保证系统的响应时间和工作的可靠性，应设有自动控制、手动（远程）控制和应急操作三种控制方式。对规定系统响应时间大于 60s 的保护对象，系统可采用手动（远程）和应急操作两种控制方式。

1. 水雾喷头

水雾喷头是水喷雾灭火系统中重要组成元件，其类型有离心雾化型喷头和撞击雾化喷头，如图 4-2 所示。

扑救电气火灾应选用离心雾化型水雾喷头。离心雾化型喷头喷射出的雾状水滴是不连续的间断水滴，故具有良好的电绝缘性能。撞击型水雾喷头是利用撞击原理分解水流的，水的雾化程度较差，不能保证雾状水的电绝缘性能。

有腐蚀性环境应选用防腐型水雾喷头。粉尘场所设置的水雾喷头应有防尘罩。平时防尘罩在水雾喷头的喷口上，发生火灾时防尘罩在系统给水的水压作用下打开或脱落，不影响水雾喷头的正常工作。

2. 雨淋阀组

雨淋阀组由雨淋阀、电磁阀、压力开关、水力警铃、压力表、水流控制阀、检查阀、过滤器以及配套的通用阀门组成。

雨淋阀组应设在环境温度不低于 4℃、并有排水设施的室内，其安装位置宜在靠近保护对象并便于操作的地点。

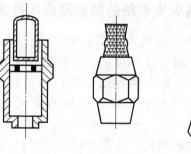
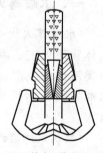

(a) 离心雾化型水雾喷头　　　　(b) 撞击型水雾喷头

图 4-2　水雾喷头示意

（1）自动控制可采用电气远程控制（火灾探测器）或闭式洒水喷头和传动管来完成操作。电气远程控制方式是由火灾探测器发出火灾信号，并将信号输入火灾报警控制器，由控制器再将信号传送给雨淋阀内的电磁阀，使阀门开启，从而自动喷雾。闭式喷头传动管控制则是闭式喷头受热动作后，利用传动管内的压力变化传输火灾信号。

传动管传输压力降的方式有气动和液动两种。传动管系统开启雨淋阀方式有直接启动和间接启动两种。直接启动方式是将传动管与雨淋阀的控制腔连接，当喷头爆破、传动管泄压时，控制腔同时泄压，开启雨淋阀。间接启动方式是利用压力开关将传动管的压力降信号传送给报警控制器，由报警控制器开启电磁阀后启动雨淋阀。

（2）手动（远程）控制是指人为远距离操纵供水设备、雨淋阀组等系统组件的控制方式。

（3）应急操作是指人为现场操作启动供水设备、雨淋阀组等系统组件的控制方式。

第二节　水喷雾灭火系统的设计与计算

一、水喷雾灭火系统的设计要求

1. 系统设计的基本参数

喷雾强度是系统在单位时间内对保护对象每平方米保护面积喷射的喷雾水量。不同防护目的、不同保护对象的水喷雾灭火系统的供给强度、持续供给时间和响应时间见表 4-1。

表 4-1　供给强度、持续供给时间和响应时间

防护目的	保护对象		供给强度/[L/(min·m²)]	持续供给时间/h	响应时间/s
灭火		固体物质火灾	15	1	60
		输送机皮带	10	1	60
	液体火灾	闪点 60~120℃的液体	20		60
		闪点高于 120℃的液体	13	0.5	
		饮料酒	20		
	电气火灾	油浸式电力变压器、油开关	20		60
		油浸式电力变压器的集油坑	6	0.4	
		电缆	13		
防护冷却	甲B、乙、丙类液体储罐	固定罐	2.5	直径大于 20m 的固定罐为 6h,其他为 4h	300
		浮顶罐	2.0		
		相邻罐	2.0		

关于系统保护面积，除液化石油气灌瓶间、瓶库和火灾危险品生产车间、散装库房、可燃液体泵房、可燃气体压缩机房等采取屋顶安装喷头，向下集中喷射水雾的系统，按建筑物的使用面积确定系统的保护面积外，其他需要立体喷雾保护的对象，保护面积按其外表面面积确定。

2. 喷头与管道布置

保护对象所需水雾喷头数量应根据设计供给强度、保护面积和水雾喷头特性，按《水喷雾灭火系统技术规范》（GB 50129—2014）规定计算确定。除规范另有规定外，喷头的布置应使水雾直接喷向并覆盖保护对象，当不能满足要求时，应增设水雾喷头。

水雾喷头的布置要符合下列要求。

（1）当保护对象为油浸式电力变压器时，水雾喷头的布置应符合下列要求。

① 变压器绝缘子升高座孔口、油枕、散热器、集油坑应设水雾喷头保护；

② 水雾喷头之间的水平距离与垂直距离应满足水雾锥相交的要求。

（2）当保护对象为甲、乙、丙类液体和可燃气体储罐时，水雾喷头与保护储罐外壁之间的距离不应大于 0.7m。

（3）当保护对象为球罐时，水雾喷头的布置应符合下列规定。

① 水雾喷头的喷口应朝向球心。

② 水雾锥沿纬线方向应相交，沿经线方向应相接；

③ 当球罐的容积不小于 1000m³ 时，水雾锥沿纬线方向应相交，沿经线方向宜相接，但赤道以上环管之间的距离不应大于 3.6m；

④ 无防护层的球罐钢支柱和罐体液位计、阀门等处应设水雾喷头保护。

（4）水雾喷头与保护对象之间的距离不得大于水雾喷头的有效射程。

（5）当保护对象为卧式储罐时，水雾喷头的布置应使水雾完全覆盖裸露表面，罐体液位计、阀门等处也应设水雾喷头保护。

（6）当保护对象为电缆时，喷雾要完全包围电缆。

（7）当保护对象为输送机皮带时，水雾喷头的布置应完全包围输送机的机头、机尾和上行皮带上表面。

（8）当保护对象为室内燃油锅炉、电液装置、氢密封油装置、发电机、油断路器、汽轮机油箱、磨煤机润滑油箱时，水雾喷头宜布置在保护对象的顶部周围，并应使水雾直接喷向并完全覆盖保护对象。

（9）用于保护甲B、乙、丙类液体储罐的系统，其设置应符合下列规定。

① 固定顶储罐和按固定顶储罐对待的内浮顶储罐的冷却水环管宜沿罐壁顶部单环布置，当采用多环布置时，着火罐顶层环管保护范围内的冷却水供给强度应按《水喷雾灭火系统技术规范》（GB/T 50219—2014）规定的 2 倍计算。

② 储罐抗风圈或加强圈无导流设施时，其下面应设置冷却水环管。

③ 当储罐上的冷却水环管分割成 2 个或 2 个以上弧形管段时，各弧形管段间不应连通，并应分别从防火堤外连接水管，且应分别在防火堤外的进水管道上设置能识别启闭状态的控制阀。

④ 冷却水立管应用管卡固定在罐壁上，其间距不宜大于 3m。立管下端应设置锈渣清扫口，锈渣清扫口距罐基础顶面应大于 300mm，且集锈渣的管段长度不宜小于 300mm。

（10）用于保护液化烃或类似液体储罐和甲B、乙、丙类液体储罐的系统，其立管与罐组内的水平管道之间的连接应能消除储罐沉降引起的应力。液化烃储罐上环管支架之间的距离宜为 3～3.5m。

水雾喷头的平面布置可按矩形或菱形方式布置。当按矩形布置时，为使水雾完全覆盖保护面积，且不出现空白，喷头之间的距离不应大于 1.4 倍喷头水雾锥的底圆半径；当按菱形布置时，水雾喷头之间的距离不应大于喷头水雾锥底圆半径的 1.7 倍，如图 4-3 所示。

水雾锥底圆半径可按下式计算：

$$R = B \tan \frac{\theta}{2} \tag{4-1}$$

式中　R——水雾锥底圆半径，m；

　　　B——水雾喷头的喷口与保护对象之间的距离，m，取值不应大于喷头的有效射程；

　　　θ——水雾喷头的雾化角，(°)。

可燃气体和甲、乙、丙类液体储罐布置的水雾喷头，其喷口与储罐外壁之间的距离不应大于 0.7m。

球罐周围布置的水雾喷头，一般安装在水平绕球罐的环管上。水雾喷头的喷口应面向球心。每根环管上布置的喷头，应保证水雾锥沿纬线方向有相互重叠交叉部分；上下相邻环管上布置的喷头，应保证水雾锥沿经线方向至少相切。容积≥1000m³ 的球罐，上半球体的环管间距不应大于 3.6m。

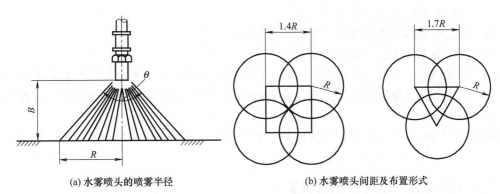

(a) 水雾喷头的喷雾半径　　　　　(b) 水雾喷头间距及布置形式

图 4-3　水雾喷头的平面布置方式

R—水雾锥底圆半径；B—喷头与保护对象的间距；θ—喷头雾化角

　　保护油浸式电力变压器的水喷雾系统，水雾喷头应布置在变压器的四周，而不宜布置在变压器的顶部上方。保护变压器顶部的水雾不得直接喷向高压套管。布置在变压器四周的水雾喷头，应安装在环绕变压器的管道上。每排水平布置的喷头之间，以及上下相邻各排水平布置的喷头之间的距离，均应满足使上下及左右方向水雾锥的底圆有相互重叠相交的部分。变压器的油枕、冷却器和集油坑，应设有水雾喷头保护。

　　给水管道应符合下列规定。

　　（1）过滤器与雨淋报警阀之间及雨淋报警阀后的管道，应采用内外热浸镀锌钢管、不锈钢管或铜管；需要进行弯管加工的管道应采用无缝钢管；

　　（2）管道工作压力不应大于 1.6MPa；

　　（3）系统管道采用镀锌钢管时，公称直径不应小于 25mm；采用不锈钢管或铜管时，公称直径不应小于 20mm；

　　（4）系统管道应采用沟槽式管接件（卡箍）、法兰或丝扣连接，普通钢管可采用焊接；

　　（5）沟槽式管接件（卡箍），其外壳的材料应采用牌号不低于 QT 450—12 的球墨铸铁；

　　（6）防护区内的沟槽式管接（卡箍）密封圈、非金属法兰垫片应通过《水喷雾灭火系统技术规范》（GB 50219—2014）附录 A 规定的干烧试验；

　　（7）应在管道的低处设置放水阀或排污口。

3. 阀门

　　对于响应时间不大于 120s 的系统，应设置雨淋报警阀组，雨淋报警阀组的功能及配置应符合下列要求：

　　（1）接收电控信号的雨淋报警阀组应能电动开启，接收传动管信号的雨淋报警阀组应能液动或气动开启；

　　（2）应具有远程手动控制和现场应急机械启动功能；

　　（3）在控制盘上应能显示雨淋报警阀开、闭状态；

　　（4）宜驱动水力警铃报警；

　　（5）雨淋报警阀进出口应设置压力表；

　　（6）电磁阀前应设置可冲洗的过滤器。

　　当系统供水控制阀采用电动控制阀或气动控制阀时，应符合下列规定：

　　（1）应能显示阀门的开、闭状态；

　　（2）应具备接收控制信号开、闭阀门的功能；

（3）阀门的开启时间不宜大于 45s；

（4）应能在阀门故障时报警，并显示故障原因；

（5）应具备现场应急机械启动功能；

（6）当阀门安装在阀门井内时，宜将阀门的阀杆加长，并宜使电动执行器高于井顶；

（7）气动阀宜设置储备气罐，气罐的容积可按与气罐连接的所有气动阀启闭 3 次所需气量计算。

雨淋报警阀前的管道应设置可冲洗的过滤器，过滤器滤网应采用耐腐蚀金属材料，其网孔基本尺寸应为 0.600～0.710mm。

二、水喷雾灭火系统的设计计算

1. 喷头流量

水雾喷头流量计算公式：

$$q = K\sqrt{10P} \tag{4-2}$$

式中　q——水雾喷头的流量，L/min；

　　　K——水雾喷头的流量系数，由水雾喷头的生产厂提供；

　　　P——水雾喷头的工作压力，MPa。

2. 喷头数量

保护对象布置的喷头数量，应按灭火或防护冷却的喷雾强度、保护面积、系统选用水雾喷头的流量特性计算确定。可按下式进行计算：

$$N = WS/q \tag{4-3}$$

式中　N——由保护对象的保护面积、喷雾强度和喷头工作压力确定的水雾喷头数量；

　　　S——保护对象的保护面积，m^2；

　　　W——保护对象的设计喷雾强度，L/(min·m^2)。

3. 系统计算流量

从保护范围内的最不利位置开始，计算同时喷雾喷头的累计流量，按下式计算：

$$Q_j = 1/60 \sum_{i=1}^{n} q_i \tag{4-4}$$

式中　Q_j——系统的计算流量，L/s；

　　　n——系统启动后同时喷雾的水雾喷头数量；

　　　q_i——水雾喷头的实际流量，L/min，应按给定水雾喷头的实际工作压力 P_i（MPa）计算。

当系统采用多台雨淋阀，通过控制同时喷雾来控制喷雾区域时，系统的计算流量应按系统各个局部喷雾区域中同时喷雾的水雾喷头的最大用水总量确定。

4. 系统的设计流量

系统的设计流量按下式计算：

$$Q_s = KQ_j \tag{4-5}$$

式中　Q_s——系统的设计流量，L/s；

　　　K——安全保险系数，应不小于 1.05。

5. 管道的水头损失

钢管管道的沿程水头损失按下式计算：

$$h = iL$$

式中　　L——管道长度，m；

　　　　i——管道单位长度的沿程水头损失，MPa/m。

当系统管道采用普通钢管或镀锌钢管时：

$$i=0.0000107\frac{v^2}{d_j^{1.3}} \tag{4-6}$$

式中　　d_j——管道的计算内径，m；

　　　　v——管道内水的流速，m/s，宜取 $v\leqslant5$m/s。

当采用不锈钢管或铜管时：

$$i=105C_h^{-1.85}d_j^{-4.87}q_g^{1.85} \tag{4-7}$$

式中　　i——管道单位长度的沿程水头损失，kPa/m；

　　　　q_g——管道内流量，m³/s；

　　　　C_h——海澄-威廉系数，钢管、不锈钢管取 10。

管道的局部水头损失宜采用当量长度法计算，或者按管道沿程水头损失的 20%～30% 计算。雨淋报警阀的局部水头损失应按 0.08MPa 计算。

6. 消防水泵的扬程或系统入口的供给压力

消防水泵的扬程或系统入口的供给压力按下式计算：

$$H=\sum h+h_0+Z/100 \tag{4-8}$$

式中　　H——系统管道入口或消防水泵的计算压力，MPa；

　　　$\sum h$——系统管道沿程水头损失与局部水头损失之和，MPa；

　　　　h_0——最不利点水雾喷头的实际工作压力，MPa；

　　　　Z——最不利点水雾喷头与系统管道入口或消防水池最低水位之间的高程差，当系统管道入口或消防水池最低水位高于最不利点水雾喷头时，Z 值应取负值，m。

7. 管道减压措施

管道减压可采用减压孔板或节流管。管道采用减压孔板时宜采用圆缺型孔板，减压孔板的圆缺孔应位于管道底部，减压孔板前水平直管段的长度不应小于该段管道公称直径的 2 倍。

管道采用节流管减压时，节流管内水的流速不应大于 20m/s，长度不宜小于 1.0m，其公称直径按表 4-2 确定。

表 4-2　节流管的公称直径　　　　　　　　单位：mm

管道	50	65	80	100	125	150	200	250
节流管	40	50	65	80	100	125	150	200
	32	40	50	65	80	100	125	150
	25	32	40	50	65	80	100	125

圆形减压孔板应设置在公称直径不小于 50mm 的直管段上，前后管段的长度均不宜小于该管段直径的 5 倍；孔口面积不应小于设置管段截面积的 30%，且孔板的孔径不应小于 20mm；圆形减压孔板应采用不锈钢板材制作。

减压孔板的水头损失和节流管的水头损失计算见《水喷雾灭火系统技术规范》（GB 50219—2014）。

第五章 》

蒸气灭火系统

第一节　灭火原理及适用范围

一、灭火原理

蒸气是热含量高的惰性气体。蒸气能冲淡燃烧区的可燃气体，降低空气中氧的含量。蒸气灭火系统的灭火工作原理是在火场燃烧区内，向其施放一定量蒸气，保证燃烧区的氧含量降低到一定限度下，使燃烧不能继续维持而熄灭。

饱和蒸气的灭火效果优于过热蒸气，尤其扑灭高温设备的油气火灾，不仅能迅速扑灭泄漏处火灾，而且不会引起设备的损坏（用水扑救高温设备会引起设备的破裂危险）。

二、适用范围

下列部位可设置蒸气灭火系统。
（1）使用蒸气的甲、乙类厂房和操作温度等于或超过本身自燃点丙类液体厂房。
（2）单台锅炉蒸发量超过 2t/h 的燃油、燃气锅炉房。
（3）火柴厂的火柴大车部位。

蒸气灭火系统只有在具备充足蒸气源的条件下才能设置。

第二节　蒸气灭火系统类型与组成

蒸气灭火系统按其灭火场所不同，可分为固定式蒸气灭火系统及半固定式蒸气灭火系统。

一、固定式蒸气灭火系统

固定式蒸气灭火系统从管道到喷汽设备都是固定的。主要用于扑灭整个房间、舱室的火灾，如生产厂房、燃油锅炉的泵房、油船舱、甲苯泵房等场所。固定式蒸气灭火系统采用全淹没方式使燃烧房间惰化而熄灭火焰。对建筑物容积不大于 $500m^3$ 的保护室间灭火效果较好。

固定式蒸气灭火系统，一般由蒸气源、输气干管、支管、配气管等组成。如图 5-1 所示。

二、半固定式蒸气灭火系统

半固定式蒸气灭火系统是在固定的管道系统上接活动的蒸气喷枪，利用水蒸气的机械冲击力

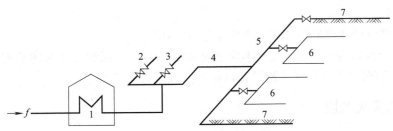

图 5-1　固定式蒸气灭火系统

1—蒸气锅炉房；2—生活蒸气管线；3—生产蒸气管线；

4—输气干管；5—配气支管；6—配气管；7—蒸气幕

量吹散可燃气体，并瞬间在火焰周围形成蒸气层扑灭火灾。这种系统主要用于扑救局部火灾。例如，用于露天装置区的高大炼制塔、地上式可燃液体储罐、车间内局部的油品设备等。半固定式蒸气灭火系统对于扑救闪点大于 45℃ 的罐体未破裂的可燃液体储罐的火灾具有良好的灭火效果。因此，地上式可燃液体（不包括润滑油）储罐区，宜设置半固定式蒸气灭火系统。

半固定式蒸气灭火系统由蒸气源、输气干管、支管、接口短管等组成，如图 5-2 所示。

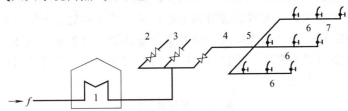

图 5-2　半固定式蒸气灭火系统

1—蒸气锅炉房；2—生活蒸气管线；3—生产蒸气管线；4—输气干管；

5—配气支管；6—配气管；7—接口短管

蒸气喷枪是半固定式蒸气灭火系统的关键部件，图 5-3 为蒸气喷枪示意图。

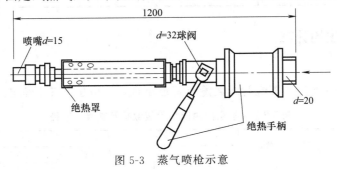

图 5-3　蒸气喷枪示意

蒸气灭火系统宜采用高压过饱和蒸气（$p \geqslant 0.49 \times 10^6 \, \text{MPa}$），不宜采用过热蒸气。

第三节　蒸气灭火系统设计与计算

一、蒸气灭火系统的设计要求

（1）灭火用的蒸气源不应被易燃、可燃液体或可燃气体所污染。生活、生产和消防合用蒸气分配箱时，在生产和生活用的蒸气管线上应设置止回阀和阀门，以防止其管线内的蒸气倒流。

（2）灭火蒸气管线蒸气源的压力不应小于 0.6MPa。

（3）输气干管和蒸气支管的长度不应超过 60m（从蒸气源到保护区的距离）。当总长度超过 60m 时，宜分设灭火蒸气分配箱，以保证蒸气灭火效果。

二、蒸气灭火浓度

蒸气灭火主要是向燃烧区内施放蒸气，降低燃烧区内氧的浓度。因此，燃烧区内蒸气的浓度是保证灭火效果的最关键因素。采用蒸气灭火系统灭火时，汽油、煤油、柴油和原油的蒸气灭火体积浓度不宜小于 35%，即每立方米燃烧区空间内应有不少于 $0.35m^3$ 的水蒸气。

厂房、库房、泵站、舱室的灭火蒸气量可按式（5-1）计算

$$W = 0.284V \qquad (5-1)$$

式中　W——灭火最小蒸气量，kg；

　　　V——室内空间体积，m^3。

蒸气供给强度也是影响灭火效果的一个主要因素，当蒸气量一定时，供蒸气的时间越短，即蒸气供给强度越大，灭火所需的时间越短，灭火效果越好。蒸气灭火的延续时间不宜超过 3min，即宜在 3min 内使燃烧区内空间的蒸气量达到灭火要求。汽油、煤油、柴油生产车间和储存舱室的蒸气供给强度，不仅与防护区的封闭性有关，而且与防护区的空间体积有关。蒸气供给强度可参照表 5-1。

表 5-1　蒸气供给强度

防护区封闭性	蒸气供给强度/[kg/(s·m³)]	
	防护区体积较小(<150m³)	防护区体积较大(>150m³)
全封闭	0.0015	0.002
有窗户及通风口其余均封闭	0.003	0.005

三、蒸气管线的计算

1. 配气管线

防护区建筑物或舱内的配气管线数量及其最小直径，可按表 5-2 确定。

表 5-2　保护空间内配气管线数量及其最小直径

房间、舱室的体积 /m³	配气管最少数量 /根	配气管最小直径/mm			
		供给强度/[kg/(s·m³)]			
		0.0015	0.002	0.003	0.005
<25	1	20	20	25	32
25~150	1	25	25	32	40
150~450	1	32	32	40	70
450~850	2	32	32	40	70
850~1700	2	32	40	70	70
1700~3850	3	40	40	70	70
3850~5400	4	40	40	70	70

2. 输气干管、配气支管

灭火蒸气管线的蒸气源，可为蒸气锅炉房或蒸气分配箱。输气干管、配气支管的直径可按表 5-3 决定。

表 5-3　输气干管、配气支管的直径

房间、舱室的体积 /m³	干管或支管最小直径/mm				房间、舱室的体积 /m³	干管或支管最小直径/mm			
	供给强度/[kg/(s·m³)]					供给强度/[kg/(s·m³)]			
	0.0015	0.002	0.003	0.005		0.0015	0.002	0.003	0.005
<25	20	20	25	32	850～1700	50	70	70	100
25～150	25	25	32	40	1700～3850	70	70	80	125
150～450	32	32	50	70	3850～5400	70	80	100	150
450～850	50	50	70	100					

四、蒸气式灭火设备的配置

合理地布置蒸气灭火设备，是保证灭火效果的前提条件。

1. 配气管的设置

固定式蒸气灭火装置依靠配气管向燃烧区施放蒸气，因此，配气管的设置地点应能使蒸气均匀地排放到防护区空间内。配气管一般靠近建筑物（或舱室）内的一侧或四周墙壁处。为便于清扫，配气管离地面高度一般为 200～300mm。油船舱室内布置的配气管距最高液面一般不小于 100mm，以防引起燃烧液体喷溅。

配气管上的排气孔应钻成一直线，每个孔的直径为 3～5mm，孔的中心距为 30～80mm，排气孔的面积之和应等于配气管的内截面积。排气孔的位置应使蒸气水平方向喷射。

为了保证配气管喷气均匀，每根配气管上的排气孔的直径宜从进气端开始，由小逐渐增大，使喷出蒸气均匀有力。配气管不宜过长，长度较长的配气管最好采用两端进气。

2. 控制阀的设置

防护区的蒸气控制阀，宜设在建筑物室外便于操作的地方。如控制阀设在室内，阀门的手轮应设在建筑物外墙上，阀杆穿过墙壁的孔洞应严密封堵。阀门手轮的位置离门、窗、孔、洞的距离不应小于 1m，以利于安全。

3. 接口短管

半固定式蒸气灭火系统主要依靠接口短管上的蒸气喷枪喷射蒸气灭火。半固定式蒸气管上的接口短管的数量应保证有一股蒸气射流到达室内或露天生产装置区被保护对象的任何部位。

泵房、框架、容器、反应器等处接口短管直径可采用 20mm；接口短管上连接的橡胶管长度可采用 15～20mm。

地上式可燃液体储罐区设置的蒸气灭火接口短管，每个接口短管保护的油罐数量不宜超过 4 个。接口短管直径按被保护油罐的最大容量决定：油罐容量大于 5000m³ 时，接口短管直径采用 80mm；油罐容量 1000～500m³ 时，采用 50mm；油罐容量小于 1000m³ 时，采用 40mm。

4. 管道的坡度

蒸气灭火管线内不应积聚冷凝水。蒸气输气干管、配气支管以及配气管，应有不小于 0.003 的坡度，在管道低洼处设放水阀，以排除凝结水。

第六章 »
泡沫灭火系统

第一节 概 述

泡沫灭火系统是采用泡沫液作为灭火剂，主要用于扑救非水溶性可燃液体和一般固体火灾，如商品油库、煤矿、大型飞机库等。目前，该系统在国内外已经得到了广泛的应用。通过实践证明该系统具有安全可靠、经济实用、灭火效率高的特点，是非常行之有效的灭火方法之一。现在，在我国的石油化工企业、商品油库等工程中使用很广泛。在煤矿、大型飞机库、地下工程、汽车库、各类车库等工程和场所中也已经被采用。由于泡沫灭火剂本身无毒性，泡沫灭火系统的应用会越来越广泛。

泡沫分为低倍数泡沫（发泡倍数低于 20 的灭火泡沫）、中倍数泡沫（发泡倍数介于 20~200之间的灭火泡沫）和高倍数泡沫（发泡倍数高于 200 的灭火泡沫）。

一、灭火原理

泡沫灭火剂是一种体积较小，表面被液体围成的气泡群，其相对密度远小于一般可燃、易燃液体。因此，可飘浮、黏附在可燃、易燃液体、固体表面，形成一个泡沫覆盖层，可使燃烧物表面与空气隔绝，窒息灭火、阻止燃烧区的热量作用于燃烧物质的表面，抑制可燃物本身和附近可燃物质的蒸发，泡沫受热产生水蒸气，可减少着火物质周围空间氧的浓度。泡沫中析出的水可对物质燃烧产生冷却作用。泡沫灭火剂通过上述的作用过程，扑灭火灾。

二、泡沫灭火系统的主要组件

泡沫灭火系统的主要组件包括泡沫液、泡沫消防水泵、泡沫混合液泵、泡沫液泵、泡沫比例混合器（装置）、泡沫液压力储罐、泡沫产生装置、火灾探测与启动控制装置、控制阀门及管道等。

三、系统分类

1. 按泡沫分

泡沫灭火系统包括低倍数泡沫灭火系统、中倍数泡沫灭火系统、高倍数泡沫灭火系统和泡沫-水喷淋系统。

低倍数泡沫灭火系统根据喷射方式不同可分为液上喷射泡沫灭火系统和液下喷射泡沫灭火系统。

根据灭火范围不同，中、高倍数泡沫灭火系统可分为全淹没系统和局部应用系统。全淹没系统由固定式泡沫发生装置将泡沫喷放到封闭或被围挡的防护区内，并在规定的时间内达到一定泡沫淹没深度的灭火系统。局部应用系统由固定或半固定泡沫发生装置直接或通过导泡筒将泡沫喷放到火灾部位的灭火系统。

2. 按安装方式分

根据设备与管道的安装方式不同泡沫灭火系统可分为固定式泡沫灭火系统、半固定式泡沫灭火系统和移动式泡沫灭火系统。

（1）固定式泡沫灭火系统　固定式泡沫灭火系统由固定的泡沫消防泵、泡沫比例混合器、泡沫产（发）生装置和管道等组成。

固定式泡沫灭火系统具有如下优点：可以随时启动，立刻进行灭火；该系统操作简单，并且自动化程度高，具有较高的安全可靠性。它适用于以下场合。

① 总储量大于、等于 $500m^3$ 独立的非水溶性甲、乙、丙类液体储罐区。

② 总储量大于、等于 $200 m^3$ 的水溶性甲、乙、丙类液体储罐区。

③ 机动消防设施不足的企业附属非水溶性甲、乙、丙类液体储罐区。

目前我国独立的专业油库（如原商业部所属油库）和部分规模较大的炼油厂、化工厂的企业油库，多半采用固定式空气泡沫灭火系统。

（2）半固定式泡沫灭火系统　由固定的泡沫产（发）生装置及部分连接管道，泡沫消防车或机动泵，用水带连接组成。半固定式泡沫灭火系统有一部分设备为固定式，可及时启动，另一部分是不固定的，发生火灾时，进入现场与固定设备组成灭火系统灭火。

根据固定安装的设备不同，有两种形式。一种为设有固定的泡沫产生装置，泡沫混合液管道、阀门、固定泵站。当发生火灾时，泡沫混合液由泡沫消防车或机动泵通过水带从预留的接口进入。另一种为设有固定的泡沫消防泵站和相应的管道，灭火时，通过水带将移动的泡沫产生装置（如泡沫枪）与固定的管道相连，组成灭火系统。

半固定式泡沫灭火系统在石油化工生产企业的装置区、油库的附属码头、给油槽车装卸的鸭管栈桥以及露天或吊棚堆放以及具有较强的机动消防设施的甲、乙、丙类液体的储罐区等。

（3）移动式泡沫灭火系统　移动式泡沫灭火系统一般由消防车或机动消防泵，泡沫比例混合器、移动式泡沫产（发）生装置，用水带连接组成。当发生火灾时，所有移动设施进入现场通过管道、水带连接组成灭火系统。

该系统使用起来机动灵活，并且不受初期燃烧爆炸的影响。因此移动式泡沫灭火系统常作为固定式、半固定式泡沫灭火系统的备用和辅助设施。

但是该系统是在发生火灾后应用，因此扑救不如固定式泡沫灭火系统及时，同时由于灭火设备受风力等外界因素影响较大，造成泡沫的损失量大，需要供给的泡沫量和强度都较大。

四、系统形式的选择

甲、乙、丙类液体储罐区宜选用低倍数泡沫灭火系统；单罐容量不大于 $5000m^3$ 的甲、乙类固定顶与内浮顶油罐和单罐容量不大于 $10000m^3$ 的丙类固定顶与内浮顶油罐，可选用中倍数泡沫系统。

甲、乙、丙类液体储罐区固定式、半固定式或移动式泡沫灭火系统的选择应符合下列规定。

（1）低倍数泡沫灭火系统，应符合相关现行国家标准的规定；

（2）油罐中倍数泡沫灭火系统宜为固定式。

全淹没式、局部应用式和移动式中倍数、高倍数泡沫灭火系统的选择，应根据防护区的总体布局、火灾的危害程度、火灾的种类和扑救条件等因素，经综合技术经济比较后确定。

储罐区泡沫灭火系统的选择，应符合下列规定。

（1）烃类液体固定顶储罐，可选用液上喷射、液下喷射或半液下喷射泡沫系统；

（2）水溶性甲、乙、丙液体的固定顶储罐，应选用液上喷射或半液下喷射泡沫系统；

（3）外浮顶和内浮顶储罐应选用液上喷射泡沫系统；

（4）烃类液体外浮顶储罐、内浮顶储罐、直径大于18m的固定顶储罐以及水溶性液体的立式储罐，不得选用泡沫炮作为主要灭火设施；

（5）高度大于7m、直径大于9m的固定顶储罐，不得选用泡沫枪作为主要灭火设施；

（6）油罐中倍数泡沫系统，应选液上喷射泡沫系统。

全淹没式高倍数、中倍数泡沫灭火系统可用于闭空间场所和设有阻止泡沫流失的固定围墙或其他围挡设施的场所。

局部应用式高倍数泡沫灭火系统可用于不完全封闭的A类可燃物火灾与甲、乙、丙类液体火灾场所和天然气液化站与接收站的集液池或储罐围堰区。

局部应用式中倍数泡沫灭火系统可用于下列场所。

（1）不完全封闭的A类可燃物火灾场所；

（2）限定位置的甲、乙、丙类液体流散火灾；

（3）固定位置面积不大于100m²的甲、乙、丙类液体流淌火灾场所。

移动式高倍数泡沫灭火系统可用于下列场所：

（1）发生火灾的部位难以确定或人员难以接近的火灾场所；

（2）甲、乙、丙类液体流淌火灾场所；

（3）发生火灾时需要排烟、降温或排除有害气体的封闭空间。

移动式中倍数泡沫灭火系统可用于下列场所。

（1）发生火灾的部位难以确定或人员难以接近的较小火灾场所；

（2）甲、乙、丙类液体流散火灾场所；

（3）不大于100m²的甲、乙、丙类液体流淌火灾场所。

泡沫-水喷淋系统可用于下列场所。

（1）具有烃类液体泄漏火灾危险的室内场所；

（2）单位面积存放量不超过25L/m²或超过25L/m²但有缓冲物的水溶性甲、乙、丙类液体室内场所；

（3）汽车槽车或火车槽车的甲、乙、丙类液体装卸栈台；

（4）设有围堰的甲、乙、丙类液体室外流淌火灾区域。

泡沫炮系统可用于下列场所。

（1）室外烃类液体流淌火灾区域；

（2）大空间室内烃类液体流淌火灾场所；

（3）汽车槽车或火车槽车的甲、乙、丙类液体装卸栈台；

（4）烃类液体卧式储罐与小型烃类液体固定顶储罐。

泡沫枪系统可用于下列场所。

（1）小型烃类液体卧式与立式储罐；

（2）甲、乙、丙类液体储罐区流散火灾；

（3）小面积甲、乙、丙类液体流淌火灾。

泡沫喷雾系统可用于保护面积不大于 $200m^2$ 的烃类液体室内场所、独立变电站的油浸电力变压器。

第二节　泡沫液和系统组件

一、泡沫液

泡沫液是灭火的关键，规范对泡沫液的选择有明确的规定。烃类液体储罐的低倍数泡沫灭火系统泡沫液的选择应符合下列规定。

（1）当采用液上喷射泡沫灭火系统时，可选用蛋白、氟蛋白、成膜氟蛋白或水成膜泡沫液；

（2）当采用液下喷射泡沫灭火系统时，应选用氟蛋白、成膜氟蛋白或水成膜泡沫液。

保护烃类液体的泡沫-水喷淋系统、泡沫枪系统、泡沫炮系统泡沫液的选择应符合下列规定。

（1）当采用泡沫喷头、泡沫枪、泡沫炮等吸气型泡沫产生装置时，可选用蛋白、氟蛋白、水成膜或成膜氟蛋白泡沫液；

（2）当采用水喷头、水枪、水炮等非吸气型喷射装置时，应选用水成膜或成膜氟蛋白泡沫液。

对水溶性甲、乙、丙类液体和含氧添加剂含量体积比超过 10% 的无铅汽油，以及用一套泡沫灭火系统同时保护水溶性和烃类液体的，必须选用抗溶性泡沫液。

高倍数泡沫灭火系统泡沫液的选择应符合下列规定。

（1）当利用新鲜空气发泡时，应根据系统所采用的水源，选择淡水型或耐海水型高倍数泡沫液。

（2）当利用热烟气发泡时，应采用耐温耐烟型高倍数泡沫液。

（3）系统宜选用混合比为 3% 型的泡沫液。

中倍数泡沫灭火系统的泡沫液的选择应符合下列规定。

（1）应根据系统所采用的水源，选择淡水型或耐海水型高倍数泡沫液，亦可选用淡水海水通用型中倍数泡沫液。

（2）选用中倍数泡沫液时，宜选用混合比为 6% 型的泡沫液。

泡沫液宜储存在通风干燥的房间内或敞棚内；储存的环境温度应符合泡沫液的使用温度。

二、泡沫消防泵

泡沫消防水泵、泡沫混合液泵的选择与设置应符合下列规定。

（1）应选择特性曲线平缓的离心泵，且其工作压力和流量应满足系统设计要求；

（2）当采用水力驱动式平衡式比例混合装置时，应将其消耗的水流量计入泡沫消防水泵的额定流量内；

（3）当采用环泵式比例混合器时，泡沫混合液泵的额定流量应为系统设计流量的

1.1 倍；

（4）泵进口管道上，应设置真空压力表或真空表；

（5）泵出口管道上，应设置压力表、单向阀和带控制阀的回流管。

泡沫液泵的选择与设置应符合下列规定。

（1）泡沫液泵的工作压力和流量应满足系统最大设计要求，并应与所选比例混合装置的工作压力范围和流量范围相匹配，同时应保证在设计流量下泡沫液供给压力大于最大水压力；

（2）泡沫液泵的结构形式、密封或填充类型应适宜输送所选的泡沫液，其材料应耐泡沫液腐蚀且不影响泡沫液的性能；

（3）除水力驱动型泵外，泡沫液泵应按《泡沫灭火系统设计规范》（GB 50151—2010）对泡沫消防泵的相关规定设置动力源和备用泵，备用泵的规格型号应与工作泵相同，工作泵故障时应能自动与手动切换到备用泵；

（4）泡沫液泵应耐受时长不低于10min的空载运行；

（5）当泡沫液泵平时充泡沫液时，应充满。

三、泡沫比例混合器（装置）

与泡沫液或泡沫混合液接触的部件，应采用耐腐蚀材料制作。泡沫比例混合器（装置）的选择，应符合下列规定。

（1）系统比例混合器（装置）的进口工作压力与流量，应在标定的工作压力与流量范围内。

（2）单罐容量大于10000m³的甲类烃类液体与单罐容量大于5000m³的甲类水溶性液体固定顶储罐及按固定顶储罐对待的内浮顶储罐、单罐容量大于50000m³浮顶储罐，宜选择计量注入式比例混合装置或平衡式比例混合装置；

（3）当选用的泡沫液密度低于1.10g/mL时，不应选择无囊的压力式比例混合装置。

当采用环泵式比例混合器时，应符合下列规定：

（1）出口背压宜为零或负压，当进口压力为0.7～0.9MPa时，其出口背压可为0.02～0.03MPa；

（2）吸液口不应高于泡沫液储罐最低液面1m；

（3）比例混合器的出口背压大于0时，吸液管上应设有防止水倒流入泡沫液储罐的措施；

（4）应设有不少于1个的备用量。

当采用压力比例混合装置时，应符合下列要求：

（1）压力比例混合装置的单罐容积不应大于10m³；

（2）无囊式压力比例混合器，当单罐容积大于5m³且储罐内无分隔设施时，宜设置1台小容积压力比例混合器，其容积应大于0.5m³、并能保证系统按最大设计流量连续提供3min的泡沫混合液。

当采用平衡式比例混合装置时，应符合下列规定：

（1）平衡阀的泡沫液进口压力应大于水进口压力，但其压差不应大于0.2MPa；

（2）比例混合器的泡沫液进口管道上应设单向阀；

（3）泡沫液管道上应设冲洗及放空管道。

当采用计量注入式比例混合装置时，应符合下列规定：

（1）泡沫液注入点的泡沫液流压力应大于水流压力，但其压差不应大于 0.1MPa；

（2）流量计的进口前后直管段的长度应不小于 10 倍的管径；

（3）泡沫液进口管道上应设单向阀；

（4）泡沫液管道上应设冲洗及放空管道。

当半固定或移动系统采用管线式比例混合器（负压比例混合器）时，应符合下列规定。

（1）比例混合器的水进口压力应在 0.6～1.2MPa 的范围，且出口压力应满足泡沫设备的进口压力要求；

（2）比例混合器的压力损失可按水进口压力的 35% 计算。

四、泡沫液储罐

高倍数泡沫灭火系统的泡沫液储罐应采用耐腐蚀材料制作。其他泡沫液储罐宜采用耐腐蚀材料制作；当采用普通碳素钢板制作时，其内壁应作防腐处理，且与泡沫液直接接触的内壁或防腐层不应对泡沫液的性能产生不利影响。

泡沫液储罐不得安装在火灾及爆炸危险环境中，其安装场所的温度应符合其泡沫液的储存温度要求。当安装在室内时，其建筑耐火等级不应低于二级；当露天安装时，与被保护对象应有足够的安全距离。

下列条件宜选用常压储罐。

（1）单罐容量大于 10000m³ 的甲类油品与单罐容量大于 5000m³ 的甲类水溶性液体固定顶储罐及按固定顶储罐对待的内浮顶储罐；

（2）单罐容量大于 50000m³ 浮顶储罐；

（3）总容量大于 100000m³ 的甲类水溶性液体储罐区与总容量大于 600000m³ 甲类油品储罐区；

（4）选用蛋白类泡沫液的系统。

常压泡沫液储罐宜采用卧式或立式圆柱形储罐，并应符合下列规定。

（1）储罐应留有泡沫液热膨胀空间和泡沫液沉降损失部分所占空间；

（2）储罐出口设置应保障泡沫液泵进口为正压，且应能防止泡沫液沉降物进入系统；

（3）储罐上应设液位计、进料孔、排渣孔、人孔、取样口、呼吸阀或带控制阀的通气管；

（4）储存蛋白类泡沫液超过 5m³ 时，宜设置搅拌装置。

五、泡沫产（发）生装置

泡沫产生器应符合下列要求。

（1）固定顶储罐、按固定顶储罐防护的内浮顶罐，宜选用立式泡沫产生器；

（2）泡沫产生器进口的工作压力，应为其额定值±0.1MPa；

（3）泡沫产生器及露天的泡沫喷射口应设置防止异物进入的金属网；

（4）泡沫产生器进口前应有不小于 10 倍混合液管径的直管段；

（5）外浮顶储罐上的泡沫产生器不应设置密封玻璃。

高背压泡沫产生器应符合下列要求：

（1）进口工作压力应在标定的工作压力范围内；

（2）出口工作压力应大于泡沫管道的阻力和罐内液体静压力之和；

（3）泡沫的发泡倍数不应小于 2 倍，且不应大于 4 倍。

泡沫喷头的工作压力应在标定的工作压力范围内，且不应小于其额定压力的0.8倍；非吸气型喷头应符合相应标准的规定，其产生的泡沫倍数不应低于2倍。

高倍数泡沫发生器的选择应符合下列规定：

（1）在防护区内设置并利用热烟气发泡时，应选用水力驱动式泡沫发生器；

（2）防护区内固定设置泡沫发生器时，必须采用不锈钢材料制作的发泡网；

（3）与泡沫液或泡沫混合液接触的部件，应采用耐腐蚀材料。

六、控制阀门和管道

当泡沫消防泵出口管道口径大于300mm时，宜采用电动、气动或液动阀门。

高倍数泡沫发生器前的管道过滤器与每台高倍数泡沫发生器连接的管道应采用不锈钢管，其他固定泡沫管道与泡沫混合液管道，应采用钢管。

管道外壁应进行防腐处理，其法兰连接处应采用石棉橡胶垫片。

泡沫-水喷淋系统的报警阀组、水流指示器、压力开关、末端试水装置的设置，应符合《自动喷水灭火系统设计规范》（GB 50084）的相关规定。

第三节　低倍数泡沫灭火系统

一、系统形式

泡沫发泡倍数在20倍以下称为低倍数沫灭火系统。低倍数泡沫灭火系统在20世纪60年代我国开始应用，并且应用十分广泛。低倍数泡沫灭火系统是目前对扑灭各类液体（液化烃除外）火灾普通使用的灭火系统，常用于炼油厂、石油化工厂、油库、无缝钢管厂、毛纺厂、大宾馆、加油站、汽车库、飞机维修库、燃油锅炉房等场所。一般民用建筑泡沫消防系统常采用低倍数泡沫灭火系统。

根据喷射方式不同低倍数泡沫灭火系统可分为液上喷射泡沫灭火系统和液下喷射泡沫灭火系统。

液上喷射泡沫灭火系统是一种将泡沫喷射到燃烧的液体表面上，形成泡沫层或一层膜，将火窒息的灭火系统。图6-1所示为固定式液上喷射泡沫灭火系统。在我国大型易燃和可燃液体储罐区的消防设施中应用较为广泛。该系统主要由固定的泡沫混合液泵、泡沫比例混合器、泡沫液储罐、泡沫产生器以及水源和动力源组成。水源可以直接从江、河、湖、海中抽取，

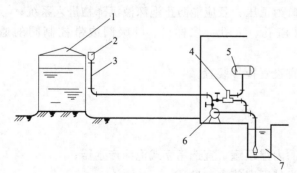

图6-1　固定式液上喷射泡沫灭火系统

1—油罐；2—泡沫产生器；3—泡沫混合液管道；
4—比例混合器；5—泡沫液罐；6—泡沫混
合液泵；7—水池

也可以从专为消防准备的水池中取水。水质要保证不影响泡沫的形成和泡沫的稳定性。固定式液上泡沫灭火系统造价较低，并且不易遭受油品的污染。但该系统也有一定的不足，如果油罐爆炸，安装在油罐上的泡沫产生器有可能受到破坏而失去作用，造成火灾失控。

液下喷射灭火系统是一种在燃烧液体表面下注入泡沫，泡沫通过油层上升到液体表面并

扩散开形成泡沫层的灭火系统。图 6-2 所示为固定式液下喷射泡沫灭火系统。固定式液下喷射泡沫灭火系统的主要设备和液上喷射泡沫灭火系统基本相同，主要有消防泵、泡沫比例混合器、供泡沫管线和泡沫产生器等组成。固定式液下喷射泡沫灭火系统在灭火时，泡沫通过液下达到燃烧的液面，不通过高温火焰，没有沿着灼热的罐壁流入，减少了泡沫损失，提高了灭火效果。泡沫从油罐下部浮升到燃烧的液面时，促使罐内下面冷油和上面热油产生对流，加快了冷却作用。有利于灭火。该系统适用于固定拱顶储罐，不适用于对外浮顶和内浮顶储罐。

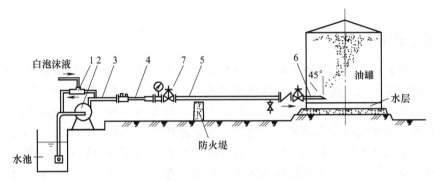

图 6-2　固定式液下喷射泡沫灭火系统

1—环泵式比例混合器；2—泡沫混合液泵；3—泡沫混合液管道；4—液下喷射泡沫产生器；

5—泡沫管道；6—泡沫注入管；7—背压调节阀

二、设计要求

低倍数泡沫灭火系统扑救一次火灾的泡沫混合液设计用量，应按罐内用量、该罐辅助泡沫枪用量、管道剩余量三者之和最大的储罐确定。

设置固定式泡沫灭火系统的储罐区，应在其防火堤外设置用于扑救液体流散火灾的辅助泡沫枪，其数量及其泡沫混合液连续供给时间，不应小于表 6-1 的规定。每支辅助泡沫枪的泡沫混合液流量不应小于 240L/min。

表 6-1　泡沫枪数量和连续供给时间

储罐直径/m	配备泡沫枪数/支	连续供给时间/min
≤10	1	10
>10~20	1	20
>20~30	2	20
>30~40	2	30
>40	3	30

当储罐区固定式泡沫灭火系统的泡沫混合液流量大于或等于 100L/s 时，系统的泵、比例混合装置及其管道上的控制阀、干管控制阀宜具备遥控操纵功能，所选设备设置在有爆炸和火灾危险的环境时且应符合《爆炸和火灾危险环境电力装置设计规范》（GB 50058）的规定。

在固定式泡沫灭火系统的泡沫混合液主管道上应留出泡沫混合液流量检测仪器的安装位置；在泡沫混合液管道上应设置试验检测口。

储罐区固定式泡沫灭火系统与消防冷却水系统合用一组消防给水泵时，应有保障泡沫混合液供给强度满足设计要求的措施，且不得以火灾时临时调整的方式来保障。

采用固定式泡沫灭火系统的储罐区，应沿防火堤外侧均匀布置泡沫消火栓。泡沫消火栓的间距不应大于 60m，且设置数量不宜少于 4 个。

储罐区固定式泡沫灭火系统宜具备半固定系统功能。

固定式泡沫炮系统的设计，除应符合《泡沫灭火系统设计规范》（GB 50151—2010）的规定外，应符合现行国家标准《固定消防炮灭火系统设计规范》（GB 50338）的规定。

第四节　高倍数、中倍数泡沫灭火系统

一、系统形式

泡沫发泡倍数在 20～200 之间称为中倍数泡沫灭火系统，泡沫发泡倍数在 200～1000 倍之间称为高倍数沫灭火系统。中、高倍数泡沫灭火技术是近代消防科学的一门新兴技术，自 20 世纪 50 年代初期应用以来，很快在欧洲及美国、日本等一些工业发达的国家得以推广，其主要装置的种类和规格越来越多，并已经形成标准化、系列化。我国自 20 世纪 60 年代开始应用中、高倍数泡沫灭火技术，它以其独有的特性在灭火实战中显示了威力。我国不但在煤矿的矿井广泛、普遍地应用高倍数泡沫灭火技术，在大型飞机库、汽车库、地下油库、地下工程、仓库、船舶、工业厂房、油库储油罐等主要场所也应用了高倍数泡沫灭火系统。

高倍数、中倍数泡沫灭火机理和灭火特点基本相似，因此，泡沫灭火系统设计规范（GB 50151—2010）将高倍数、中倍数泡沫灭火系统合在一起写。

高倍数、中倍数泡沫灭火系统可分为全淹没式灭火系统、局部应用式灭火系统和移动式灭火系统 3 种类型。防护区采用高倍数、中倍数泡沫灭火系统进行保护时，应根据其防火要求、消防设施配置情况以及防护区的结构特点、危险品的种类、火灾类型等的不同，合理地选择全淹没式、局部应用式、移动式灭火系统 3 种类型，正确地确定泡沫灭火剂、泡沫发生器、配套的比例混合器等主要装置的品种型号，降低灭火系统的成本。

1. 全淹没式高倍数、中倍数泡沫灭火系统

采用全淹没式高倍数、中倍数泡沫灭火系统进行控火和灭火，就是将高倍数泡沫按规定的高度充满被保护区域，并将泡沫保持到所需要的时间. 在保护区内的高倍数泡沫以高倍数、中倍数全淹没的方式封闭火灾区域，阻止连续燃烧所必需的新鲜空气接近火焰，使火焰熄灭、冷却，达到控制和扑灭火灾的目的。全淹没式高倍数泡沫灭火系统由水泵、泡沫液泵、储水设备、泡沫液储罐、比例混合器、压力开关、管道过滤器、控制箱、泡沫发生器、阀门、导泡筒、管道及其附件等组成。该系统按控制方式可分为自动控制全淹没式灭火系统和手动控制全淹没式灭火系统。

（1）自动控制全淹没式灭火系统（见图 6-3）　在经常有人员工作的防护区，采用自动控制全淹没式高倍数泡沫灭火系统时，在探测报警后到灭火系统喷放泡沫前应有一个延迟时间，以使防护区内的人员在灭火系统喷放高倍数泡沫之前撤离该防护区域。延迟时间可根据防护区大小、人员多少、火灾危险程度以及人员撤离路线等情况设定。

（2）手动控制全淹没式灭火系统（见图 6-4）　在防护区昼夜有人员工作或值班时，可取消自动探测报警控制系统，而采用手动控制全淹没式灭火系统。

下列场所可选择全淹没式泡沫灭火系统。

（1）大范围的封闭空间；

（2）大范围的设有阻止泡沫流失的固定围墙或其他围挡设施的场所。

2. 局部应用式高倍数、中倍数泡沫灭火系统

局部应用式灭火系统主要应用于大范围内的局部场所。局部应用有两种情况。一种是指在一个大的区域或范围内有一个或几个相对独立的封闭空间，需要用高倍数泡沫灭火系统进行保护，而其他部分则不需要进行保护或采用其他的防护系统。例如需要特殊保护的高层建筑下层的汽车库及地下仓库等场所。另一种是指在大范围内没有完全被封闭的空间，此空间是用围墙或其他不燃烧材料围住的防护区，其围挡高度应大于该防护区所需要的泡沫淹没深度。

局部应用式高倍数泡沫灭火系统可采用固定或半固定安装方式。固定设置的局部应用式灭火系统的组成与全淹没式灭火系统的组成相同。半固定设置的局部应用式灭火系统由泡沫发生器、压力开关、导泡筒、控制箱、管道过滤器、阀门、比例

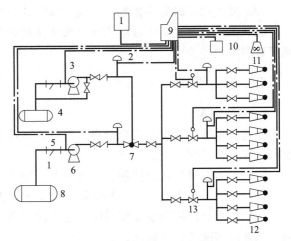

图 6-3 自动控制全淹没式灭火系统工作原理
1—手动控制器；2—压力开关；3—泡沫液泵；
4—泡沫液罐；5—过滤器；6—水泵；7—比例
混合器；8—水罐；9—自动控制箱；10—探测器；
11—报警器；12—高倍数泡沫发生器；13—电磁阀

混合器、水罐消防车或泡沫消防车、管道、水带及其附件等组成。

下列场所可选择局部应用式灭火系统。

（1）大范围内的局部封闭空间；

（2）大范围内的局部设有阻止泡沫流失的围挡设施的场所。

3. 移动式高倍数、中倍数泡沫灭火系统

移动式高倍数泡沫灭火系统的组件可以是车载式或者便携式，其全部组件均可以移动，所以该灭火系统使用灵活、方便，而且随机应变性强，可以用来扑救难以确定具体发生位置的火灾。移动式高倍数泡沫灭火系统对可燃液体泄漏引起的流淌火灾是非常有效的，同时它还可以作为固定式灭火系统的补充使用。

移动式高倍数、中倍数泡沫灭火系统由手提式泡沫发生器或车载式泡沫发生器、比例混合器、泡沫液桶、水带、导泡筒、分水器、水罐消

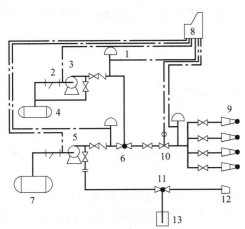

图 6-4 手动控制全淹没式灭火系统工作原理
1—压力开关；2—过滤器；3—泡沫液泵；
4—泡沫液储罐；5—水泵；6—比例混合器；
7—水罐；8—控制阀；9—高倍数泡沫发生器；
10—电磁阀；11—PHF 负压比例混合器；
12—中倍数泡沫发生器；13—泡沫液罐

防车等组成。全淹没式或局部式应用灭火系统在使用中出现意外情况时或为了更快、更可靠地扑救防护区的火灾，可利用移动式高倍数泡沫灭火装置向防护区喷放高倍数泡沫，弥补或增加高倍数泡沫供给速率，达到更迅速扑救防护区火灾的目的，如某火灾现场没有设置固定式灭火系统，移动式高倍数泡沫灭火系统可作为主要的灭火装置使用。

下列场所可选用该系统。

（1）发生火灾的部位难以确定或人员难以接近的火灾现场；

（2）B 类火灾场所；

（3）发生火灾时需要排烟、降温或排除有毒气体的封闭空间。

在我国，移动式高倍数泡沫灭火系统扑救矿井火灾已有 20 多年的历史，在此领域，积累了许多宝贵经验。

二、设计要求

1. 一般规定

全淹没系统应设置火灾自动报警系统，固定设置的局部应用系统宜设置火灾自动报警系统，且应符合下列规定。

（1）系统应设有自动控制、手动控制、应急机械控制三种方式；

（2）消防控制中心（室）和防护区应设置声光报警装置；

（3）消防自动控制设备宜与防护区内的门窗的关闭装置、排气口的开启装置以及生产、照明电源的切断装置等联动；

（4）系统自接到火灾信号至开始喷放泡沫的延时不宜超过 1min；

（5）火灾自动报警系统的设计应符合现行国家标准《火灾自动报警系统设计规范》（GB 50116）的规定。

手动控制系统应设有手动控制、应急机械控制两种方式。当一套泡沫灭火系统以集中控制方式保护两个或两个以上的场所时，其中任何一个场所发生火灾均不应危及到其他场所；系统的泡沫混合液供给速率与用量应按最大的场所确定；手动与应急机械控制装置应有标明其所控制区域的标记。

泡沫发生器的设置应符合下列规定：

（1）高度应在泡沫淹没深度以上；

（2）宜接近保护对象，但其位置应免受爆炸或火焰损坏；

（3）能使防护区形成比较均匀的泡沫覆盖层；

（4）应便于检查、测试及维修；

（5）当泡沫发生器在室外或坑道应用时，应采取防止风对泡沫的发生和分布影响的措施。

当泡沫发生器的出口设置导泡筒时，导泡筒的横截面积宜为泡沫发生器出口横截面积的 1.05～1.10 倍；当导泡筒上设有闭合器件时，其闭合器件不得阻挡泡沫的通过水泵入口前或压力水进入系统时应设管道过滤器，其网孔基本尺寸宜为 2.00mm。

固定安装的泡沫发生器前应设压力表、管道过滤器和手动阀门。固定设置的泡沫液桶（罐）和比例混合器不应放置在防护区内。

系统管路，应采取防冻措施；干式水平管道最低点应设排液阀，且坡向排液阀的管道坡度不得小于 3‰。系统管道上的控制阀门应设在防护区以外。自动控制阀门应具有手动启闭功能。

爆炸危险环境中的电器设备选择与系统设计，应符合现行国家标准《爆炸和火灾危险环境电力装置设计规范》的规定。

2. 全淹没系统

全淹没系统的防护区应是封闭或设置灭火所需的固定围挡的区域，且应符合下列规定。

（1）泡沫的围挡应为不燃结构，且应在系统设计灭火时间内具备围挡泡沫的能力；

（2）门、窗等位于设计淹没深度以下的开口，在充分考虑人员撤离的前提下，应在泡沫

喷放前或同时关闭;

（3）对于不能自动关闭的开口，全淹没系统应对其泡沫损失进行相应补偿;

（4）在泡沫淹没深度以下的墙上设置窗口时，宜在窗口部位设置网孔基本尺寸不大于3.15mm 的钢丝网或钢丝纱窗;

（5）利用防护区外部空气发泡的封闭空间，应设置排气口，其位置应避免燃烧产物或其他有害气物回流到泡沫发生器进气口。排气口在灭火系统工作时应自动、手动开启，其排气速度不宜超过 5m/s;

（6）防护区内应设置排水设施。

高倍数泡沫淹没深度的确定应符合下列规定。

（1）当用于扑救 A 类火灾时，泡沫淹没深度不应小于最高保护对象高度的 1.1 倍，且应高于最高保护对象最高点以上 0.6m。

（2）当用于扑救 B 类火灾时，汽油、煤油、柴油或苯类火灾的泡沫淹没深度应高于起火部位 2m;其他 B 类火灾的泡沫淹没深度应由试验确定。

淹没体积应按下式计算:

$$V = SH - V_g \tag{6-1}$$

式中 V——淹没体积，m^3;

S——防护区地面面积，m^2;

H——泡沫淹没深度，m;

V_g——固定的机器设备等不燃物体所占的体积，m^3。

高倍数泡沫的淹没时间不宜超过表 6-2 的规定。系统自接到火灾信号至开始喷放泡沫的延时不宜超过 1min;当超过 1min 时，应从表 6-2 的规定中扣除超出的时间。

表 6-2 淹没时间   单位:min

可燃物	高倍数泡沫灭火系统单独使用	高倍数泡沫灭火系统与自动喷水灭火系统联合使用
闪点不超过 40℃的液体	2	3
闪点超过 40℃的液体	3	4
发泡橡胶、发泡塑料、成卷的织物或皱纹纸等低密度可燃物	3	4
成卷的纸、压制牛皮纸、涂料纸、纸板箱、纤维圆筒、橡胶轮胎等高密度可燃物	5	7

注:水溶性液体的淹没时间应由试验确定。

A 类火灾单独使用高倍数泡沫灭火系统时，淹没体积的保持时间应大于 60min;高倍数泡沫灭火系统与自动喷水灭火系统联合使用时，淹没体积的保持时间应大于 30min。

高倍数泡沫最小供给速率应按下式计算:

$$R = \left(\frac{V}{T} + R_S\right) C_N C_L \tag{6-2}$$

$$R_S = L_S Q_Y \tag{6-3}$$

式中 R——泡沫最小供给速率，m^3/min;

T——淹没时间，min;

C_N——泡沫破裂补偿系数，宜取 1.15;

C_L——泡沫泄漏补偿系数，宜取 1.05～1.2;

R_S——喷水造成的泡沫破泡率，m^3/min;

L_S——泡沫破泡率与水喷头排放速率之比，应取 0.0748，m^3/L;

Q_Y——预计动作的最大水喷头数目总流量，L/min。

全淹没式高倍数泡沫灭火系统泡沫液和水的储备量应符合下列规定。

（1）当用于扑救 A 类火灾时，系统泡沫液和水的连续供应时间应超过 25min；

（2）当用于扑救 B 类火灾时，系统泡沫液和水的连续供应时间应超过 15min。

（3）中倍数泡沫灭火系统的设计参数宜由试验确定，也可采用高倍数泡沫灭火系统的设计参数。

3. 局部应用系统

局部应用系统的保护范围应包括火灾蔓延的所有区域。对于多层或三维立体火灾，应提供适宜的泡沫封堵设施；对于室外场所，应考虑风等气候因素的影响。

高倍数泡沫的供给速率应按下列要求确定：

（1）淹没或覆盖保护对象的时间不应大于 2min；

（2）淹没或覆盖 A 类火灾保护对象最高点的厚度不应小于 0.6m；

（3）对于汽油、煤油、柴油或苯，覆盖起火部位的厚度不应小于 2m；

（4）其他 B 类火灾的泡沫覆盖深度应由试验确定。

当高倍数泡沫灭火系统用于扑救 A 类和 B 类火灾时，其泡沫连续供给时间不应小于 12min。

当高倍数泡沫灭火系统设置在液化天然气（LNG）集液池或储罐围堰区时，应符合下列规定。

（1）应选择固定式系统，并应设置导泡筒；

（2）宜采用发泡倍数为 300～500 倍的泡沫发生器；

（3）泡沫混合液供给强度应根据阻止形成蒸汽云和降低热辐射强度试验确定，并应取两项试验的较大值；当缺乏实验数据时，可采用大于 7.2L/（min·m²）的泡沫混合液供给强度；

（4）系统泡沫液和水的连续供给时间应根据所需的控制时间确定，且不宜小于 40min；当同时设置了移动式高倍数泡沫灭火系统时，固定系统中的泡沫液和水的连续供给时间可按达到稳定控火时间确定。

（5）保护场所应有适合设置导泡筒的位置；

（6）系统设计尚应符合现行国家标准《石油天然气工程设计防火规范》（GB 50183）的规定。

对于 A 类火灾场所，中倍数泡沫灭火系统覆盖保护对象的时间不应大于 2min；泡沫连续供给时间不应小于 12min。覆盖保护对象最高点的厚度宜由试验确定，也可按泡沫灭火系统设计规范（GB 50151—2010）中的第 6.3.2 条第 2 款的规定执行。

对于流散的或不大于 100m² 流淌的 B 类火灾场所，中倍数泡沫灭火系统的设计应符合下列规定：

（1）沸点不低于 45 ℃ 的烃类液体，泡沫混合液供给强度应大于 4L/（min·m²）；

（2）室内场所的最小泡沫供给时间应大于 10min；

（3）室外场所的最小泡沫供给时间应大于 15min；

（4）水溶性液体、沸点低于 45℃的烃类液体，设置泡沫灭火系统的适用性及其泡沫混合液供给强度，应由试验确定。

4. 移动式系统

高倍数泡沫移动式系统的淹没时间或覆盖保护对象时间、泡沫供给速率与连续供给时间，应根据保护对象的类型与规模确定。

高倍数泡沫移动式系统的泡沫液和水的储备量应符合下列规定。

（1）当辅助全淹没或局部应用高倍数泡沫灭火系统使用时，可在其泡沫液和水的储备量中增加 5%～10%；

（2）当在消防车上配备时，每套系统的泡沫液储存量不宜小于 0.5t；

（3）当用于扑救煤矿火灾时，每个矿山救护大队应储存大于 2t 的泡沫液。

对于沸点不低于 45℃的烃类液体流散的或不大于 100m² 的流淌火灾，中倍数泡沫混合液供给强度应大于 4L/(min·m²)，供给时间应大于 15min。

供水压力可根据泡沫发生器和比例混合器的进口工作压力及比例混合器和水带的压力损失确定。

高倍数泡沫灭火系统用于扑救煤矿井下火灾时，泡沫发生器的驱动风压、发泡倍数应满足矿井的特殊需要。

移动式系统的泡沫液与相关设备应放置在能立即运送到所有指定防护对象的场所；当移动泡沫发生装置预先连接到水源或泡沫混合液供给源时，应放置在易于接近的地方，并且水带长度应能达到其最远的防护地。

当两个或两个以上的移动式泡沫发生装置同时使用时，其泡沫液和水供给源应能足以供给可能使用的最大数量的泡沫发生装置。

移动式系统应选用有衬里的消防水带，水带的口径与长度应满足系统要求。水带应以能立即使用的排列形式储存，且应防潮。

移动式系统所用的电源与电缆应满足输送功率要求，且应满足保护接地和防水以及耐受一般不当使用的要求。

第五节　泡沫-水喷淋系统与泡沫喷雾系统

一、一般规定

泡沫-水喷淋系统的泡沫混合液连续供给时间不应小于 10min，泡沫混合液与水的连续供给时间之和应不小于 60min。

泡沫-水雨淋系统与泡沫-水预作用系统的控制，应符合下列规定。

（1）系统应同时具备自动、手动功能和应急机械手动启动功能。

（2）机械手动启动力不应超过 180N，且操纵行程不应超过 360mm。

（3）系统自动或手动启动后，泡沫液供给控制装置应自动随供水主控阀的动作而动作，或与之同时动作。

（4）系统应设置故障监视与报警装置，且应在主控制盘上显示。

当泡沫液管线埋地铺设或地上铺设长度超过 15m 时，泡沫液应充满其管线，并应提供检查系统密封性的手段，且泡沫液管线及其管件的温度应保持在泡沫液指定的储存温度范围内。

泡沫-水喷淋系统应设置系统试验接口，其口径应分别满足系统最大流量与最小流量要求。

泡沫-水喷淋系统的防护区应设置安全排放或容纳设施，且排放或容纳量应按被保护液体最大可能泄漏量、固定系统喷洒量以及管枪喷射量之和确定。

为泡沫-水雨淋系统与泡沫-水预作用系统配套设置的火灾探测与联动控制系统除应符合国家标准《火灾自动报警系统设计规范》的有关规定外，应符合下列规定。

（1）当电控型自动探测及附属装置设置在有爆炸和火灾危险的环境时，应符合《爆炸和火灾危险环境电力装置设计规范》（GB 50058）的规定。

（2）设置在腐蚀气体环境中的探测装置，应由耐腐蚀材料制成或采取防腐蚀保护。

（3）当选用带闭式喷头的传动管传递火灾信号时，传动管的长度不应大于 300m，公称直径宜为 15~25mm，传动管上喷头应选用快速响应喷头，且布置间距不宜大于 2.5m。

二、泡沫-水雨淋系统

（1）系统的保护面积应按保护场所内的水平面面积或水平面投影面积确定。

（2）当保护烃类液体时，其泡沫混合液供给强度不应小于表 6-3 的规定；

当保护水溶性甲、乙、丙类液体时，其混合液供给强度和连续供给时间宜由试验确定。

表 6-3　泡沫混合液供给强度

泡沫液种类	喷头设置高度/m	泡沫混合供给强度/[L/(min·m²)]
蛋白、氟蛋白	≤10	8
	>10	10
水成膜、成膜氟蛋白	≤10	6.5
	>10	8

系统应设置雨淋阀、水力警铃，并应在每个雨淋阀出口管路上设置压力开关，但喷头数小于 10 个的单区系统可不设雨淋阀和压力开关。

系统应选用吸气型泡沫-水喷头或泡沫-水雾喷头。

喷头的布置应符合下列规定。

（1）喷头的布置应根据系统设计供给强度、保护面积和喷头特性确定。

（2）喷头周围不应有影响泡沫喷洒的障碍物。

（3）喷头的布置应保证整个保护面积内的泡沫混合液供给强度均匀。

系统设计时应进行管道水力计算，并应符合下列规定。

（1）自雨淋阀开启至系统各喷头达到设计喷洒流量的时间不得超过 60s。

（2）任意四个相邻喷头组成的四边形保护面积内的平均泡沫混合液供给强度不应小于设计强度。

三、闭式泡沫-水喷淋系统

下列场所不宜选用闭式泡沫-水喷淋系统：

（1）流淌面积较大，按规范规定的作用面积不足以保护的甲、乙、丙类液体场所；

（2）靠泡沫液或水稀释不能有效灭火的水溶性甲、乙、丙类液体场所。

火灾水平方向蔓延较快的场所不宜选用干式泡沫-水喷淋系统。

下列场所不宜选用系统管道充水的湿式泡沫-水喷淋系统：

（1）初始火灾极有可能为液体流淌火灾的甲、乙、丙类液体桶装库、泵房等场所；

（2）含有甲、乙、丙类液体敞口容器的场所。

闭式泡沫-水喷淋系统的作用面积应为 465m²；当防护区面积小于 465m² 时，可按防护区实际面积确定；当试验值不同于本条上述规定时，可采用试验值。

系统的供给强度不应小于 6.5 L/(min·m²)。系统输送的泡沫混合液应在 8 L/s 至最大设计流量范围内符合规范的规定混合比。喷头的选用应符合下列规定。

（1）应选用闭式洒水喷头；

（2）当喷头设置在屋内顶时，其公称动作温度应在 121～149℃ 范围内；

（3）当喷头设置在保护场所的竖向中间位置时，其公称动作温度应在 57～79℃ 范围内；

（4）当保护场所的环境温度较高时，其公称动作温度宜高于环境最高温度 30℃。

喷头的设置应符合下列规定：

（1）喷头的布置应保证任意 4 个相邻喷头组成的四边形保护面积内的平均供给强度不应小于设计强度，也不宜大于设计供给强度的 1.2 倍；

（2）喷头周围不应有影响泡沫喷洒的障碍物；

（3）喷头设置高度不应大于 9m；

（4）每只喷头的保护面积不应大于 12m²；

（5）同一支管上两只相邻喷头的水平间距、两条相邻平行支管的水平间距均不应大于 3.6m。

湿式泡沫-水喷淋系统的设置应符合下列规定：

（1）当系统管道充注泡沫预混液时，其管道及管件应耐泡沫预混液腐蚀，且不影响泡沫预混液的性能；

（2）充注泡沫预混液的系统环境温度宜在 5～40℃ 范围内；

（3）当系统管道充水时，在 8L/s 的流量下，自系统启动至喷泡沫的时间不应大于 2min；

（4）充水系统适宜的环境温度应符合现行国家标准《自动喷水灭火系统设计规范》（GB 50084）的规定。

预作用与干式系统每个报警阀后的管道容积不得超过 2.8m³，且控制喷头数，预作用系统不应超过 800 只；干式系统不宜超过 500 只。

当系统兼有扑救 A 类火灾时，应符合现行国家标准《自动喷水灭火系统设计规范》（GB 50084）的规定；《泡沫灭火系统设计规范》（GB 50151—2010）未作规定的，可执行现行国家标准《自动喷水灭火系统设计规范》（GB 50084）。

四、泡沫喷雾系统

泡沫喷雾系统可采用如下形式。

（1）由压缩惰性气体驱动储罐内的泡沫预混液经雾化喷头喷洒泡沫到防护区；

（2）由耐腐蚀泵驱动储罐内的泡沫预混液经雾化喷头喷洒泡沫到防护区；

（3）由压力水通过囊式压力比例混合器输送泡沫混合液经雾化喷头喷洒泡沫到防护区。

当保护独立变电站的油浸电力变压器时，系统设计应符合下列规定：

（1）保护面积应按变压器油箱本体水平投影且四周外延 1m 计算确定；

（2）泡沫混合液（或泡沫预混液）供给强度不应小于 8L/(min·m²)；

（3）泡沫混合液（或泡沫预混液）连续供给时间不应小于 15min；

（4）喷头的设置应使泡沫覆盖变压器油箱顶面，且每个变压器输入与输出导线绝缘子升高座孔口应设置专门的喷头覆盖；

（5）覆盖绝缘子升高座孔口喷头的雾化角宜为 60°，其他喷头的雾化角不应大于 90°；

（6）所用泡沫灭火剂的灭火性能级别应为 I，抗烧水平不应低于 B。

当保护烃类液体室内场所时，泡沫混合液或预混液供给强度不应低于 6.5 L/(min·m²)，连续供给时间不应小于 10min。系统喷头的布置应符合下列规定：

（1）保护面积内的泡沫混合液供给强度应均匀；

（2）泡沫应直接喷射到保护对象上；

（3）喷头周围不应有影响泡沫喷洒的障碍物。

喷头应带过滤器，其工作压力不应小于其额定工作压力，且不宜高于其额定工作压力 0.1MPa。喷头的发泡倍数不应小于 3 倍。

系统喷头、管道与电气设备带电（裸露）部分的安全净距应符合国家现行有关标准的规定；泡沫喷雾系统的带电绝缘性能检验应符合国家标准《接触电流和保护导体电流的测量方法》（GB/T 12113）的规定。

泡沫喷雾系统应设自动、手动和机械式应急操作三种启动方式。在自动控制状态下，灭火系统的响应时间不应大于 60s。与泡沫喷雾系统联动的火灾自动报警系统的设计应符合国家标准《火灾自动报警系统设计规范》（GB 50116）的有关规定。

系统湿式供液管道应选用不锈钢管，干式供液管道可选用热镀锌钢管。

当动力源采用压缩惰性气体时，系统储液罐、启动装置、惰性气体驱动装置，应安装在温度高于 0℃的专用设备间内。系统所需动力源瓶组数量应按式（6-4）计算。

$$N = \frac{P_2 V_2}{(P_1 - P_2)V_1} k \tag{6-4}$$

式中　N——所需动力源瓶组数量，只，取自然数；

　　　P_1——动力源瓶组储存压力，MPa；

　　　P_2——系统泡沫液储罐出口压力，MPa；

　　　V_1——动力源单个瓶组容积，L；

　　　V_2——系统泡沫液储罐容积与动力气体管路容积之和，L；

　　　k——裕量系数（通常取 1.5～2.0）。

第六节　泡沫消防泵站及供水

一、泡沫消防泵站与泡沫站

泡沫消防泵站的设置应符合下列规定。

（1）泡沫消防泵站宜与消防水泵房合建，并应符合相关国家标准对消防水泵房或消防泵房的规定。

（2）采用环泵比例混合流程及含有泡沫储存设施的泡沫消防泵站不应与生活水泵房合建，且不应合用供水、储水设施。

（3）当采用环泵比例混合流程及含有泡沫储存设施的泡沫消防泵站计划与生产水泵房等合建时，应进行泡沫污染后果的评估。

（4）泡沫消防泵站与被保护甲、乙、丙类液体储罐或装置的距离不宜小于 30m，且应满足在泡沫消防泵启动后，将泡沫混合液或泡沫输送到最远保护对象的时间不大于 5min。

（5）当泡沫消防泵站与被保护甲、乙、丙类液体储罐或装置的距离在 30～50m 范围内时，泡沫消防泵站的门、窗不宜朝向保护对象。

泡沫消防泵宜采用自灌引水启动。一组泡沫消防泵的吸水管不应少于两条，当其中一条损坏时，其余的吸水管应能通过全部用水量。

应设置备用泡沫消防泵，其工作能力不应小于最大一台泵的能力。当烃类液体总储量小于 2500m³，且单罐容量小于 500m³ 时，或水溶性甲、乙、丙类液体总储量小于 1000m³，且单罐容量小于 100m³ 时可不设置备用泵。

泡沫消防泵站内，应设水池水位指示装置。泡沫消防泵站应设有与本单位消防站或消防保卫部门直接联络的通信设备。

严禁将独立泡沫站设置在防火堤内、围堰内或泡沫-水喷淋系统保护区内。设置在防火堤外的独立泡沫站与储罐罐壁的间距应大于 20m，且应具备遥控功能。

二、系统供水

泡沫灭火系统水源的水质应与泡沫液的要求相适宜。当使用含可能堵塞喷洒装置的固体颗粒但不影响泡沫质量的水时，应设置管道过滤器。

泡沫灭火系统水源的水温宜为 4～35℃。

泡沫灭火系统水源的水量应满足系统最大设计流量和供给时间的要求。

泡沫灭火系统供水压力应满足在相应设计流量范围内系统各组件的工作压力要求，且应有防止系统过压的措施。

封闭式建筑内设置的泡沫-水喷淋系统宜设水泵接合器，且宜设在比例混合器的进口侧。水泵结合器的数量应按系统的设计流量确定，每个水泵接合器的流量宜按 10～15L/s 计算。

第七节 水力计算

一、系统的设计流量

储罐区泡沫灭火系统的泡沫混合液设计流量，应按储罐上设置的泡沫产生器或高背压泡沫产生器与该储罐的辅助泡沫枪的流量之和计算，并应按流量之和最大的储罐确定。

泡沫枪或泡沫炮系统的泡沫混合液设计流量，应按同时使用的泡沫枪或泡沫炮的流量之和确定。

泡沫-水雨淋系统的设计流量，应按雨淋阀控制的喷头的流量之和确定。多个雨淋阀并联的雨淋系统，其系统设计流量，应按同时启用雨淋阀的流量之和的最大值确定。

采用闭式喷头的泡沫-水喷淋系统的泡沫混合液与水的设计流量应按式（6-5）计算，且应符合下列规定。

（1）水力计算选定的作用面积宜为矩形，其长边应平行于配水支管，其长度不宜小于作用面积平方根的 1.2 倍；

（2）最不利水力条件下，泡沫液混合或水的平均供给强度不应小于规范的规定；

（3）最有利水力条件下，系统设计流量不应超出泡沫液供给能力。

$$Q = \frac{1}{60} \sum_{i=1}^{n} q_i \tag{6-5}$$

式中　Q——泡沫-水喷淋系统设计流量，L/s；

　　　q——最有利水力条件处作用面积内各喷头节点的流量，L/min；

n——最有利水力条件处防护区或作用面积内的喷头数；

泡沫产生器、高背压泡沫产生器、泡沫枪或泡沫炮、泡沫-水喷头等泡沫产生装置或非吸气型泡沫喷射装置的泡沫混合液流量宜按式（6-6）计算，也可按制造商提供的压力-流量特性曲线确定。系统泡沫混合液或水的供给能力应有不小于 5% 的裕度。

$$q = \sqrt{KP} \tag{6-6}$$

式中　q——泡沫混合液流量，L/s；

　　　K——泡沫产生装置的流量特性系数；

　　　P——泡沫产生装置的进口压力，MPa。

二、管道水力计算

储罐区泡沫灭火系统管道内的水和泡沫混合液流速不宜大于 3m/s；泡沫-水喷淋系统、中倍数与高倍数泡沫灭火系统的泡沫液、水和泡沫混合液在主管道内的流速不宜超过 5m/s，在支管道内的流速不应超过 10m/s；液下喷射泡沫灭火系统泡沫喷射管之前的泡沫管道内的泡沫流速宜为 3～9m/s。

系统水或泡沫混合液管道的水头损失应按式（6-7）计算：

$$i = 0.000017 \frac{V^2}{d_j^{1.3}} \tag{6-7}$$

式中　i——每米管道的水头损失，MPa/m；

　　　V——管道内水或泡沫混合液的平均流速，m/s；

　　　d_j——管道的计算内径，m，取值应按管道的内径减 1mm 确定。

水管道与泡沫混合液管道的局部压力损失管道的局部水头损失，宜采用当量长度法计算。泡沫混合液可按水对待。当量长度表见《泡沫灭火系统设计规范》（GB 50151—2010）中的附录 B。

水泵或泡沫混合液泵的扬程或系统入口的供给压力应按式（6-8）计算：

$$H = \Sigma h + P_0 + h_z \tag{6-8}$$

式中　H——水泵或泡沫混合液泵的扬程或系统入口的供给压力，MPa；

　　　Σh——管道沿程和局部的水头损失的累计值，MPa，主要部件的局部水头损失见《泡沫灭火系统设计规范》（GB 50151—2010）中的附录 B；

　　　P_0——最不利点处泡沫产生装置或泡沫喷射装置的工作压力，MPa；

　　　h_z——最不利点处泡沫产生装置或泡沫喷射装置与消防水池的最低水位或系统水平供水引入管中心线之间的静压差，MPa。

液下喷射泡沫灭火系统中泡沫管道的水力计算应符合下列规定：

（1）泡沫管道的压力损失可按式（6-9）计算：

$$h = CQ_P^{1.72} \tag{6-9}$$

式中　h——每 10m 泡沫管道的压力损失，Pa/10m；

　　　C——管道压力损失系数；

　　　Q_P——泡沫流量，L/s。

（2）泡沫的发泡倍数宜按 3 倍计算；

（3）压力损失系数可按表 6-4 取值；

（4）泡沫管道上的阀门和部分管件的当量长度，可按表 6-5 确定。

泡沫液管道的压力损失计算宜用达西公式。确定雷诺数时，应采用泡沫液的实际密度；

泡沫液黏度应为最低储存温度下的黏度。

表 6-4 管道压力损失系数

管径/mm	管道压力损失系数
100	12.920
150	2.140
200	0.555
250	0.210
300	0.111
350	0.071

表 6-5 泡沫管道上阀门和部分管件的当量长度 单位：m

公称直径/mm	闸阀	90°弯头	旋启式逆止阀
150	1.25	4.25	12.00
200	1.50	5.00	15.25
250	1.75	6.75	20.50
300	2.00	8.00	24.50

$$\Delta P_m = 0.2252\left(\frac{fL\rho Q^2}{d^5}\right) \tag{6-10}$$

雷诺数：

$$\Delta Re = 21.22\left(\frac{Q\rho}{d\mu}\right) \tag{6-11}$$

式中　ΔP_m——摩擦阻力损失，MPa；

f——摩擦系数；

L——管道长度，m；

ρ——液体密度，kg/m³；

Q——流量，L/min；

d——管道直径，mm；

Re——雷诺数；

μ——绝对动力黏度，cP。

三、减压措施

减压孔板应符合下列规定。

（1）应设在直径不小于 50mm 的水平直管段上，前后管段的长度均不宜小于该管段直径的 5 倍；

（2）孔口直径不应小于设置管段直径的 30%，且不应小于 20mm；

（3）应采用不锈钢板材制作。

节流管应符合下列规定。

（1）直径宜按上游管段直径的 1/2 确定；

（2）长度不宜小于 1m；

（3）节流管内水的平均流速不应大于 20m/s。

减压孔板的水头损失，应按式（6-12）计算：

$$H_k = \xi\frac{V_k^2}{2g} \tag{6-12}$$

式中　H_k——减压孔板的水头损失，10^{-2}MPa；

V_k——减压孔板后管道内水的平均流速，m/s；

ξ——减压孔板的局部阻力系数，取值应按《泡沫灭火系统设计规范》（GB 50151—2010）附录 D 确定。

节流管的水头损失，应按下式计算：

$$H_g = \zeta \frac{V_g^2}{2g} + 0.00107L \frac{V_g^2}{d_g^{1.3}} \tag{6-13}$$

式中　H_g——节流管的水头损失，10^{-2} MPa；

ζ——节流管中渐缩管与渐扩管的局部阻力系数之和，取值 0.7；

V_g——节流管内水的平均流速，m/s；

d_g——节流管的计算内径，m，取值应按节流管内径减 1mm 确定；

L——节流管的长度，m。

减压阀应符合下列规定：

（1）应设在报警阀组入口前；

（2）入口前应设过滤器；

（3）当连接两个及以上报警阀组时，应设置备用减压阀；

（4）垂直安装的减压阀，水流方向宜向下。

第七章 »

干粉灭火系统

干粉灭火系统是由干粉供应源通过输送管道连接到固定的喷嘴上，通过喷嘴喷放干粉的灭火系统。该系统主要用于扑救易燃、可燃液体、可燃气体和电气设备的火灾。

第一节 干粉灭火系统的工作原理和动作程序

一、系统的工作原理

干粉灭火系统的工作原理是当防护区发生火灾，火灾探测器报警，消防控制中心自动控制启动或由消防人员手动启动气瓶，氮气经过压力控制器减压后充入干粉储罐，当干粉储罐内的压力上升达到设计压力时，压力传感器向消防控制中心发回信号，消防控制中心再发出指令打开电磁阀，进而开启总控制球阀，干粉由输送管输送到防护区经喷嘴喷出灭火。其工作原理如图 7-1所示。

二、系统的动作程序

各种干粉灭火系统的设备动作步骤大致是相同的，其动作程序如图 7-2 所示。

（1）消防人员发现火情进行人工启动或火灾探测器在着火后动作报警，并通过控制盘自动启动。

（2）启动机构动作后，把高压储气瓶的瓶头阀打开。

（3）高压气体进入减压器，经减压后，具有一定压力的气体进入干粉灭火剂储存罐，使干粉储罐内的压力迅速上升，并使罐中的干粉灭火剂疏松，便于流动。

（4）干粉灭火剂储存罐中的压力升高到规定数值时，定压动作机构开始动作，而经减压后的部分气体推动控制气缸打开干粉储罐出口的总阀门，并根据控制盘的指令，打开通向着火对象输粉管上的选择阀。

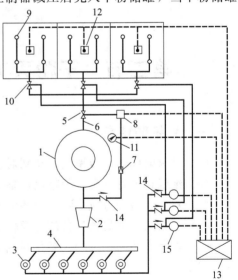

图 7-1 干粉灭火系统工作原理
1—干粉储罐；2—压力控制器；3—氮气瓶；4—集气管；5—球阀；6—输粉管；7—减压阀；8—电磁阀；9—喷嘴；10—选择阀；11—压力传感器；12—火灾探测器；13—消防控制中心；14—单向阀；15—启动气瓶

（5）干粉灭火剂在气体的带动下，经过选择阀和固定管路到喷头，把干粉灭火剂喷射到着火物上，或经过干粉输送软带至干粉喷枪，由消防人员操作，把干粉喷到着火物上。

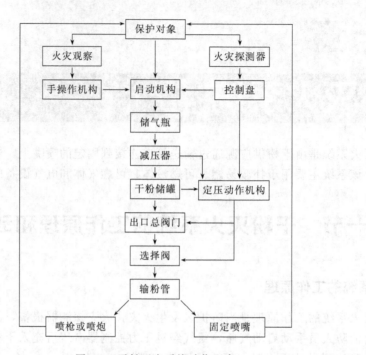

图 7-2　干粉灭火系统动作程序

第二节　干粉灭火系统的特点和应用场所

一、系统的特点

（1）灭火时间短、效率高。特别对石油和石油产品的灭火效果尤为显著。

（2）绝缘性能好，可扑救带电设备的火灾。

（3）对人、畜无毒或低毒，对环境不会产生危害。

（4）灭火后，对机器设备的污损较小。

（5）以具有相当压力的二氧化碳或氮气作喷射动力，或以固体发射剂为喷射动力，不受电源限制。

（6）干粉能够长距离输送，干粉设备可远离火区。

（7）在寒冷地区使用时不需要防冻。

（8）不用水，特别适用于缺水地区。

（9）干粉灭火剂长期储存不变质。

二、适宜扑救的火灾场所

干粉灭火系统对 A、B、C、D 四类火灾都可以使用，但大量的还是用于 B、C 类火灾（但应根据保护对象选用相应的干粉灭火剂）。

干粉灭火系统适用于下列场所。

（1）易燃、可燃液体和可熔化的固体火灾 这类火灾发生的主要场所有易燃、可燃液体储罐、淬火油槽、清洗油槽、涂料库、喷涂间、反应釜、可燃液体散装库、飞机库、汽车停车场、锅炉房、液化气站、油泵房、加油站、装卸油栈桥、化工装置等。

（2）可燃气体或可燃液体以压力形式喷射的火灾 这类火灾发生的主要场所有输气管、输油管、反应塔、换热器、可燃气体压缩机房、液化石油气站、煤气罐、煤气炉、油井、天然气井、天然气运输船等。

（3）各种电气火灾 由于干粉灭火剂有很好的绝缘性能，可以在不切断电源的条件下扑救电气火灾，尤其用于那些含油的电气设备火灾，如室内外变压器、油浸开关等火灾。

（4）木材、纸张、纺织品等 A 类火灾的明火 这类场所有木材场、造纸厂、印刷厂、棉花加工厂、胶带厂等。在用干粉灭火设备扑救这类火灾时，宜与喷水灭火设备配合使用。前者（干粉）能迅速控制明火，降低火势和辐射热，后者（水）能扑灭余火。

（5）D 类火灾 指金属火灾。如钾、钠、镁、钛、锆、锂、铝镁合金、铝钛合金火灾等，扑救这类火灾的干粉灭火设备，必须灌装专门用来扑救金属火灾的干粉灭火剂。

三、不适宜扑救的火灾场所

（1）干粉不能用于扑救自身能够释放氧气或提供氧源的化合物火灾，例如，硝化纤维、过氧化物等的火灾。

（2）普通燃烧物质的深位火或阴燃火，因为干粉灭火剂达不到其燃烧部位。

（3）不宜扑救精密仪器、精密电气设备、计算机等发生的火灾，因为干粉灭火剂会对上述仪器设备产生污染或损坏。

固定干粉灭火系统虽有种种优点，但是也有其不足之处，即不能有效地解决复燃问题。因此，国内外又相继出现了干粉、泡沫联用装置，这种装置既提高了灭火效率，又克服了干粉灭火系统的缺点，促进了干粉灭火系统向更加广阔的领域发展。

第三节　干粉灭火剂

干粉灭火剂是干燥的易于流动的细微粉末，一般以粉雾的形式灭火，又称为干化学灭火剂。干粉灭火剂的性能对干粉灭火系统的设计起着决定性的作用。因此，了解各种干粉灭火剂的有关性能，针对保护对象合理地选用干粉灭火剂和设计干粉灭火系统，保管好干粉灭火剂，使其在使用时发挥应有的作用，是至关重要的。

一、干粉灭火原理

干粉灭火剂平时储存于灭火设备中，灭火时依靠加压气体的压力将干粉从喷嘴喷出，射向燃烧物。当干粉与火焰接触时，发生一系列的物理与化学作用将火焰扑灭。

1. 抑制作用

关于干粉灭火剂对火焰的抑制作用，有两种观点，一种是多相抑制机理；另一种是均相抑制机理。多相抑制机理认为在物质燃烧过程中产生游离基，游离基结合释放出大量的能量以维持燃烧的进行，当干粉灭火剂射向燃烧物时，干粉灭火剂粉粒吸附活性游离基团，从而抑制能量产生，使火焰迅速熄灭。均相抑制机理认为干粉灭火过程是干粉先在火焰中汽化后再在气相中发生化学抑制作用，其主要抑制形式可能是气态氢氧化物。

2. 烧爆作用

某些化合物与火焰接触时，其粉粒受高热的作用，可以爆裂成许多更小的颗粒。这样使火焰中的粉末比表面积或者蒸发量急剧增大，从而表现出很高的灭火效能。

3. 其他灭火作用

干粉灭火时，浓云般的粉雾包围了火焰，可以减少火焰对燃料的热辐射；同时粉末受高温的作用，将会放出结晶水或发生分解，不仅可以吸收火焰的一部分能量，而且分解生成的不活泼气体又可稀释燃烧区域内的氧浓度。当然，这些作用对灭火的影响远不如抑制作用大。

二、干粉灭火剂分类和组成

干粉灭火剂由基料和添加剂组成。基料泛指易流动的干燥微细粉末，可借助有一定压力的气体喷成粉末形式灭火的物质；添加剂用于改善干粉灭火剂的流动性、防潮性、防结块等性能。干粉灭火剂按其应用的范围可分为以下几类。

1. 普通干粉灭火剂

它是目前品种最多、用量最大的一类干粉灭火剂。这类灭火剂适用于 B 类火灾、C 类火灾和带电设备火灾，因而又称为 BC 类干粉灭火剂。其种类主要有以下几种。

（1）以碳酸氢钠为基料的钠盐干粉，也称为小苏打干粉灭火剂，一般为白色。一种改进型的钠盐干粉（或称为改性钠盐干粉）为黑灰色，其灭火效率比钠盐干粉高出近一倍。

（2）以碳酸氢钾为基料的钾盐干粉，一般为淡紫色，其灭火效率比钠盐干粉高一倍。

（3）以尿素和碳酸氢钠（或碳酸氢钾）的反应产物为基料的氨基（或称毛耐克斯）干粉，其灭火效率高于钾盐干粉一倍。

2. 多用干粉灭火剂

多用干粉灭火剂也称 ABC 干粉，适用于扑救 A、B、C 这三类火灾和带电设备火灾，但它并不适用于 D 类火灾。这类干粉多以磷酸盐为基料，一般为淡红色。其灭火效率大致与钠盐干粉相当。

3. 金属干粉灭火剂

金属干粉灭火剂又称 D 类干粉，主要用来扑救钾、钠、镁等金属火灾。这类干粉之一以氯化钠为基料。有的金属干粉也可以用来扑救 BC 类火灾。

三、干粉灭火剂型号编制方法

由于干粉灭火剂的品种较多，为了便于区别和选用，规定了型号和编制方法，见表 7-1。

表 7-1　干粉灭火剂型号编制方法

灭火剂代号	灭火剂类代号	特征号	代　号	代　号　含　义	适用灭火类别
Y	F	钠盐	YF	钠盐干粉灭火剂	B、C
		改性钠盐 G	YFG	改性钠盐干粉灭火剂	B、C
		钾盐 J	YFJ	钾盐干粉灭火剂	B、C
		氨基 A	YFA	氨基干粉灭火剂	B、C
		磷盐 L	YFL	磷胺干粉灭火剂	A、B、C
		氯化物	YF	氯化钠干粉灭火剂	B、C、D

四、干粉灭火剂使用保管要求

（1）干粉灭火剂应储存在通风、阴凉、干燥处，并密封储存，储存温度最高不得高于55℃，最好不要超过40℃。干粉灭火剂堆放不宜过高，以防压实结块。

（2）干粉灭火剂在充装时，应在干燥的环境或天气中进行，充装前应将储罐中残余干粉吹扫干净，尤其是充装不同类型的干粉储罐，更应吹扫干净；充装完毕后，应及时将装粉口密闭。

（3）在标准规定的环境储存，干粉灭火剂的有效储存期一般为5年。

第四节　干粉灭火系统的分类

干粉灭火系统类型的划分主要有4种方式。

（1）按系统的启动方式　可分为手动干粉灭火系统和自动干粉灭火系统；

（2）按固定方式　可分为固定式干粉灭火系统和半固定式干粉灭火系统；

（3）按保护对象情况　可分为全淹没系统和局部保护系统；

（4）按供气方式　可分为加压式和储压式。

一、手动干粉灭火系统

一般需手动操作，即系统的操作需要人为的动作。有的手动操作需要人工开启各种阀门，整个灭火系统才能动作。有的手动操作只要按一下启动按钮，其他动作可以自动完成，灭火系统就能工作，这也可称为半自动灭火系统。

二、自动干粉灭火系统

指不需要任何人为的动作而使整个系统动作。一般为火灾自动探测控制系统与干粉灭火系统联动，这种方式可以实现火灾的自动探测、自动报警和自动灭火的功能。

三、固定式干粉灭火系统

指系统的主要部件（干粉容器、气瓶、管道、阀门和喷嘴等）都是永久固定的。全淹没系统和局部应用系统均属于这一安装方式。

四、半固定式干粉灭火系统

指干粉容器、气瓶是永久固定的，而干粉的输送是通过软管，干粉的喷射是手持喷枪。这种方式的特点是，能进行成组安装，而且不需要进行大规模的管道铺设，容易安装，能够多组同时安装。适用于着火时浓烟不会充满的场所。

五、全淹没灭火系统

指在规定的时间内，向防护区喷射一定浓度的干粉，并使其均匀地充满整个防护区的灭火系统。在这种系统中，干粉灭火剂经永久性固定管道和喷嘴输送，火灾危险场所是一个封闭空间或封闭室，这个空间能足以形成需要的粉雾浓度。如果此空间有开口，开口的最大面积不能超过侧壁、顶部、底部总面积的15%。

六、局部应用灭火系统

主要由一个适当的灭火剂供应源组成，它能将灭火剂直接喷放到着火物上或认为危险的区域。这种干粉灭火系统通过永久性固定管网及安装在管网上的喷嘴直接喷射到被保护对象，例如油槽、变压器的干粉灭火系统。

第五节　干粉灭火系统的构成和主要设备

一、系统的构成

干粉灭火系统主要由两部分组成，即干粉灭火设备部分和火灾自动探测控制部分。干粉灭火设备由干粉储罐、动力气体容器、容器阀、输气管、过滤器、减压器、高压阀、输粉管、球形阀、压力表、喷嘴、喷枪、干粉炮等组成。火灾自动探测控制部分由火灾探测器、启动瓶、启动瓶控制机构、报警器、控制盘等组成。火灾探测控制部分可通过手动/自动转换开关使其做到既能与干粉设备联动，又能单独工作。当有人值班时，转换开关放在手动挡，火灾探测器仅起报警作用。当转换开关放在自动挡时，报警控制设备与干粉设备联动。火灾探测报警装置只设置在自动干粉灭火系统、全淹没系统、局部应用灭火系统，而手动干粉灭火系统、半固定式干粉灭火系统一般不需要设置。

二、系统组件

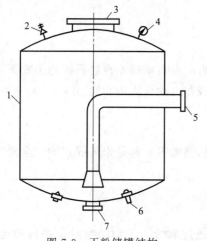

图 7-3　干粉储罐结构

1—罐体；2—安全阀；3—装粉口；4—压力表；5—出粉口；6—进气口；7—清扫口

（一）干粉储罐

1. 结构与性能

干粉储罐是装有一定质量干粉灭火剂的密闭压力容器，具有储存和输送的功能，是干粉灭火系统的主体。它是一只筒体为圆柱形、两端为椭圆形封头的压力容器，也有的采用球形压力容器。它由罐体、装粉口、出粉管、压力表、安全阀、进气口、排气口、清扫口等组成，如图 7-3 所示。

干粉储罐按其容积大小进行分级，共有 9 个规格等级，其规格和干粉灭火剂充装量见表 7-2。它的工作压力一般为 1.2～2.0MPa。

2. 作用和工作过程

干粉储罐平时密封储存干粉灭火剂。灭火时，动力气体从进气口进入罐内，使罐内的干粉灭火剂产生剧烈的搅动，造成干粉疏松，干粉储罐内的压力一般在 20s 左右上升到工作压力，即打开出口阀门，干粉即被气体冲出，形成具有适当气粉比的气粉两相流，再经输粉管由喷嘴或喷枪、干粉炮喷射出去。因此，干粉储罐既是干粉储存容器又是干粉输送装置的组成部分。

（二）干粉的驱动装置

大型的干粉灭火设备一般采用氮气作为驱动气体。较小型的干粉灭火设备有时采用二氧化碳作为驱动气体。我国最新研究成功固体推动剂，就靠这种药剂反应生成的气体驱动干粉，但当前广泛使用的还是前两种驱动气体，这两种气体使用气瓶储存，这种气瓶容积为40L、工作压力为15MPa，与普通氧气瓶一样，只是外表涂色不同。有的干粉灭火系统也使用容积为60L、工作压力为20MPa的气瓶。

表 7-2　干粉储罐规格及干粉灭火剂充装量

干粉储罐规格 /(kg一级)	50	150	250	300	500	1000	2000	3000	4000
干粉灭火剂充装量 /kg	50	150	250	300	500	1000	2000	3000	4000

1. 结构和性能

动力气瓶由瓶体和瓶头阀组成，瓶体与常用的40L氮气瓶或氧气瓶一样。瓶头阀有手动、气动、电动等开启形式。手动瓶头阀一般用于较小的干粉灭火设备或半固定式的灭火装置上，它仅有一两个气瓶，手动操作启动比较容易。气动阀和电动阀则用在多个动力气瓶组成的气瓶组上，以便实现自动启动。图7-4是一种现在使用的气动阀，它的启动压力为1.2～2.0MPa。它由上阀体、下阀体、手轮、灌气接头、排气管、安全阀等组成。这种阀门当气动启动机构失灵时，可以转动手轮，使气瓶打开。

2. 作用

氮气瓶的储气压力一般为15MPa，有的为20MPa。多个气瓶组成瓶组，由一根集气管把各气瓶连在一起，由一根总管输出气体。气动阀组成的瓶组，只要启动瓶从集气管给予1.2～2.0MPa的气压，所有气瓶阀就立即打开，从排气管排出气体。这种阀只要在使用中防止灰尘和污物沾染，动作后使阀门复位，它的密封性能是相当可靠的。电爆阀是通过引爆电爆管，使密封片破坏，瓶中的气体排出。其优点是启动快、密封可靠；缺点是使用后要更换密封片和启爆管。

有一种以固体燃料为动力的干粉灭火设备，固体燃料密封储存在发生器里，使用时，按通电点火药盒，点燃固体药剂，反应生成的气体驱动干粉灭火剂。这种驱动方法的优点是启动快，发生器不工作时，内无压力，不用担心漏气，但点火装置一定要绝对可靠，即无误点火现象，点火时也要100%的成功。

（三）减压阀

为了减小储气瓶的体积，动力气体都储存在高压气瓶内。气瓶的压力高达15MPa，甚至达到20MPa，而干粉储罐的工作压力一般都不超过2MPa。为了保证给干粉储罐安全供气，必须安装减压阀。减压阀有三种，第一种是安装在每只气瓶的出口；第二种是安装在瓶组的总输气管上；第三种是安装在干粉储罐的进气口。较常用的是安装在输气管路上的减压阀，如图7-5所示。

1. 结构与性能

图7-5所示的是一种反作用的气体平衡式减压阀。它主要由阀体、主阀门、副阀门、活塞、弹簧、调节手轮、压盖、密封塞、进气管接头等组成。它的进口压力为13～15MPa，出口压力可在0～7.5MPa范围内调节。但出口压力根据干粉储罐的工作压力调定后要打上铅封，不能再任意转动调节手轮。

2. 作用

减压阀的作用是将动力气瓶内的13～15MPa的高压气体减压到1.2～2.0MPa，以供给干粉储罐作为动力。当干粉储罐的压力下降时，主阀门又自动开启，减压阀恢复对干粉储罐的供气。减压阀是保证干粉储罐功能的重要部件，在干粉灭火设备的设计中，必须加工或选择功能良好的减压阀。必须保证所用减压阀进口压力与气瓶压力相匹配。出口压力要满足干粉储罐工作压力要求，减压阀在规定的出口压力下要保证适当流量，一般应在 20s 内使干粉储罐充到工作压力。减压阀长期使用时，应保证自动开闭的灵活。

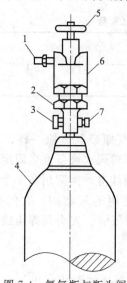

图 7-4 氮气瓶与瓶头阀

1—排气管；2—下阀体；3—灌气接头；
4—氮气瓶；5—手轮；6—上阀体；
7—安全阀

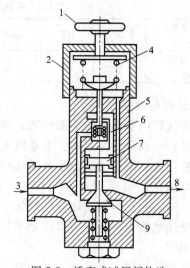

图 7-5 活塞式减压阀构造

1—调节手轮；2—压盖；3—进气口；4—弹簧；
5—阀体；6—副阀门；7—活塞；8—排气口；
9—主阀体

（四）干粉喷射器

干粉喷射器主要指干粉喷嘴和干粉喷枪。

1. 干粉喷嘴

目前使用的干粉喷嘴主要有三种形式：直流喷嘴、扩散式喷嘴和扇形喷嘴，如图 7-6 所示。

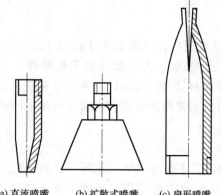

(a) 直流喷嘴   (b) 扩散式喷嘴   (c) 扇形喷嘴

图 7-6 三种类型干粉灭火剂固定喷嘴

直流喷嘴的出口粉气流呈柱形，随着喷射距离的增加逐渐分散开来，射程比较远；扇形喷嘴的出口粉气流呈扇形，覆盖面大，射程较前者短；扩散型喷嘴射出的粉气似伞状，有效射程最短。不同形式的喷嘴用于不同的保护对象，并有不同的安装方式和要求。热油泵房、可燃液体散装库等场所，可采用扩散式喷嘴，安装在泵房、库房的顶部；油罐、油槽等部位可选用扇形喷嘴，安装在油罐或油槽的上部边缘；化工装置、变压器可选用直流喷嘴，安装在保护对象的不同高度、不同方向，由于喷嘴射程远，可使粉气流喷射到保护对象的各个部位。

2. 干粉喷枪

干粉喷枪通过软带与干粉储罐相连接。软带有两种，一种是内外挂胶的编织带，一种是胶管。它们必须是专用的，不能使用普通水带的普通胶管。专用胶管比编织带更好，因为编织带容易产生折弯，影响干粉输送。干粉喷枪的规格，要根据干粉灭火设备要求，合理选样。表 7-3 列出了五种规格的喷枪。

表 7-3　干粉灭火剂喷枪规格性能表

型　号	QMFTP8	QMFTP10	QMFTP12	QMFTP15	QMFTP18
喷嘴直径/mm	8 ± 0.16	10 ± 0.20	12 ± 0.24	15 ± 0.30	18 ± 0.36
喷射强度/(kg/s)	≥1.2	≥1.4	≥1.6	≥1.8	≥2.0
喷射距离/m	≥8.0	≥9.0	≥9.0	≥10.0	≥10.0
工作压力/MPa	1.0~1.6	1.0~1.6	1.0~1.6	1.0~1.6	1.0~1.6

（五）管道和附件

1. 气体输送管路

指从气瓶到干粉储罐的管路。管路上装有高压阀、减压阀、进气阀等。气体管路上的管道、配件、阀门等均应采用铜或不锈钢材料制造。如采用钢制体，则必须经过严格的防锈处理，并经消防监督部门认可。无论采用哪种材质的管道，在减压阀前必须要加装气体过滤器，以免杂物进入减压阀，影响其减压性能和密封性能。

2. 干粉输送管

一般采用经防锈处理的无缝钢管。管道连接焊接时，一定要保证内壁平滑，以防止发生干粉堵塞。当采用法兰连接时，最好采用凸缘法兰，以保证连接处的平滑。

3. 阀门

干粉输送管路上的阀门（包括总管上的阀门和各防护区的选择阀）一定要采用球阀，以便使阀门通道的内径与干粉输送管路的内径保持一致，不然会造成阻粉现象，甚至发生堵塞。

第六节　干粉灭火系统设计与计算

一、干粉灭火设备的设置要求

（1）干粉灭火设备要设置在保护区域（对象）以外靠近防护区（对象）的地方，并应设在屋内。当防护对象为可燃液体储罐组时，干粉灭火设备要安装在防火堤以外，并要安装在专用房间内。如果保护对象在大型厂房内，干粉灭火设备可安装在厂房内，但要保持适当的防火间距。

（2）干粉灭火设备要避免设在工厂的高温或爆炸危险区的范围内。

（3）设置地点要便于气瓶和干粉灭火剂更换时的操作，不要与其他装置的操作区设在一起。如果设在经常有人通过的地方，则必须另加防护措施。

二、干粉灭火剂储罐容积的计算

1. 干粉灭火剂储存量的计算

（1）干粉灭火剂的需要量是根据保护区域（对象）的容积来确定的，同时也与所用的干粉灭火剂品种及保护方式有关。全淹没系统单位容积的干粉灭火剂用量可按表 7-4 计算。当保护区有开口部位时，应另加开口附加量，其单位开口面积的灭火剂附加量可按表 7-4 计算。

表 7-4　全淹没系统干粉灭火剂需用量

干粉灭火剂种类	防护区或保护对象单位容积灭火剂用量/(kg/m³)	防护区或防护对象单位开口面积灭火剂附加用量/(kg/m²)
碳酸氢钠干粉灭火剂	0.6	4.5
碳酸氢钾干粉灭火剂	0.36	2.7
氨基干粉灭火剂	0.24	1.8

全淹没系统干粉灭火剂需用量可按式（7-1）计算

$$m_1 = \alpha(V_1 - V_2) + bA \tag{7-1}$$

式中　m_1——全淹没灭火系统的干粉灭火剂需用量，kg；

　　　α——单位容积的干粉灭火剂量，kg/m³；

　　　V_1——保护对象的总容积，m³；

　　　V_2——保护对象内不燃体的总容积，m³；

　　　b——防护区或保护对象单位开口面积的干粉灭火剂附加量，kg/m²；

　　　A——保护对象开口的总面积，m²。

（2）当保护方式采用局部应用干粉灭火系统时，干粉灭火剂的用量按可能着火的表面积计算，其单位面积的干粉灭火剂用量按表 7-5 计算。

表 7-5　局部应用干粉灭火系统灭火剂用量

干粉灭火剂种类	防护对象单位面积灭火剂用量/(kg/m²)
碳酸氢钠干粉灭火剂	8.8
碳酸氢钾干粉灭火剂	5.2
氨基干粉灭火剂	3.6

局部应用干粉灭火系统的计算公式按式（7-2）计算

$$m_2 = \beta(A_1 - A_2) \tag{7-2}$$

式中　m_2——局部应用灭火系统的干粉灭火剂需要量，kg；

　　　β——单位保护面积灭火剂量，kg/m²；

　　　A_1——保护对象的表面积总和，m²；

　　　A_2——保护对象不燃物体表面积总和，m²。

（3）采用半固定式干粉灭火设备，使用干粉喷枪或喷炮保护的对象，其干粉灭火剂需用量，由于受操作因素和现场条件的影响比较大，还没有统一的计算方法，要根据保护对象可能着火的体积或面积按有关经验数据确定。

2. 干粉储罐容积的计算

由于各种干粉灭火剂的密度不同，所以单位质量的灭火剂所占体积也不同。同时，要使干粉储罐有适宜的装量系数，所以规定单位灭火剂量的体积如表 7-6 所示。

表 7-6　单位灭火剂量的体积

干粉灭火剂种类	单位质量干粉灭火剂的体积/(L/kg)
碳酸氢钠干粉灭火剂	0.80
碳酸氢钾干粉灭火剂	1.00
氨基干粉灭火剂	1.25

干粉储罐容积按式（7-3）计算

$$V = \mu W \tag{7-3}$$

式中　V——所需干粉储罐的容积，L；

　　　μ——单位质量的干粉灭火剂占有体积，L/kg；

　　　W——保护对象所需干粉灭火剂总量，kg。

根据计算所得的干粉储罐容积和灭火系统所需压力选用适当的定型产品。

3. 干粉储罐的设计

干粉储罐的结构是否合理，对储罐输粉性能有重要的影响，尤其是容积较大的干粉储罐，一定要合理设计出粉管形状尺寸以及与储罐体、进气口的相对位置，这样才能保证适宜的气粉比、排粉率和余粉量。干粉灭火剂一般没有腐蚀性，干粉储罐可选用压力容器专用钢板，其最小壁厚按式（7-4）和式（7-5）计算

筒体壁厚可按式（7-4）计算

$$S_筒 = \frac{PD_B}{2[\sigma]\varphi - P} + C_筒 \tag{7-4}$$

椭圆封头壁厚可按式（7-5）计算

$$S_封 = \frac{PD_B}{4[\sigma]\varphi - P} \frac{D_B}{2h_B} + C_筒 \tag{7-5}$$

式中　　$S_筒$——筒体的壁厚，mm；

　　　　$S_封$——封头的壁厚，mm；

　　　　P——储罐的最高工作压力，MPa；

　　　　D_B——干粉储罐的内径，mm；

　　　　φ——焊缝系数；

　　　　h_B——封头凸出部分内边高度，mm；

$[\sigma] = \dfrac{\sigma_B}{n}$——材料的许用应力，式中 n 为安全系数，σ_B 为材料抗拉强度；

$C_筒 = C_1 + C_2$——筒壁厚附加余量，mm。

$$C_封 = C_1 + C_2 + C_3$$

式中　　$C_封$——封头壁厚附加余量，mm；

　　　　C_1——板厚不均附加量；

　　　　C_2——腐蚀附加量；

　　　　C_3——封头加工附加量，一般 $C_3 = \dfrac{S_封}{10}$。

干粉储罐可以采用焊接、拉伸等工艺制造。采用焊接时，焊接质量必须符合《钢制焊接压力容器技术条件》。干粉储罐加工完毕后，必须经 2 倍于工作压力的水压强度试验，并应按标准规定进行爆破试验。

三、加压气量的计算

干粉灭火剂是和动力气体一起喷射出去的，也就是说，干粉灭火剂之所以能够喷出去是靠气体给予的能量。要想按要求的条件将干粉灭火剂喷出，保持适宜的气粉比是至关重要的。气粉比不合适会产生问题，气粉比过小，干粉容易堵塞管道，一旦堵塞，很难导通；气粉比过大，干粉不能在规定时间喷出，干粉灭火剂喷射强度小，达不到灭火的目的。一般气体量与干粉灭火剂的比例为 20～30L/kg，但实际计算时常按 50L/kg。因为干粉灭火剂喷射完后，还要对干粉储罐、输粉管等进行吹扫，吹扫设备中的余粉。所需气体量可按式(7-6) 计算

$$V_q = v_q W + V_g \tag{7-6}$$

式中　　V_q——所需气体总体积，L；

　　　　W——干粉灭火剂用量，kg；

　　　　v_q——每千克干粉灭火剂所需气体的体积，L/kg；

V_g——吹扫设备和管道的余粉所需常压下的气体体积，L。

气瓶的个数可按式（7-7）计算

$$n = \frac{V_q}{U_p} \qquad (7\text{-}7)$$

式中　n——所需气瓶个数，个；

V_q——所需气体总量，L；

U_p——单个气瓶的储气量，L。

四、干粉输送管路的设计

1. 管路设计的基本要求

干粉输送管内为粉气两相流动，流速很高，约为 20～30m/s，阻力损失大，流动状态也大，因此管路设计必须达到以下要求。

（1）管道的弯头应尽量减少，使用弯头时，其曲率半径不小于管径的 3 倍为适宜。

（2）管路分岔时，不允许在主管路侧面分出来一根口径不同的支管。管路分支应按照一根管路分成两根直径相同的支管分法，如图 7-7 所示。

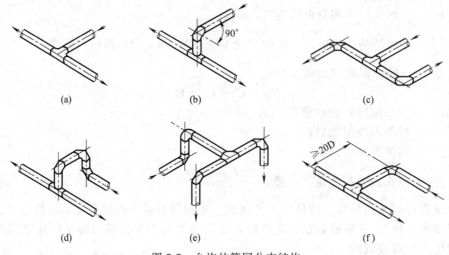

图 7-7　允许的管网分支结构

（3）输粉干管的分支管前 20 倍管径的长度范围内，不允许有直角弯头。

（4）输粉管路的连接，可采用法兰连接或焊接。当采用法兰连接时，宜采用凸缘法兰；采用焊缝连接时，应保证焊缝处的平滑，不应有缝隙和焊瘤。

2. 管径的确定

干粉输送管内流体属于固体颗粒与气体的两相流，它的流动状态与管路阻力、干粉的粒度分布、粉气混合比、干粉的流动性等诸因素有关。当管路较长，管道的内容积超过干粉储罐容积的 30% 时，粉气流的状态变化更加复杂，其流体特性很难掌握。减少管路阻力损失，提高喷嘴前的压力，增加干粉灭火剂射程的途径是增大管路直径，降低流速。但从另一方面来讲，当气体的流速小于干粉颗粒的沉降速度时，干粉会向下沉积，严重时造成粉塞。因此，管径的设计必须要达到一个合理的流量值。合理的流量值可用理论计算的方法求得。表 7-7 规定各种不同管径的干粉灭火剂的最小流量值，这样可以简化计算过程。

在管路的设计中，应使管路中的干粉灭火剂流量大于表 7-7 规定的数值。试验证明，其值为最小流量的 4～5 倍比较适宜。

表 7-7　管径和最小流量对照表

管道内径/mm	10	15	20	25	32	40	50	65	80	90	100	125
最小流量/(kg/s)	0.3	0.5	0.9	1.5	2.5	3.2	5.7	9.6	13.5	18.0	23.5	35.0

3. 管道及附件的安装

（1）粉气流的高速流动，管道会产生相当大的振动，管道需作适当的固定。干粉输送管路的支吊架间距，按表 7-8 规定设置。

（2）安装喷嘴前，全部管路必须先用干净的压缩空气吹扫干净。

（3）喷嘴可采用铜、不锈钢材料制成，当采用其他防腐蚀材料时，必须能承受预计到的着火温度。

（4）喷嘴一定要安装牢固，不因外界因素而改变正确的安装方向。要安装密封帽，防止湿气进入，密封帽要能在粉气流的作用下释放开。

表 7-8　输粉管道支吊架最大间距

管道内径/mm	15	20	25	32	40	50	65	80	100	125
支架间距/m	1.5	1.8	2.1	2.4	2.7	3.0	3.4	3.7	4.3	5

第八章 »

二氧化碳灭火系统

二氧化碳灭火系统是一种有效的灭火装置。与卤代烷灭火剂相比，二氧化碳具有对大气臭氧层无破坏且来源经济方便等优点。

二氧化碳是一种惰性气体，自身无色、无味、无毒，密度约为空气的1.5倍。长期存放不变质，灭火后能很快散发，不留痕迹，在被保护物表面不留残余物，也没有毒害。适用于扑救各种可燃、易燃液体火灾和那些受到水、泡沫、干粉灭火剂的沾污而容易损坏的固体物质的火灾。另外，二氧化碳是一种不导电的物质，其电绝缘性比空气还高，可用于扑救带电设备的火灾。

第一节　二氧化碳灭火系统的应用范围

二氧化碳灭火剂主要以物理作用灭火。当防护区发生火灾时，二氧化碳被释放出来，它会分布在整个防护区内，稀释周围空气中的氧含量，从而达到窒息灭火的目的。

（1）二氧化碳灭火系统可以用于扑救下列火灾。

① 灭火前可切断气源的气体火灾。

② 液体或可熔化固体（如石蜡、沥青等）。

③ 固体表面火灾及部分固体的深位火灾（如棉花、织物、纸张等）。

④ 电气火灾。

（2）二氧化碳灭火系统不得用于扑救下列火灾。

① 含氧化剂的化学制品火灾（如硝化纤维、火药等）。

② 活泼金属火灾（如钾、钠、镁、钛等）。

③ 金属氢化物火灾（如氢化钾、氢化钠等）。

第二节　二氧化碳灭火系统的分类及组成

一、系统分类

（1）按应用方式二氧化碳灭火系统可分为全淹没灭火系统和局部应用灭火系统。

全淹没灭火系统是指在规定的时间内，向防护区喷射一定浓度的二氧化碳，并使其均匀地充满整个防护区的灭火系统。用于扑救封闭空间内的火灾。

局部应用灭火系统是指向保护对象以设计喷射率直接喷射二氧化碳，并持续一定时间的灭火系统。

（2）按系统结构二氧化碳灭火系统可分为有管网系统和无管网系统。管网系统又可分为组合分配系统和单元独立系统。

组合分配系统是指用一套二氧化碳储存装置保护两个或两个以上防护区或保护对象的灭火系统。组合分配系统总的灭火剂储存量按需要灭火剂最大的一个防护区或保护对象确定，当某个防护区发生火灾时，通过选择阀、容器阀等控制，定向释放灭火剂。

单元独立系统是用一套灭火储存装置保护一个防护区的灭火系统。一般来说用单元独立系统保护的防护区在位置上是单独的，离其他防护区较远不便于组合，或是两个防护区相邻，但有同时失火的可能。

（3）按储存容器中的储存压力可分为高压系统和低压系统。

高压系统储存压力为 5.17MPa，高压储存容器中 CO_2 的温度与储存地点的环境温度有关，容器要能够承受在最高温度时产生的压力，在最高储存温度下的充填密度也要注意控制，充装密度过大，会在环境温度升高时，因液体膨胀造成保护膜片破裂而自动释放灭火剂。

低压系统储存压力为 2.07MPa，储存容器内二氧化碳灭火剂温度利用绝缘和制冷手段被控制在 18℃。

二、系统组成

二氧化碳灭火系统一般为有管网灭火系统，由储存灭火剂的储存容器和容器阀、应急操作机构、连接软管和止回阀、泄压装置、集流管、固定支架、选择阀、管道和管道附件、喷嘴、储存启动气源的小钢瓶和电磁瓶头阀、气源管路以及探测、报警、控制器等组成。

低压二氧化碳灭火系统还应有制冷装置、压力变送器等。

（1）储存容器　为无缝钢质容器，它由容器阀、虹吸管、钢瓶组成。高压储存容器的工作压力不应小于 15MPa，储存容器或容器阀上应设泄压装置。低压储存容器的工作压力不应小于 2.5MPa，储存容器上应至少设置两套安全泄压装置。

（2）选择阀　安装在组合分配系统中每个保护区域的集流管的排出支管上。阀门平时处于关闭状态，当该区域发生火灾时，由控制盘启动控制气源来开启选择阀，使二氧化碳气体通过排出支管、选择阀进入发生火灾区域，进行灭火。

（3）安全阀　一般装置在储存容器的容器阀上以及组合分配系统中的集流管上，平时处于关闭状态。当压力超过规定值时，安全阀自动开启泄压，起到防止储存容器误动作，保证管网系统安全的作用。

（4）喷嘴　是用来控制灭火剂的喷射速率，使灭火剂迅速气化，从而均匀地分布在被保护区域内。按系统的保护方式分为全淹没式喷嘴和局部保护式喷嘴。

在全淹没灭火系统中采用全淹没式喷嘴，将灭火剂均匀地喷射到整个封闭的防护区内；在局部应用灭火系统中采用局部保护式喷嘴，将灭火剂以扇形或锥形喷射到特定的被保护物周围的局部范围内。

（5）连接软管　是连接容器阀与集流管的重要部件，它允许储存容器与集流管之间的安装间距存在一定的误差。软管上带有止回阀，可防止灭火剂回流或流失。

（6）气路止回阀　由阀体、弹簧、定心座、钢球等组成，安装于组合分配系统中启动气体管路上，控制气流方向，有选择地打开容器阀和选择阀。

（7）紧急启动器　由箱体、气源瓶、电按钮、开关、微动开关等组成，安装在被保护区域的门外侧。用于在设计人工紧急启动系统时，为该系统提供启动气源和电按钮，同时具有启动前报警的功能，其气源与多功能电控头启动气缸或快开阀启动气缸相连。

（8）制冷装置　在储存装置压力高于2.2MPa时启动，降至2MPa时关闭，是保证CO_2压力和温度维持不变的核心组件。

（9）安全泄压阀　当制冷装置出现故障时，导致储存装置压力升至2.2MPa时开启泄压。

（10）压力变送器　用于检测储存装置压力，将压力信号传至灭火控制器，以此控制制冷装置的开启与关闭。

第三节　二氧化碳灭火系统的控制方式

1. 二氧化碳灭火系统的控制程序

二氧化碳灭火系统的控制程序如图8-1所示。

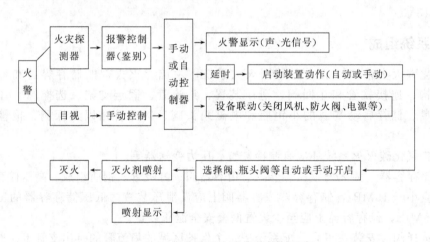

图8-1　二氧化碳灭火系统的控制程序

2. 系统控制方式

（1）自动控制　将灭火报警联动控制器上控制方式选择键拨到"自动"位置时，灭火系统处于自动控制状态。当防护区发生火情，火灾探测器发出信号，灭火报警联动控制器即发出声、光报警信号，同时发出联动指令，相关设备联动，经过一段延时时间，发出灭火指令，打开电磁阀释放启动气体，启动气体通过启动管道打开相应的选择阀和瓶头阀，释放灭火剂，实施灭火。

（2）电气手动控制　将灭火报警联动器上控制方式选择键拨到"手动"位置时，灭火系统处于手动控制状态。当防护区发生火情，可按下手动控制盒或控制器上启动按钮即可启动灭火系统释放灭火剂，实施灭火。在自动控制状态，仍可实现电气手动控制。

（3）机械应急手动控制　当防护区发生火情，控制器不能发出灭火指令时，通知有关人员撤离现场，关闭联动设备，手动打开电磁阀，释放启动气体，即可打开选择阀、瓶头阀，释放灭火剂，实施灭火。如此时遇上电磁阀维修或启动钢瓶充换氮气不能工作时，可先打开相应的选择阀，然后，打开瓶头阀，释放灭火剂，实施灭火。

当发出火灾警报，在延时时间内如发现有异常情况，不需启动灭火系统进行灭火时，可按下手动控制盒或控制器上的紧急停止按钮，即可阻止灭火指令的发出。

第四节 二氧化碳灭火系统的设计

一、防护区的设置要求

1. 全淹没灭火系统的防护区

采用全淹没灭火系统的防护区应符合下列要求。

(1) 全淹没防护区的面积一般不宜大于 500m²；总容积不宜大于 2000m³。

(2) 防护区的围护结构及门窗的耐火极限不应低于 0.50h，吊顶的耐火极限不应低于 0.25h，围护结构及门窗的允许压强不宜小于 1.2kPa。

(3) 对固体深位火灾，除泄压口以外的开口，在喷放二氧化碳前应自动关闭；对气体、液体、电气火灾和固体表面火灾，在喷放二氧化碳前不能自动关闭的开口，其面积不应大于防护区总内表面积的 3%，且开口不应设在底面。

(4) 防护区用的通风机和通风管道中的防火阀，在喷放二氧化碳前应自动关闭。

2. 局部应用灭火系统的防护区

采用局部应用灭火系统的防护区应符合下列要求。

(1) 其防护区面积不宜大于 25m²，最多不应超过 50m²；具有主体火灾的防护区，其防护区不宜大于 50m³，最多不应超过 100m³。

(2) 保护对象周围的空气流动速度不宜大于 3m/s。必要时，应采取挡风措施。

(3) 在喷头与保护对象之间，喷头喷射角范围内不应有遮挡物。

(4) 当保护对象为可燃液体时，液面至容器缘口的距离不得小于 150mm。

3. 其他要求

(1) 当防护区的环境温度在 −20~100℃之间时，不必对二氧化碳的设计用量进行补偿，否则，应予以增加。这是由于异常的环境温度会使二氧化碳升华或结成干冰，从而使喷射到防护区内的二氧化碳量达不到设计用量。

当上限超过 100℃时，对其超过部分，每 5℃需增加 2% 的二氧化碳设计用量。

当下限低于 −20℃时，每低 1℃需增加 2% 的二氧化碳设计用量。

(2) 防护区应设置泄压口，并宜设在外墙上，其高度应大于防护区净高的 2/3，但是当防护区有防爆泄压孔时，可不单独设置泄压口。

泄压口的面积可按式 (8-1) 计算

$$A_x = 0.0076 \frac{Q_t}{\sqrt{p_t}} \tag{8-1}$$

式中 A_x——泄压口的面积，m²；

      Q_t——二氧化碳喷射率，kg/min；

      p_t——围护结构的允许压强，Pa。

二、灭火剂的设计浓度

(1) 二氧化碳设计浓度不应小于灭火浓度的 1.7 倍，并不得低于 34%。所谓二氧化碳的灭火浓度是指在101kPa大气压和规定的温度条件下，扑灭某种火灾所需二氧化碳在空气与二氧化碳的混合物中的最小体积比。

可燃物的二氧化碳设计浓度可查表8-1。

（2）当防护区内存在有两种及两种以上可燃物时防护区的二氧化碳设计浓度应采用可燃物中最大的二氧化碳设计浓度。

（3）全淹没灭火系统二氧化碳的喷放时间不应大于1min。当扑救固体深位火灾时，喷放时间不应大于7min，并应在前2min内使二氧化碳的浓度达到30%。二氧化碳扑救固体深位火灾的抑制时间可查表8-1。

（4）局部应用灭火系统的二氧化碳喷射时间不应小于0.5min。对于燃点温度低于沸点温度的液体和可熔化固体的火灾，二氧化碳的喷射时间不应小于1.5min。

表 8-1 物质系数、设计浓度和抑制时间

可 燃 物	物质系数 K_b	设计浓度 $C/\%$	抑制时间 /min	可 燃 物	物质系数 K_b	设计浓度 $C/\%$	抑制时间 /min
丙酮	1.00	34	—	乙炔	2.57	66	—
航空燃料115#/145#	1.06	36	—	粗苯、苯	1.10	37	—
丁二烯	1.26	41	—	丁烷	1.00	34	—
1-丁烯	1.10	37	—	二硫化碳	3.03	72	—
一氧化碳	2.43	64	—	煤气或天然气	1.10	37	—
环丙烷	1.10	37	—	柴油	1.00	34	—
二甲醚	1.22	40	—	二苯与其氧化物的混合物	1.47	46	—
乙烷	1.22	40	—	乙醇(酒精)	1.34	43	—
乙醚	1.47	46	—	乙烯	1.60	49	—
二氯乙烯	1.00	34	—	环氧乙烷	1.80	53	—
汽油	1.00	34	—	己烷	1.03	35	—
正庚烷	1.03	35	—	氢	3.30	75	—
硫化氢	1.06	36	—	异丁烷	1.06	36	—
异丁烯	1.00	34	—	甲酸异丁酯	1.00	34	—
航空煤油JP-4	1.06	36	—	煤油	1.00	34	—
甲烷	1.00	34	—	醋酸甲酯	1.03	35	—
甲醇	1.22	40	—	甲基1-丁烯	1.06	36	—
甲基乙基酮(丁酮)	1.22	40	—	甲酸甲酯	1.18	39	—
戊烷	1.03	35	—	正辛烷	1.03	35	—
丙烷	1.06	36	—	丙烯	1.06	36	—
淬火油、润滑油	1.00	34	—	纤维材料	2.25	62	20
棉花	2.00	58	20	纸	2.25	62	20
塑料(颗粒)	2.00	58	20	聚苯乙烯	1.00	34	—
聚氨基甲酸甲酯(硬)	1.00	34	—	电缆间和电缆沟	1.50	47	10
数据储存间	2.25	62	20	电子计算机房	1.50	47	10
电器开关和配电室	1.20	40	10	带冷却系统的发电机	2.00	58	至停转止
油浸变压器	2.00	58	—	数据打印设备间	2.25	62	20
油漆间和干燥设备	1.20	40	—	纺织机	2.00	58	—

三、系统的储存量

（一）全淹没系统

对于全淹没系统，二氧化碳灭火总量一般为设计灭火用量、流失补偿量、管网内和储存容器内的灭火剂的剩余量之和。

（1）全淹没系统设计灭火用量

防护区二氧化碳设计用量可按式（8-2）计算

$$M = K_b(0.2A + 0.7V) \tag{8-2}$$

式中　M——二氧化碳设计用量，kg；

A——折算面积，m^2，$A = A_v + 30A_0$；

A_v——防护区的总表面积，m^2；

A_0——防护区开口的总面积，m^2；

K_b——物质系数，查表 8-1；

V——防护区的净容积，m^3，$V = V_v - V_g$；

V_g——防护区非燃烧体和难燃烧体的总体积，m^3；

V_v——防护区容积，m^3。

（2）当环境温度超过 100℃时，每高出 5℃增加 2％的二氧化碳设计用量，低于 -20℃时，每低 1℃增加 2％的二氧化碳设计用量。

（3）二氧化碳灭火剂的剩余量　一般储存容器剩余量按设计用量 8％计算，管网剩余量可忽略不计。

（二）局部应用灭火系统

局部应用灭火系统的设计分为面积法和体积法。当保护对象的着火部位是比较平直的表面时，宜采用面积法；当着火对象为不规则物体时，应采用体积法。

1. 面积法

采用面积法进行系统设计计算时，应符合下列规定。

① 保护对象的计算面积按整体被保护表面的垂直投影面积计算。

② 架空型喷头应以喷头的出口至保护对象表面的距离确定设计流量和相应的正方形保护面积。

架空型喷头的布置宜垂直于保护对象的表面，其瞄准点应是喷头保护面积的中心，当需要非垂直位置布置时，与保护对象表面的夹角不应小于 45℃。其瞄准点应偏向喷头安装位置的一方，如图 8-2 所示。喷头偏离保护面积中心的距离可按表 8-2 确定。

表 8-2　喷头偏离保护面积中心的距离

喷头安装角	喷头偏离保护面积中心的距离/m
45°~60°	$0.25L_b$
60°~75°	$0.25L_b \sim 0.125L_b$
75°~90°	$0.125L_b \sim 0$

③ 槽边型喷头的保护面积是其喷射宽度与射程的函数，而喷射宽度和射程是喷头设计流量的函数，因此，槽边型喷头保护面积应由设计选定的喷头设计流量确定。

④ 二氧化碳的设计用量可按式（8-3）计算

$$M = NQ_i t \tag{8-3}$$

式中　M——二氧化碳设计用量，kg；

N——喷头数量；

Q_i——单个喷头的设计用量，kg/min；

t——喷射时间，min。

2. 体积法

采用体积法进行系统设计计算时，首先要假想一个封闭罩围绕保护对象，封闭罩的底应是保护对象的实际底面。当封闭罩的侧面及顶部无实际围封结构时，它们至保护对象外缘的距离不应小于 0.6m。

（1）二氧化碳的单位体积的喷射率可按式（8-4）计算

$$q_v = K_b \left(16 - \frac{12A_p}{A_t} \right) \qquad (8-4)$$

式中 q_v——单位体积的喷射率，kg/（min·m³）；

　　　A_t——假定的封闭罩侧面围封面的面积，m²；

　　　A_p——在假定的封闭罩中存在的实体墙等实际围封面的面积，m²。

（2）二氧化碳设计用量可按式（8-5）计算

$$M = V_1 q_v t \qquad (8-5)$$

式中 V_1——保护对象的计算体积，m³。

局部应用灭火系统采用局部施放用喷头，把二氧化碳以液态形式直接喷到被保护对象表面灭火，为保证设计用量全部呈液态形式喷出，需增加灭火剂储

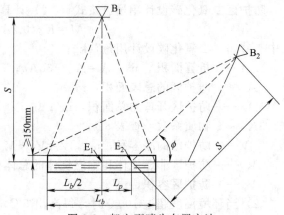

图 8-2　架空型喷头布置方法

B_1、B_2——喷头布置位置；E_1、E_2——喷头瞄准点；

S——喷头出口至瞄准点的距离，m；

L_b——单个喷头正方形保护面积的边长，m；

L_p——瞄准点偏离喷头保护面积中心的距离，m；

ϕ——喷头安装角，（°）

存量以补偿汽化部分。高压储存系统的储存量为基本设计用量的 1.4 倍，低压储存系统的储存量为基本设计用量的1.1 倍。

（三）二氧化碳储存量计算

1. 二氧化碳的储存量计算

$$M_c = K_m M + M_v + M_s + M_r \qquad (8-6)$$

$$M_v = \frac{M_g C_p (T_1 - T_2)}{H} \qquad (8-7)$$

$$M_r = \sum V_i \rho_i \text{（低压系统）} \qquad (8-8)$$

$$\rho_i = -261.6718 + 545.9939 P_i - 114740 P_i^2 - 230.9276 P_i^3 + 122.4873 P_i^4 \qquad (8-9)$$

$$P_i = \frac{P_{j-1} + P_j}{2} \qquad (8-10)$$

式中 M_c——二氧化碳储存量，kg；

　　　K_m——裕度系数；对全淹没系数取1；对局部应用系统，高压系统取1.4，低压系统取1.1；

　　　M_v——二氧化碳在管道中的蒸发量，kg，高压全淹没系统取0；

　　　T_2——二氧化碳平均温度，℃，高压系统取15.6℃，低压系统取-20.6℃；

　　　H——二氧化碳蒸发潜热，kJ/kg；高压系统取150.7kJ/kg，低压系统取276.3kJ/kg；

　　　M_s——储存容器内的二氧化碳剩余量，kg；

　　　M_r——管道内的二氧化碳剩余量，kg，高压系统取0；

　　　V_i——管网内第 i 段管道的容积，m³；

　　　ρ_i——第 i 段管道内二氧化碳平均密度，kg/m³；

　　　P_i——第 i 段管道内的平均压力，MPa；

　　P_{j-1}——第 j 段管道首端的节点压力，MPa；

　　　P_j——第 j 段管道末端的节点压力，MPa。

2. 储存容器数量

（1）高压系统储存容器数量可按式（8-11）计算

$$N_p = \frac{M_c}{\alpha V_0} \tag{8-11}$$

式中　N_p——高压系统储存容器数量；

α——充装系数，kg/L；

V_0——单个储存容器的容积，L。

（2）低压系统储存容器的规格应根据二氧化碳储存量确定。

四、管网设计计算

（1）管网中干管的设计流量可按式（8-12）计算

$$Q = \frac{M}{t} \tag{8-12}$$

式中　Q——管道的设计流量，kg/min。

（2）管网中支管的设计流量可按式（8-13）计算

$$Q = \sum_{1}^{N_g} Q_i \tag{8-13}$$

式中　N_g——安装在计算支管流程下游的喷头数量；

Q_i——单个喷头的设计流量，kg/min。

（3）管道内径可按式（8-14）计算

$$D = K_d \sqrt{Q} \tag{8-14}$$

式中　D——管道内径，mm；

K_d——管径系数，取值范围 $1.41 \sim 3.78$。

（4）管道的计算长度等于实际长度与管道附件当量长度之和。管道附件的当量长度可查表 8-3 确定。

表 8-3　管道附件的当量长度

管道公称直径 /mm	螺纹连接			焊接		
	90°弯头 /m	三通的直通部分/m	三通的侧通部分/m	90°弯头 /m	三通的直通部分/m	三通的侧通部分/m
15	0.52	0.3	1.04	0.24	0.21	0.64
20	0.67	0.43	1.37	0.33	0.27	0.85
25	0.85	0.55	1.74	0.43	0.34	1.07
32	1.13	0.7	2.29	0.55	0.46	1.4
40	1.31	0.82	2.65	0.64	0.52	1.65
50	1.68	1.07	3.42	0.85	0.67	2.1
65	2.01	1.25	4.09	1.01	0.82	2.5
80	2.50	1.56	5.06	1.25	1.01	3.11
100	—	—	—	1.65	1.34	4.09
125	—	—	—	2.04	1.68	5.12
150	—	—	—	2.47	2.01	6.16

（5）管道压力降可按式（8-13）计算，也可查图 8-3 或图 8-4。

$$Q^2 = \frac{0.8725 \times 10^{-4} D^{5.25} Y}{L + (0.04319 D^{1.25} Z)} \tag{8-15}$$

式中　D——管道内径，mm；

L——管段计算长度，m；

Y——压力系数，$MPa \cdot kg/m^3$，查表 8-4 或表 8-5；

Z——密度系数，查表 8-4 或表 8-5。

（6）管道高程压力校正值，可查表 8-6 终点高度低于起点时取正值，终点高度高于起点

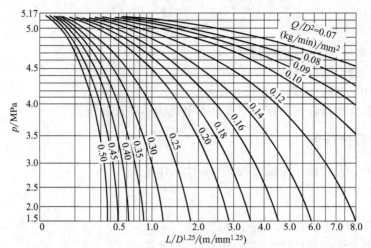

图 8-3 高压系统管道压力降

注：管网起点计算压力取 5.17MPa，后段管道的起点压力取前段管道的终点压力

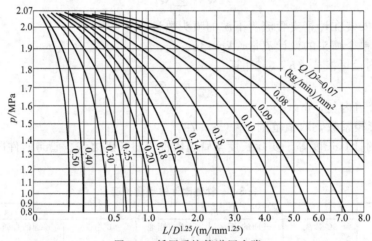

图 8-4 低压系统管道压力降

注：管网起点计算压力取 2.07MPa，后段管道的起点压力取前段管道的终点压力

时取负值。

（7）低压系统获得均相流的延迟时间，对全淹没灭火系统和局部应用灭火系统分别不应大于 60s 和 30s。其延迟时间可按式（8-16）计算

$$t_d = \frac{M_g c_p (T_1 - T_2)}{0.507Q} + \frac{16850V_d}{Q} \tag{8-16}$$

式中 t_d ——延迟时间，s；

M_g ——管道质量，kg；

c_p ——管道金属材料的比热容，kJ/(kg·℃)；钢管可取 0.46kJ/(kg·℃)；

T_1 ——二氧化碳喷射前管道的平均温度，℃；可取环境平均温度；

T_2 ——二氧化碳平均温度，℃；取 −20.6℃；

V_d ——管道容积，m³。

（8）喷头入口压力（绝对压力）计算值 高压系统不应小于 1.4MPa，低压系统不应小于 1.0MPa。

（9）喷头等效孔口面积可按式（8-17）计算

表 8-4　高压系统的 Y 值和 Z 值

压力/MPa	Y/(MPa·kg/m³)	Z	压力/MPa	Y/(MPa·kg/m³)	Z
5.17	0	0	3.50	927.7	0.830
5.10	55.4	0.0035	3.25	1005.0	0.950
5.05	97.2	0.600	3.00	1082.3	1.086
5.00	132.5	0.0825	2.75	1150.7	1.240
4.75	303.7	0.210	2.50	1219.3	1.430
4.50	461.6	0.330	2.25	1250.2	1.620
4.25	612.9	0.427	2.00	1285.5	1.840
4.00	725.6	0.570	1.75	1318.7	2.140
3.75	828.3	0.700	1.40	1340.8	2.590

表 8-5　低压系统的 Y 值和 Z 值

压力/MPa	Y/(MPa·kg/m³)	Z	压力/MPa	Y/(MPa·kg/m³)	Z
2.07	0	0	1.5	369.6	0.994
2.0	66.5	0.12	1.4	404.5	1.169
1.9	150.0	0.295	1.3	433.8	1.344
1.8	220.1	0.470	1.2	458.4	1.519
1.7	279.0	0.645	1.1	478.9	1.693
1.6	328.5	0.820	1.0	496.2	1.868

表 8-6　高程校正系数

高压系统的高程校正系数		低压系统的高程校正系数	
管道平均压力 /MPa	高程校正系数 K_h/(MPa/m)	管道平均压力 /MPa	高程校正系数 K_h/(MPa/m)
5.17	0.0080	2.07	0.0010
4.83	0.0068	1.93	0.0078
4.48	0.0058	1.79	0.0060
4.14	0.0049	1.65	0.0047
3.79	0.0040	1.52	0.0038
3.45	0.0034	1.38	0.0030
3.10	0.0028	1.24	0.0024
2.76	0.0024	1.10	0.0019
2.41	0.0019	1.00	0.0016
2.07	0.0016		
1.72	0.0012		
1.40	0.0010		

表 8-7　喷头入口压力与单位面积的喷射率

高压系统单位等效孔口面积的喷射率		低压系统单位等效孔口面积的喷射率	
喷头入口压力 /MPa	喷射率 q_0 /[kg/(min·mm²)]	喷头入口压力 /MPa	喷射率 q_0 /[kg/(min·mm²)]
5.17	3.255	2.07	2.967
5.00	2.703	2.00	2.039
4.83	2.401	1.93	1.670
4.65	2.172	1.86	1.441
4.48	1.993	1.79	1.283
4.31	1.839	1.72	1.164
4.14	1.705	1.65	1.072
3.96	1.589	1.59	0.9913

高压系统单位等效孔口面积的喷射率		低压系统单位等效孔口面积的喷射率	
喷头入口压力 /MPa	喷射率 q_0 /[kg/(min·mm²)]	喷头入口压力 /MPa	喷射率 q_0 /[kg/(min·mm²)]
3.79	1.487	1.52	0.9175
3.62	1.396	1.45	0.8507
3.45	1.308	1.38	0.7910
3.28	1.223	1.31	0.7368
3.10	1.139	1.24	0.6869
2.93	1.062	1.17	0.6412
2.76	0.9843	1.10	0.5990
2.59	0.9070	1.00	0.5400
2.41	0.8296		
2.24	0.7593		
2.07	0.6890		
1.72	0.5484		
1.40	0.4833		

$$F = \frac{Q_i}{q_0} \qquad (8\text{-}17)$$

式中 F——喷头等效孔口面积，mm²；

q_0——等效孔口单位面积的喷射率，kg/(min·mm²)，查表8-7。

（10）喷头规格应根据等效孔口面积确定，可以查表8-8确定。

表8-8 喷头等效孔口直径和面积

喷头规格代号 No.	等效单孔直径 d/mm	等效孔口面积 F/mm²	喷头规格代号 No.	等效单孔直径 d/mm	等效孔口面积 F/mm²
1	0.79	0.49	9	7.14	40.06
1.5	1.19	1.11	9.5	7.54	44.65
2	1.59	1.98	10	7.94	49.48
2.5	1.98	3.09	11	8.73	59.87
3	2.38	4.45	12	9.53	71.29
3.5	2.78	6.06	13	10.32	83.61
4	3.18	7.94	14	11.11	96.97
4.5	3.57	10.00	15	11.91	111.29
5	3.97	12.39	16	12.70	126.71
5.5	4.37	14.97	18	14.29	160.32
6	4.76	17.81	20	15.88	197.94
6.5	5.16	20.90	22	17.46	239.48
7	5.56	24.26	24	19.05	285.03
7.5	5.95	27.81	32	25.04	506.45
8	6.35	31.68	48	38.40	1138.71
8.5	6.75	35.74	64	50.80	2025.80

注：喷头规格代号系表示具有0.98流量系数的等效单孔直径与0.79375mm的比。

第九章 >>
气体灭火系统

第一节 气体灭火系统的设置

一、气体灭火系统的应用范围

气体灭火系统是传统的四大固定式灭火系统（水、气体、泡沫、干粉）之一，在我国应用广泛的气体灭火系统主要有七氟丙烷灭火系统、烟烙尽（IG-541）灭火系统和热气溶胶灭火系统。

《气体灭火系统设计规范》（GB 50370—2005）规定，气体灭火系统适用于扑救下列火灾：

(1) 电气火灾；

(2) 固体表面火灾；

(3) 液体火灾；

(4) 灭火前能切断气源的气体火灾。

除电缆隧道（夹层、井）及自备发电机房外，K 型和其他型热气溶胶预制灭火系统不得用于其他电气火灾。

该规范同时也规定气体灭火系统不适用于扑救下列火灾：

(1) 硝化纤维、硝酸钠等氧化剂或含氧化剂的化学制品火灾；

(2) 钾、镁、钠、钛、锆、铀等活泼金属火灾；

(3) 氢化钾、氢化钠等金属氢化物火灾；

(4) 过氧化氢、联胺等能自行分解的化学物质火灾；

(5) 可燃固体物质的深位火灾。

热气溶胶预制灭火系统不应设置在人员密集场所、有爆炸危险性的场所及有超净要求的场所。K 型及其他型热气溶胶预制灭火系统不得用于电子计算机房、通信机房等场所。

气体灭火系统防护区的划分应符合下列规定：

(1) 防护区宜以单个封闭空间划分；同一区间的吊顶层和地板下需同时保护时，可合为一个防护区；

(2) 采用管网灭火系统时，一个防护区的面积不宜大于 800m^3，且容积不宜大于 3600m^3；

(3) 采用预制灭火系统时，一个防护区的面积不宜大于 500m^3，且容积不宜大于 1600m³。

防护区围护结构及门窗的耐火极限均不宜低于 0.5h；吊顶的耐火极限不宜低于 0.25h。

防护区围护结构承受内压的允许压强不宜低于 1200Pa。防护区应设置泄压口，七氟丙烷灭火系统的泄压口应位于防护区净高的 2/3 以上。防护区设置的泄压口宜设在外墙上。泄压口面积按相应气体灭火系统设计规定计算。喷放灭火剂前，防护区内除泄压口外的开口应能自行关闭。防护区的最低环境温度不应低于 −10℃。

二、气体灭火系统部件的设置要求

1. 储存装置

（1）管网系统的储存装置应由储存容器、容器阀和集流管等组成；七氟丙烷和 IG-541 预制灭火系统的储存装置应由储存容器、容器阀等组成；热气溶胶预制灭火系统的储存装置应由发生剂罐、引发器和保护箱（壳）体等组成。

（2）容器阀和集流管之间应采用挠性连接。储存容器和集流管应采用支架固定。

（3）储存装置上应设耐久的固定铭牌，并应标明每个容器的编号、容积、皮重、灭火剂名称、充装量、充装日期和充压压力等。

（4）管网灭火系统的储存装置宜设在专用储瓶间内。储瓶间宜靠近防护区，并应符合建筑物耐火等级不低于二级的有关规定及有关压力容器存放的规定，且应有直接通向室外或疏散走道的出口。储瓶间和设置预制灭火系统的防护区的环境温度应为 −10～50℃。

（5）储存装置的布置应便于操作、维修及避免阳光照射。操作面距墙面或两操作面之间的距离不宜小于 1.0m，且不应小于储存容器外径的 1.5 倍。

储存容器、驱动气体储瓶的设计与使用应符合国家现行《气瓶安全监察规程》及《压力容器安全技术监察规程》的规定。

储存装置的储存容器与其他组件的公称工作压力，不应小于在最高环境温度下所承受的工作压力。在储存容器或容器阀上，应设安全泄压装置和压力表。组合分配系统的集流管，应设安全泄压装置。安全泄压装置的动作压力，应符合相应气体灭火系统的设计规定。

在通向每个防护区的灭火系统主管道上，应设压力讯号器或流量讯号器。

组合分配系统中的每个防护区应设置控制灭火剂流向的选择阀，其公称直径应与该防护区灭火系统的主管道公称直径相等。选择阀的位置应靠近储存容器且便于操作。选择阀应设有标明其工作防护区的永久性铭牌。

喷头应有型号、规格的永久性标识。设置在有粉尘、油雾等防护区的喷头，应有防护装置。喷头的布置应满足喷放后气体灭火剂在防护区内均匀分布的要求。当保护对象属可燃液体时，喷头射流方向不应朝向液体表面。

2. 管道及管道附件

（1）输送气体灭火剂的管道应采用无缝钢管。其质量应符合现行国家标准《输送流体用无缝钢管》（GB/T 8163）、《高压锅炉用无缝钢管》（GB 5310）等的规定。无缝钢管内外应进行防腐处理，防腐处理宜采用符合环保要求的方式。

（2）输送气体灭火剂的管道安装在腐蚀性较大的环境里，宜采用不锈钢管。其质量应符合现行国家标准《流体输送用不锈钢无缝钢管》（GB/T 14976）的规定。

（3）输送启动气体的管道宜采用铜管，其质量应符合现行国家标准《拉制铜管》（GB 1527）的规定。

（4）管道的连接，当公称直径小于或等于 80mm 时，宜采用螺纹连接；大于 80mm 时，宜采用法兰连接。钢制管道附件应内外防腐处理，防腐处理宜采用符合环保要求的方式。使用在腐蚀性较大的环境里，应采用不锈钢的管道附件。

系统组件与管道的公称工作压力，不应小于在最高环境温度下所承受的工作压力。

第二节　七氟丙烷灭火系统

一、七氟丙烷的特性与应用

1. 七氟丙烷的特性

七氟丙烷（HFC-227ea，又称 FM200）灭火剂是一种无色、几乎无味、不导电的气体。七氟丙烷由美国大湖化学公司研究和开发，是一种洁净的气态化学灭火剂，是目前卤代烷灭火剂较为理想的替代物。

七氟丙烷灭火剂的环境数据见表 9-1，物理性能见表 9-2。

表 9-1　七氟丙烷灭火剂的环境数据

	杯式法灭火浓度	5.8%
	系统设计浓度	7.0%
惰化（抑爆）浓度	甲烷环境	8.0%
	丙烷环境	11.6%
	急性中毒 LC50	$>800000\times10^{-6}$
对心脏产生的敏感度	无可观察不良影响（无副作用的最高浓度 NOVAL）	9.0%
	最低可观察不良影响（有副作用的最低浓度 LOAEL）	10.5%
	臭氧层损耗能力（ODP）	0
全球温室效应潜能值（GWP）	CFC11=1.00	0.3～0.5
	100（vs CO₂）	2050
	大气中存留时间	31～42 年

注：1. 设计浓度比杯式灭火浓度高 20%。
　　2. LC50 是半数致死浓度，即导致一组试验白鼠在接触 4h 之后导致 50% 死亡的浓度值。

表 9-2　七氟丙烷灭火剂的物理性能

分子式		CF_3CHFCF_3
俗名		七氟丙烷
相对分子质量		170.03
冰点		$-131℃$
沸点（1 大气压）		$-16.36℃$
蒸气压	4.4℃	$2.36\times10^5\,Pa$
	21℃	$4.04\times10^5\,Pa$
	25℃	$4.76\times10^5\,Pa$
	54℃	$10.63\times10^5\,Pa$
蒸气密度（21℃）		$32.2kg/m^3$
液体密度（21℃）		$1400kg/m^3$
临界温度		101.72℃
临界密度		$620.88kg/m^3$
临界压力		$30.26\times10^5\,Pa$
临界体积		1.61L/kg
饱和气体（1atm）比热（25℃）		$0.1734kcal/(kg\cdot℃)$
饱和气体比热（25℃）		$0.1856kcal/(kg\cdot℃)$
饱和液体比热（25℃）		$0.2633kcal/(kg\cdot℃)$
沸点时气化热		$31.7kcal/(kg\cdot℃)$
气体热导率（25℃）		$0.012W/(m\cdot K)$
液体热导率（25℃）		$0.069W/(m\cdot K)$
液体黏度（25℃）		0.226cP

七氟丙烷作为洁净气体灭火剂，具有以下优点。

（1）七氟丙烷具有 1301 灭火剂的众多优点，达到哈龙替代物 8 项基本要求的若干项，可以说是所有被建议的替代品中最接近的。

（2）七氟丙烷气体灭火系统所使用的设备、管道及配置方式与 1301 几乎完全相同。

（3）七氟丙烷具有良好的灭火效率，灭火速度快、效果好，灭火浓度（8%～10%）低，基本接近哈龙 1301 灭火系统的灭火浓度（5%～8%）。

（4）七氟丙烷无色无味，不含溴和氯元素，而对大气中臭氧层无破坏作用，即 ODP＝0。全球温室效应潜能值 GWP＝2050（100 年积累），也是比较低的。在大气中存留时间比 1301 存留时间要低得多，符合环保要求。

（5）七氟丙烷不导电，且不含水性物质，不会对电器设备、磁带资料等造成损害。

（6）七氟丙烷与 1301 有非常相似的特性，系统硬件也极为类似，因此能与 1301 的控制设备兼容，相对组成系统的硬件、软件技术成熟，替代更换 1301 系统也极为方便。

（7）七氟丙烷通过 UL1508 检测表明，能有效扑灭 A 级、B 级、C 级各类型火灾，能安全有效地使用在人畜占用的任何场所。

（8）七氟丙烷是新型、高效、低毒的灭火剂，可适用于经常有人工作的防护区。

（9）七氟丙烷的灭火机理是对火产生物理变化及化学反应（1301 仅产生化学反应），而且进行淹没式设计，使其整个灭火过程高效、快速，而且不可能发生再燃。

（10）七氟丙烷气体灭火系统要求所占的钢瓶存储空间虽比 1301 略大，但它仍是液态存储，比惰性气体灭火系统所占空间要小得多。

（11）七氟丙烷不含有固体粉尘、油渍，它是液态储存，气态释放。喷放后可自然排出或由通风系统迅速排除。现场无残留物，不会受到污染，善后处理方便。

七氟丙烷虽具有上述多方面优点，然而它与 1301 相类似，就安全性而言存在下列问题。

（1）七氟丙烷在灭火过程中会分解产生对人体有伤害的气体，主要有一氧化碳（CO）、氟氢酸（HF）以及烟气。但通过恰当的安装、使用及早期探测报警，此类生成物可减至最小。人员暴露限制如下。

① 9% 体积浓度以下，人员暴露无限制。

② 9%～10.5% 体积浓度，人员暴露限制为 1min。

③ 10.5% 以上的体积浓度避免暴露。

（2）高速喷射会产生令人吃惊的噪声，会使直对的物体移动，其涡流可以导致未固定好的纸张和重量轻的物体被卷走。

（3）喷出的蒸气灭火剂遇到物体时会产生冷凝现象。当遇到潮湿空气时，短时间内会降低能见度。

（4）防护区也会因缺氧热量的副反应对人体不利。

2. 七氟丙烷灭火系统的典型应用场所

数据处理中心、电信通信设施、过程控制中心、昂贵的医疗设施、贵重的工业设备、图书馆、博物馆及艺术馆、洁净室、消声室应急电力设施、易燃液体储存区等。

3. 七氟丙烷灭火系统不适用于扑救火灾

七氟丙烷灭火系统不适用于扑救下列类型物质的火灾。

（1）强氧化剂、含氧化合物以及能够自身提供氧而且在无空气的条件下仍能迅速氧化、燃烧的物质，如氯酸钠、硝酸钠、氮的氧化物、氟、火药、炸药、硝化纤维素等；

（2）活泼金属，如钠、钾、镁、钛、锆、钠钾合金、镁钾合金、镁铝合金等；

（3）金属氢化物，如氢化钠、氢化钾等；

（4）能自行分解的化学物质，如过氧化氢、联氨等；

（5）能发生自燃的物质，如白磷、某些金属有机化合物。

二、系统分类与部件

1. 系统分类

七氟丙烷灭火系统类型较多，习惯上按灭火方式、系统结构特点、储存压力等级、管网布置形式进行分类。

（1）按防护区的特征和灭火方式分类　按防护区的特征和灭火方式可分为全淹没灭火系统和局部应用系统。全淹没灭火系统是由一套储存装置在规定时间内，向防护区喷射一定浓度的灭火剂，并使其均匀地充满整个防护区空间的系统。全淹没系统防护区应是一个封闭良好的空间，在此空间内能够建立有效扑灭火灾的灭火剂浓度，并将灭火剂浓度保持一段所需要时间。

局部应用系统，指在灭火过程中不能封闭，或是虽然能够封闭但不符合全淹没系统要求的表面火灾所采用的灭火系统。

七氟丙烷灭火系统适用的灭火方式为全淹没式。

（2）按系统结构特点分类　按系统结构特点可分为管网系统和无管网系统。管网系统又可分为组合分配系统和单元独立系统。

无管网系统又称预制灭火装置，是按一定的应用条件将储存容器、阀门和喷头等部件组合在一起的成套灭火装置或喷头离钢瓶不远的气体灭火系统。

单元独立系统是用一套储存装置保护一个防护区的灭火系统。图9-1是单元独立灭火系统的结构示意图。

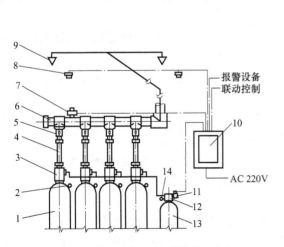

图9-1　单元独立灭火系统结构示意

1—七氟丙烷储瓶；2—压力表；3—瓶头阀；4—高压软管；
5—单向阀；6—集流管；7—压力讯号器；8—探测器；
9—喷头；10—控制盘；11—电磁启动器；12—启动瓶头阀；
13—N₂启动瓶；14—压力表

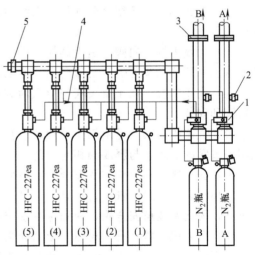

图9-2　组合分配灭火系统结构示意

1—选择阀；2—压力讯号器；3—法兰；
4—单向阀；5—安全阀

组合分配系统指用一套储存装置通过管网的选择分配阀，保护多个防护区的灭火系统，组合分配系统的集流管应设安全泄压装置。

图 9-2 是组合分配灭火系统的结构示意。图中表示该系统保护 A 和 B 两个防护区，当 A 区发生火灾时，通过 A 区启动瓶打开 A 区释放阀，然后打开用于储存七氟丙烷的五个储瓶的瓶头阀，向该区喷放七氟丙烷进行灭火。当 B 区发生火灾时，通过 B 区启动瓶及 B 区释放阀打开（1）、（2）、（3）和（4）号储瓶释放七氟丙烷对 B 区进行灭火。

（3）按储压等级分类　按灭火剂在储存容器中的储压分类，可分为高压（储存）系统和低压（储存）系统。七氟丙烷灭火剂为高压灭火剂系统，储存压力为 2.5MPa 及 4.27MPa。

（4）按管网布置形式分类　七氟丙烷灭火系统按管网布置形式可分为均衡系统管网和非均衡系统管网。均衡系统管网具备以下 3 个条件。

① 从储存容器到每个喷嘴的管道长度应大于最长管道长度的 90％。

② 从储存容器到每个喷嘴的管道等效长度应大于管道等效长度的 90％（注：管道等效长度＝实际管长＋管件的当量长度）。

③ 每个喷嘴的平均质量流量相等。

均衡系统管网有利于灭火剂的均化，计算时管网灭火剂剩余量可不予考虑。不具备上述条件的管网系统，为非均衡系统。

2. 系统的主要部件

（1）七氟丙烷储瓶　平时用于储存七氟丙烷，按设计要求充装七氟丙烷和增压 N_2。在储瓶瓶口安装瓶头阀，瓶头阀出口与管网系统相连。

（2）瓶头阀　由瓶头阀本体、开启膜片、启动活塞、安全阀门和充装接嘴、压力表接嘴等部分组成，安装在七氟丙烷储瓶瓶口上，具有封存、释放、充装、超压排放等功能。

（3）电磁阀　安装在启动瓶上，按灭火控制指令给其通电（DC24V）启动，进而打开释放阀及瓶头阀，释放七氟丙烷实施灭火，它也可实行机械应急操作实施灭火系统启动。

（4）选择阀　用于组合分配灭火系统中，安装在七氟丙烷储瓶出流的集流管上，对应每个保护区各设一个。

（5）七氟丙烷单向阀　是由阀体、阀芯、弹簧等部件组成。安装在七氟丙烷储瓶出流的集流管上，防止七氟丙烷从集流管向储瓶倒流。

（6）高压软管　用于瓶头阀与七氟丙烷单向阀之间的连接，形成柔性结构，便于瓶体称重检漏和安装。

（7）气体单向阀　是由阀体、阀芯、弹簧等部件组成。安装在系统的启动气路上。用于控制释放阀的启闭，与释放阀相对应的七氟丙烷瓶头阀联动启闭。

（8）安全阀　是由阀体及安全膜片组成，安装在集流管上。由于组合分配系统安装了选择阀使集流管形成封闭管段，一旦有七氟丙烷积存在里面，可能由于温度的关系会形成较高的压力，因此要装设安全阀，起到保护系统的作用。

（9）压力讯号器　是由阀体、活塞和微动开关等组成，在组合分配系统中安装在选择阀的出口部位，在单元独立系统中安装在集流管上。当系统开始释放七氟丙烷时，压力讯号器动作送出工作讯号给灭火控制系统。

三、系统控制方式

1. 自动控制

将灭火报警联动控制器上控制方式选择键拨到"自动"位置时，灭火系统处于自动控制状态。当防护区发生火情，火灾探测器接收到火情信息并经甄别后，由报警和灭火控制系统发出声、光报警信号，同时发出联动指令，相关设备联动，延迟 0～30s 通电打开电磁启动器。继而依次打开 N₂ 启动瓶头阀，分区选择阀和各七氟丙烷储瓶瓶头阀，释放七氟丙烷实施灭火。

2. 电气手动控制

将灭火报警联动器上控制方式选择键拨到"手动"位置时，灭火系统处于手动控制状态。当防护区发生火情，可按下手动控制盒或控制器上启动按钮即可启动灭火系统释放灭火剂，实施灭火。

一般情况时，手动灭火控制大都在保护区现场执行。保护区门外设有手动控制盒。有的手动控制盒内还设紧急停止按钮，如果当发出火灾警报，而发现有异常情况，不需启动灭火系统进行灭火时，可按下手动控制盒或控制器上的紧急停止按钮，可停止执行"自动控制"灭火指令。

3. 机械应急手动控制

当防护区发生火情，控制器不能发出灭火指令时，通知有关人员撤离现场，关闭联动设备，手动打开电磁阀，释放启动气体，即可打开选择阀、瓶头阀，释放灭火剂，实施灭火。如此时遇上电磁阀维修或启动钢瓶充换氮气不能工作时，可先打开相应的选择阀，然后打开瓶头阀，释放灭火剂，实施灭火。

灭火设计浓度大于 9% 的防护区，应增设手动与自动控制的转换装置。当有人进入防护区时，将灭火系统转换到手动控制位。当人离开时，恢复到自动控制位。图 9-3 为七氟丙烷灭火系统的程序控制图。

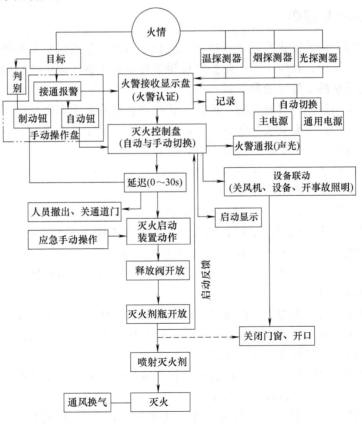

图 9-3　七氟丙烷灭火系统程序控制

四、储存装置设置要求

七氟丙烷储存装置由储存容器、容器阀、单向阀和集流管等组成。无管网装置由储存容器、容器阀等组成。七氟丙烷储存装置分为两个储压等级：环境温度为20℃时，储存压力分别为2.5MPa和4.2MPa。

在储存容器或容器阀上，应设安全泄压阀装置和压力表。组合分配系统的集流管，应设安全泄压阀装置。安全泄压阀的动作压力应符合下列规定：

（1）储存压力为2.5MPa时，应为4.8MPa±0.4MPa。

（2）储存压力为4.2MPa时，应为6.8MPa±0.4MPa。

储存容器中七氟丙烷的充装密度不应大于1150kg/d。

在容器阀和集流管之间的管道上应设单向阀。单向阀与容器阀或单向阀集流管之间应采用软管连接。储存容器和集流管应采用支架固定。

备用量的储存容器与主用量的储存容器应连接在同一集流管上，并能切换使用。

在储存装置上应设耐用的固定表牌。标明每个容器的编号、皮重、灭火剂名称、充装量、充装日期和储存压力等。

储存装置宜设在靠近防护区的专用储瓶间内。该房间的耐火等级不应低于二级，室温应为-10～50℃，应有直接通向室外或疏散走道的出口。

储存装置的布置应便于操作、维修及防止阳光照射。操作面距墙面或两操作面之间的距离不宜小于1m。

五、管道部件与管道

在通向每个防护区的灭火系统主管道上，应设压力讯号器或流量讯号器。

在组合分配系统中，相对于每个防护区应设置控制灭火剂流向的选择阀，其公称直径应与该防护区灭火系统的主管道公称直径相等。

选择的位置应靠近储存容器且便于操作，选择阀宜设有指明其工作防护区的表牌。

喷头宜贴近防护区顶面安装，距顶面的最大距离不应大于0.5m。

喷头的保护高度和保护半径，应符合下列规定。

（1）最大保护高度 不宜大于5.0m。

（2）最小保护高度 不应小于0.3m。

（3）主防护区高度 $h<1.5m$ 时，喷头的保护半径不应大于3.5m。

（4）当防护区高度 $h≥1.5m$ 时，喷头的保护半径不应大于5.0m。

喷头应以其喷射流量和保护半径进行合理配置，满足七氟丙烷在防护区均匀分布的要求。喷头应有表示其型号、规格的永久性标志。设置在有粉尘的防护区的喷头，应增设在喷射时自行脱落的防尘罩。

管网管道及管道附件应能承受最高环境温度下的工作压力，并应符合下列规定。

（1）输送七氟丙烷的管道应采用无缝钢管，钢管内外应镀锌，其质量应符合现行国家标准《冷拔或冷轧精密无缝钢管》和《无缝钢管》等的规定。

（2）输送七氟丙烷的管道安装在有腐蚀镀锌层的场所，宜采用不锈钢管，其质量应符合现行国家标准《不锈钢无缝钢管》的规定。

（3）输送启动气体的管道，宜采用铜管，其质量应符合现行国家标准《拉制铜管》的规定。

（4）管道的连接，当公称直径小于或等于 80mm 时，宜采用螺纹连接。大于 80mm 时，宜采用法兰连接。钢制管道附件应内外镀锌，在有腐蚀镀锌层介质的场所应采用铜合金或不锈钢的管道附件。

六、系统设计计算

1. 一般规定

（1）灭火剂设计浓度灭火剂设计浓度按下列要求确定。

① 七氟丙烷灭火系统的灭火设计浓度不应小于灭火浓度的 1.3 倍，惰化设计浓度不应小于惰化浓度的 1.1 倍。

② 固体表面火灾的灭火浓度为 5.8%，其他灭火浓度可按表 9-3 的规定取值，惰化浓度可按表 9-4 的规定取值。表中未列出的，应经试验确定。

③ 图书、档案、票据和文物资料库等防护区，灭火设计浓度宜采用 10%。

④ 油浸变压器室、带油开关的配电室和自备发电机房等防护区，灭火设计浓度宜采用 9%。

⑤ 通信机房和电子计算机房等防护区，灭火设计浓度宜采用 8%。

⑥ 防护区实际应用的浓度不应大于灭火设计浓度的 1.1 倍。

表 9-3　七氟丙烷灭火浓度

可燃物	灭火浓度/%	可燃物	灭火浓度/%
甲烷	6.2	异丙醇	7.3
乙烷	7.5	丁醇	7.1
丙烷	6.3	甲乙酮	6.7
庚烷	5.8	甲基异丁酮	6.6
正庚烷	6.5	丙酮	6.5
硝基甲烷	10.1	环戊酮	6.7
甲苯	5.1	四氢呋喃	7.2
二甲苯	5.3	吗啉	7.3
乙腈	3.7	汽油(无铅,7.8%乙醇)	6.5
乙基乙酸酯	5.6	航空燃料汽油	6.7
丁基乙酸酯	6.6	2 号柴油	6.7
甲醇	9.9	喷气式发动机燃料(—4)	6.6
乙醇	7.6	喷气式发动机燃料(—5)	6.6
乙二醇	7.8	变压器油	6.9

表 9-4　七氟丙烷惰化浓度

可燃物	惰化浓度/%	可燃物	惰化浓度/%
甲烷	8.0	丙烷	11.6
二氯甲烷	3.5	1-丁烷	11.3
1.1-二氟乙烷	8.6	戊烷	11.6
1-氯-1.1-二氟乙烷	2.6	乙烯氧化物	13.6

（2）七氟丙烷的喷放时间按下列要求确定。

① 在通信机房和电子计算机房等防护区，设计喷放时间不应大于 8s；

② 在其他防护区，不应大于 10s。在其他防护区，设计喷放时间不应大于 10s。

（3）七氟丙烷灭火时的浸渍时间应符合下列规定。

① 木材、纸张、织物等固体表面火灾，宜采用 20min；

② 通信机房、电子计算机房内的电气设备火灾，应采用 5min；

③ 其他固体表面火灾，宜采用 10min；

④ 气体和液体火灾，不应小于 1min。

（4）七氟丙烷灭火系统应采用氮气增压输送。氮气的含水量不应大于 0.006%。储存容器的增压压力宜分为三级，并应符合下列规定：

① 一级。2.5MPa＋0.1MPa（表压）。

② 二级。4.2MPa＋0.1MPa（表压）。

③ 三级。5.6MPa＋0.1MPa（表压）。

（5）七氟丙烷单位容积的充装量应符合下列规定。

① 一级增压储存容器，不应大于 1120kg/m³；

② 二级增压焊接结构储存容器，不应大于 950kg/m³；

③ 二级增压无缝结构储存容器，不应大于 1120kg/m³；

④ 三级增压储存容器，不应大于 1080kg/m³。

（6）管网的管道内容积，不应大于流经该管网的七氟丙烷储存量体积的 80%。

（7）管网布置宜设计为均衡系统，并应符合下列规定。

① 喷头设计流量应相等；

② 管网的第一分流点至各喷头的管道阻力损失，其相互间的最大差值不应大于 20%。

2. 设计用量计算

系统的设计用量应为防护区灭火设计用量（或惰化设计用量）、储存容器内的剩余量和管网的剩余量之和。

当系统为组合分配系统时，系统设计用量应按该组合分配系统中需七氟丙烷量最多的一个防护区的设计用量计算，用于需不间断保护的防护区的灭火系统和超过 8 个防护区组成的组合分配系统，应设备用量，备用量按原设置用量的 100%确定。

（1）防护区灭火设计用量或惰化设计用量按下式计算：

$$W = K \frac{V}{S} \frac{C}{(100-C)} \tag{9-1}$$

式中　W——防护区七氟丙烷灭火或惰化设计用量，kg；

　　　C——七氟丙烷灭火（或惰化）设计浓度，%；

　　　V——防护区的净容积，m³；

　　　K——海拔高度修正系数，见表 9-5；

　　　S——七氟丙烷过热蒸气在 101kPa 和防护区最低环境温度下的比容，m³/kg。

七氟丙烷在不同温度下的过热蒸气比容，应按下式计算：

$$S = 0.1269 + 0.000513T \tag{9-2}$$

式中　T——温度，℃。

表 9-5　海拔高度修正系数

海拔高度/m	修正系数	海拔高度/m	修正系数
－1000	1.130	2500	0.735
0	1.000	3000	0.690
1000	0.885	3500	0.650
1500	0.830	4000	0.610
2000	0.785	4500	0.565

（2）系统的储存用量应为防护区灭火设计用量（或惰化设计用量）、储存容器内的剩余量和管网内的剩余量之和。

$$W_s = W + W_1 + W_2 \tag{9-3}$$

式中 W_s——系统的储存用量，kg；

W——防护区灭火剂设计用量或惰化设计用量，kg；

W_1——管网内的剩余量，kg；

W_2——储存容器内的剩余量，kg。

① 储存容器内的剩余量，可按储存容器内引升管管口以下的容器容积量计算。

② 均衡管网和只含一个封闭空间的防护区的非均衡管网，其管网内的剩余量均可不计。

防护区中含两个或两个以上封闭空间的非均衡管网，其管网内的剩余量可按管网第 1 分支点后各支管的长度，分别取各长支管与最短支管长度的差值为计算长度，计算出的各长支管末段内的容积量，应为管网内的容积剩余量。

3. 储存容器计算

(1) 确定储存压力　当防护区面积较小，系统管道不太长时，宜采用 2.5MPa 的储存装置。这样，在规定的灭火时间内和储存容器充装密度不致太小的情况下，可以采用耐压等级较低的部件，降低工程造价。压力越低，越不易泄漏，就越容易长期保存。

当防护区面积较大，系统管道较长时，宜采用 4.2MPa 的储存装置。在相同灭火剂条件下，选用较高压力的储存容器，可允许管道有较大的压力降，从而减小管道直径，降低工程造价。

具体采用哪种储存容器，应经过计算比较后确定。

(2) 储存容器　可按下式确定：

$$V = \frac{W_s}{\eta n} \tag{9-4}$$

式中 V——储存容器的容积，m³；

η——储存容器的充装密度，kg/m³；

n——储存容器的个数。

储存容器充装密度是指储存容器内灭火剂的质量与容器容积之比。设计规定七氟丙烷的充装密度不应大于 1150kg/m³。

4. 管网设计流量计算

管网布置设计为均衡系统，各个喷头应取相等设计流量。管网计算时，各管道中的流量宜采用平均设计流量。管网中干管的设计流量按下式计算：

$$Q_g = \frac{W}{t} \tag{9-5}$$

式中 Q_g——干管设计流量，kg/s；

W——防护区七氟丙烷的灭火（或惰化）设计用量，kg；

t——七氟丙烷的喷放时间，s。

管网中喷头的设计流量按下式计算：

$$Q_i = \frac{Q_g}{N} \tag{9-6}$$

式中 Q_i——单个喷头的设计流量，kg/s；

N——喷头总数。

管网中支管的设计流量按下式计算：

$$Q_z = \sum_1^{N_z} Q_i \tag{9-7}$$

式中　Q_z——支管平均设计流量，kg/s；

　　　N_z——安装在计算支管流程下游的喷头数量，个；

　　　Q_i——单个喷头的设计流量，kg/s。

5. 管网水力计算

（1）管网阻力损失宜采用喷放过程中点（七氟丙烷设计用量 50%）的容器压力和该点瞬时流量进行管网计算，且认定该瞬时流量等于平均设计流量。

（2）喷放过程中点容器压力，按下式计算：

$$P_m = \frac{P_0 V_0}{V_0 + V_p + \dfrac{W}{2\gamma}} \tag{9-8}$$

式中　P_m——喷放过程中点储存容器内压力（绝对压力），MPa；

　　　P_0——储存容器额定增压压力（绝对压力），MPa；

　　　V_0——喷放前，全部储存容器内的气相总容积，m³；

　　　W——防护区七氟丙烷灭火（或惰化）设计用量，kg；

　　　γ——七氟丙烷液体密度，kg/m³（20℃时，为 1407kg/m³）；

　　　V_p——管网管道的容积，m³。

喷放前，全部储存容器内的气相总容积为：

$$V_0 = nV_b\left(1 - \frac{\eta}{\gamma}\right) \tag{9-9}$$

式中　n——储存容器的数量，个；

　　　V_b——储存容器的容量，m³；

　　　η——七氟丙烷充装率，kg/m³。

（3）七氟丙烷管材采用镀锌钢管的阻力损失，可按下式计算，也可按图 9-4 确定。

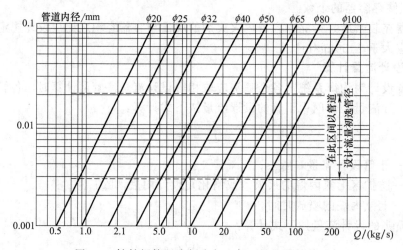

图 9-4　镀锌钢管阻力损失与七氟丙烷流量的关系

$$\Delta P = \frac{5.75 \times 10^5 Q_p^2}{\left(1.74 + 2\lg\dfrac{D}{0.12}\right)^2 D^5} L \tag{9-10}$$

式中　ΔP——计算管段阻力损失，MPa；

　　　L——管段的计算长度，m；

Q_p——管道流量，kg/s；

D——管道内径，mm。

6. 初选管径

管道流量为平均设计流量，采用管道阻力损失控制在 $0.003 \sim 0.02$MPa/m 之间，查图 9-5 确定管径。

7. 喷头工作压力计算

喷头工作压力按下式计算：

$$P_c = P_m - \sum_1^{N_d} \Delta P \pm P_h \tag{9-11}$$

式中　P_c——喷头工作压力（绝对压力），MPa；

P_m——喷放"过程中点"储存容器内压力（绝对压力），MPa；

$\sum \Delta P$——系统管道阻力总损失，MPa；

N_d——管网计算管段的数量；

P_h——高程压头，MPa。

$$P_h = 10^{-6} \gamma H g \tag{9-12}$$

式中　H——喷头高度相对过程中点时储存容器液面的位差，m；

γ——七氟丙烷液体密度，kg/m³；

g——重力加速度，m/s²。

喷头工作压力的计算结果，应符合下列规定：

（1）一般，$P_c \geqslant 0.8$MPa（绝对压力）；最小，$P_c \geqslant 0.5$MPa（绝对压力）。

（2）$P_c \geqslant P_m/2$MPa（绝对压力）。

计算中无缝钢管螺纹接口弯头局部损失当量长度见表 9-6。螺纹接口三通局部损失当量长度见表 9-7。

表 9-6　螺纹接口弯头局部损失当量长度

规格 DN/mm	20	25	32	40	50	65	80	100
当量长度/m	1.5	1.8	2.2	2.8	3.5	4.5	5.2	6.4

表 9-7　螺纹接口三通局部损失当量长度

规格 DN/mm	20		25		32		40		50		65		80	
当量长度/m	直路	支路	直路	支路	直路	支路	直路	支路	直路	支路	直路	支路	直路	支路
	0.5	1.7	0.6	2.0	0.7	2.5	0.9	3.2	1.1	4.0	1.4	5.0	1.7	5.8

8. 确定喷头孔口面积

喷头孔口面积可根据 P_c 查图 9-5 或按按下式计算：

$$F_c = \frac{10Q_c}{\mu \sqrt{2\gamma P_c}} \tag{9-13}$$

式中　F_c——喷头孔口面积，cm²；

Q_c——喷头设计流量，kg/s；

γ——七氟丙烷液体密度，kg/m³；

P_c——喷头工作压力（表压），MPa；

μ——喷头流量系数，由储存容器的增压压力与喷头孔口结构等因素决定，应经试验得出。

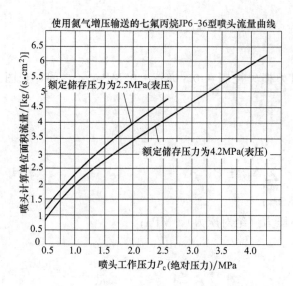

使用氮气增压输送的七氟丙烷JP6-36型喷头流量曲线

额定储存压力为2.5MPa（表压）

额定储存压力为4.2MPa（表压）

图 9-5　七氟丙烷 JP6-7 型喷头流量曲线

在实际应用中我们常常会遇到计算结果不能满足要求的情况，可以通过调整管径，改变充装率等方法，寻求一个既经济又合理的计算结果。

9. 计算例题

某通信机房，房间高 4.2m，长 13.2m，宽 7.2m，要求采用七氟丙烷灭火系统保护。

（1）取通信机房灭火设计浓度 $c=8\%$，设定灭火剂喷放时间 $t=7s$。

（2）计算保护空间实际容积

$$V=3.5\times13.2\times7.2=332.6m^3$$

（3）计算灭火剂设计用量

按公式（9-13）计算灭火剂设计用量：

$$W=K\frac{V}{S}\cdot\frac{C}{(100-C)}$$

其中，$K=1$

$$S=0.1269+0.000513\times20=0.13716m^3/kg$$

故

$$W=\frac{332.6}{0.13716}\times\frac{8}{(100-8)}=210.9kg$$

（4）喷头布置与数量

采用 JP 型喷头，其保护半径 $R=5m$。设定喷头为 2 只，按保护区平面均匀喷洒布置喷头。

（5）选定灭火剂储瓶规格及数量

根据 $W=210.9kg$，选用 90L 钢瓶 3 个，储瓶增压压力为 4.3MPa（绝对压力）。

（6）绘出系统管网计算草图

系统管网计算草图如图 9-6 所示。

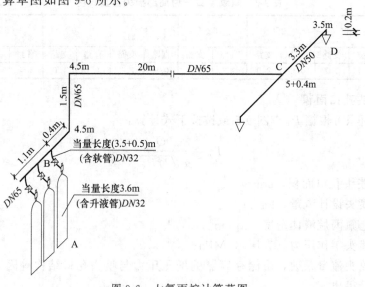

图 9-6　七氟丙烷计算草图

（7）计算管道平均设计流量

① 主干管：
$$Q_g = \frac{W}{t} = \frac{210.9}{7} = 30.1\text{kg/s}$$

② 支管：
$$Q_z = \frac{Q_g}{2} = 15.1\text{kg/s}$$

③ 储瓶出流管：
$$Q_p = \frac{W/n}{t} = \frac{\frac{210.9}{3}}{7} = 10.1\text{kg/s}$$

（8）估算管网管道直径

根据管道平均设计流量，依据图 9-4 选取管道直径。将结果标在管网计算图上。

（9）计算充装密度

系统设置用量：$W_s = W + W_1 + W_2$

管网内剩余量：$W_2 = 0$

储瓶内剩余量：$W_1 = n \times 3.5 = 3 \times 3.5 = 10.5\text{kg}$

充装率：$\eta = \frac{W_s}{n \times V_b} = \frac{210.9 + 10.5}{3 \times 0.09} = 820\text{kg/m}^3$

（10）计算管网管道内容积

依据管网计算图，$V_p = 23 \times 3.42 + 7.0 \times 1.96 = 92.4\text{dm}^3$

（11）计算全部储瓶气相总容积

$$V_0 = nV_b\left(1 - \frac{\eta}{\gamma}\right) = 3 \times 0.09 \times \left(1 - \frac{820}{1407}\right) = 0.1126\text{m}^3$$

（12）计算过程中点储瓶内压力

$$P_m = \frac{P_0 V_0}{V_0 + V_p + \frac{W}{2\gamma}} = \frac{4.2 \times 0.1126}{0.1126 + \frac{210.9}{2 \times 1407} + 0.0924} = 169\text{MPa（绝压）}$$

（13）计算管路阻力损失

① A—B 段

$Q_p = 10.0\text{kg/s}$，取 $DN = 32\text{mm}$，查图 9-6 得 $(\Delta P/L)_{ab} = 0.035\text{MPa/m}$

计算长度 $L_{ab} = 3.6 + 3.5 + 0.5 = 7.6\text{m}$
$$\Delta P_{ab} = (\Delta P/L)_{ab} \times L_{ab} = 0.035 \times 7.6 = 0.266\text{MPa}$$

② B—C 段

$Q_w = 30.1\text{kg/s}$，取 $DN = 65\text{mm}$，查图 9-6 得 $(\Delta P/L)_{bc} = 0.0095\text{MPa/m}$

计算长度 $L_{bc} = 0.4 + 4.5 + 1.5 + 4.5 + 20 = 30.9\text{m}$

$\Delta P_{bc} = (\Delta P/L)_{bc} \times L_{bc} = 0.0095 \times 30.9 = 0.2936\text{MPa}$

③ C—D 段

$Q_g = 15.1\text{kg/s}$，取 $DN = 50\text{mm}$，查图 9-6 得 $(\Delta P/L)_{bc} = 0.01\text{MPa/m}$

计算长度 $L_{cd} = 5 + 0.4 + 3.3 + 3.3 + 0.2 = 12.2\text{m}$

$\Delta P_{cd} = (\Delta P/L)_{cd} \times L_{cd} = 0.01 \times 12.2 = 0.122\text{MPa}$

求得管路总损失：

$\sum \Delta P = \Delta P_{ab} + \Delta P_{bc} + \Delta P_{cd} = 0.266 + 0.2936 + 0.122 = 0.6816\text{MPa}$

（14）计算高程压头

喷头高度相对"过程中点"储瓶液面的位差 $H = 3.2\text{m}$，依据公式（9-12）计算：

$$P_h = 10^{-6}\gamma Hg = 10^{-6}\times 1407\times 3.2\times 9.81 = 0.0442\text{MPa}$$

（15）计算喷头工作压力

依据公式（9-13）计算：

$$P_c = P_m - (\sum\Delta P \pm P_h) = 1.69 - 0.6816 - 0.0442 = 0.97\text{MPa（绝压）}$$

（16）验算设计计算结果

① $P_c \geqslant 0.5$MPa（绝压）；

② $P_c \geqslant P_m/2 = 1.665/2 = 0.832$MPa（绝压）

计算结果满足要求，合格。

（17）计算喷头计算面积及确定喷头规格

以 $P_c = 0.97$MPa 从图 9-5 中查得，喷头计算单位面积流量 $q_c = 1.95$kg/(s·cm²)。

喷头平均设计流量 $Q_c = 10.1$kg/s。

故求得喷头计算面积：

$$F_c = Q_c/q_c = 10.1/1.95 = 5.18\text{cm}^2$$

选用 JP-34 型喷头 2 个。

第三节　烟烙尽（IG-541）灭火系统

一、烟烙尽（IG-541）的特性与应用

烟烙尽（IG-541）由 52％的氮气、40％的氩气和 8％的二氧化碳三种自然存在于大气中的气体组成。它是一种无毒、无色、无味、惰性及不导电的纯"绿色"压缩气体，它既不支持燃烧又不与大部分物质产生反应，且来源丰富无腐蚀性。

1. 烟烙尽（IG-541）的性能

烟烙尽（IG-541）灭火剂的性能见表 9-8。

表 9-8　烟烙尽（IG-541）灭火剂的性能

组分		$N_2\ 52\%$、Ar 40％ 和 $CO_2\ 8\%$
俗名		烟烙尽
美国商标名称		Inergen
分子量(大约)		34.0
冰点		−78.5℃
沸点(1 大气压)		−196.0℃
蒸气压	0℃	13.53MPa
	21℃	15.29MPa
	54℃	18.10MPa
蒸气密度		1.1kg/m³
蒸气比热(25℃)		0.574kJ/kg
沸点时气化热(25℃)		220kJ/(kg·℃)
相对介电强度(25℃)		1.03(N_2=1.00)
水在灭火剂中的溶解度(21℃)		150×10^{-6}(重量化)
储存压力(20℃)		15MPa
储存容器最小设计工作压力		15.5MPa
杯式法灭火浓度(灭正烷火 V/V)		29.1％
最小设计灭火浓度(V/V)		35.0％
惰化(爆)浓度(对丙烷 V/V)		49.0％
毒性数据 NOAEL(V/V)		43.0％
毒性数据 LOAEL(V/V)		52.0％

作为洁净气体灭火剂，烟烙尽（IG-541）灭火系统具有如下优点。

（1）对环境完全无害，可确保长期使用。烟烙尽（IG-541）气体是由自然存在于大气中的三种惰性气体组成，在灭火后它们又重新回归于大气，因此不会对环境造成危害。同时，组成烟烙尽（IG-541）气体的三种惰性气体不会随时间而分解或消失，所以烟烙尽（IG-541）灭火系统一旦投入使用后，可确保长期使用。

（2）对人体无害，可用于有人活动的场所。由于在规定的设计灭火浓度下（37.5％～42.8％），烟烙尽（IG-541）气体本身对人体完全无害，当无火灾或其他危险的情况下即使有人停留在已经喷放烟烙尽（IG-541）气体的房间中，也不会有丝毫的危险。

（3）不产生任何化学分解物，对精密的仪器设备和珍贵的数据资料无腐蚀作用。烟烙尽（IG-541）气体由惰性气体组成，在发生火灾后不会对精密的通信设备和珍贵的数据资料产生腐蚀作用，火灾后的现场也易于清理。

（4）防护区内温度不会急剧下降，对精密的仪器设备和珍贵的数据资料无任何伤害。烟烙尽（IG-541）气体是以气态方式储存的，因此在以气态方式喷放到防护区中时，没有吸热气化的过程，不会使防护区中的温度在短时间内发生急剧下降。这样既不会出现存储珍贵数据资料的纸张和磁盘发脆而损坏的现象，也不会因防护区内存在一定的湿度而在精密的仪器设备表面产生大量的冷凝水，造成无可挽回的损失。

烟烙尽（IG-541）虽具有上述多方面优点，但因烟烙尽（IG-541）属气体单相灭火剂，故存在以下缺点：

（1）不能作局部喷射使用，不能以灭火器方式使用；

（2）灭火剂用量过大，与其他气体灭火系统相比要有更多的储存钢瓶和更粗的喷放管道。

2. 烟烙尽（IG-541）的灭火机理

烟烙尽（IG-541）是物理方式灭火，释放后靠把氧气浓度降低到不能支持燃烧的浓度来扑灭火灾。当烟烙尽（IG-541）气体按规定的设计灭火浓度喷放于防护区内时，在1min之内将防护区内的氧气浓度迅速降至12.5％，将防护区中的二氧化碳浓度从自然状态下的低于1％提高到4％，从而使燃烧无法继续进行。

3. 烟烙尽（IG-541）灭火系统的应用场所

烟烙尽（IG-541）灭火系统特别适用于：必须使用不导电的灭火剂实施消防保护的场所；使用其他灭火剂易产生腐蚀或损坏设备、污染环境、造成清洁困难等问题的消防保护场所；防护区内经常有人工作而要求灭火剂对人体无任何毒害的消防保护场所。

烟烙尽（IG-541）灭火系统不适用于扑灭以下类型的火灾：

（1）D类可燃金属火灾，如钠、钾、镁、钛和锆等金属引起的火灾；

（2）含有氧化剂的化合物如硝酸纤维的火灾；

（3）金属氢化物的火灾等。

烟烙尽（IG-541）灭火系统的主要应用场所如表9-9所列。

表9-9 烟烙尽（IG-541）灭火系统应用场所

序号	系统名称	主要应用场所
1	金融系统	金库、计算机房、磁介质库、凭证库、保险库等
2	电力系统	变压器房、配电房、发电机组、计算机房、控制中心、监控房
3	电信系统	程控机房、配电房、电话交换站、通信机房、UPS室
4	冶金系统	轧机、计算机房、淬火油槽、液压站、电缆夹层、电缆隧道

续表

序号	系统名称	主要应用场所
5	建材系统	收尘器、粉煤仓、主控站
6	石化系统	钻井平台、计算机房、主控室、磁带库、数据处理中心
7	机械系统	涂装线、调漆间、燃气机、电机组、喷漆房
8	文教系统	图书馆、珍宝库、磁带库、计算机房、贵重仪器、文物资料室
9	电子系统	老化室、离心机、洁净车间、计算机房
10	服务系统	燃油锅炉、发电机房、配电室、通信机房、客房、营业大厅、歌舞厅

还有如下的典型火灾危险性场所：

（1）国家保护文物中的金属、纸绢质制品和音像档案库；

（2）易燃和可燃液体储存间；

（3）喷放灭火剂之前可切断可燃、助燃气体气源的可燃气体火灾危险场所；

（4）经常有人工作的防护区。

二、系统的分类与部件

1. 系统分类

按应用方式和防护区的特点分类，烟烙尽（IG-541）灭火系统的类型为全淹没式的灭火方式，即在规定时间内，向保护区喷射一定浓度的灭火剂，并使其均匀地充满整个保护区的灭火系统。灭火系统可以设计成单元独立系统和组合分配系统。

（1）单元独立系统　指由一套灭火装置对某个防护区实施消防保护的灭火系统。图9-7是单元独立系统结构示意。

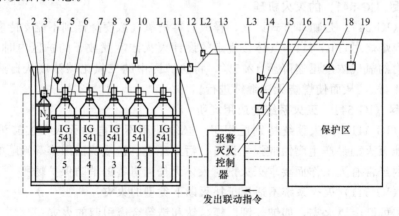

图 9-7　单元独立灭火系统结构示意

1—灭火剂储瓶框架及安装部件；2—启动气瓶；3—电磁阀；4—启动管路；5—集流管；6—灭火剂储瓶；
7—瓶头阀；8—单向阀；9—高压金属软管；10—安全阀；11—减压装置；12—压力开关；13—灭火剂输送管路；
14—声光报警器；15—放气显示灯；16—手动控制盒；17—报警灭火控制器；18—喷嘴；
19—火灾探测器；L1—控制线路；L2—释放反馈信号线路；L3—探测报警线路

（2）组合分配系统　是指由一套灭火装置对多个防护区实施消防保护的灭火系统。用于重点防护对象的烟烙尽（IG-541）灭火系统或超过8个防护区的组合分配系统，应设置备用量，备用量不应小于设计用量。组合分配灭火系统结构如图9-8所示。

由于烟烙尽（IG-541）灭火系统在存储及释放过程中均为气态，因此无论气体向上或向

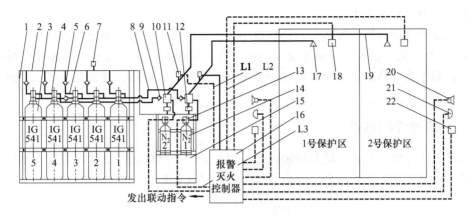

图 9-8　组合分配灭火系统结构示意

1—灭火剂储瓶框架及安装部件；2—集流管；3—灭火剂储瓶；4—瓶头阀；5—单向阀；6—高压金属软管；7—安全阀；
8—启动管路；9—启动管路单向阀；10—选择阀；11—压力开关；12—减压装置；13—电磁阀；14—启动气瓶；
15—启动瓶框架；16—报警灭火控制器；17—喷嘴；18—火灾探测器；19—灭火剂输送管路；20—声光报警器；
21—放气显示灯；22—手动控制盒；L1—释放反馈信号线路；L2—探测报警线路；L3—控制线路

下输送都可以到达较远的距离，这样在组合分配系统多楼层设置时，钢瓶间的设置位置相当灵活，同时可以保护更多的防护区。

2. 系统部件

（1）灭火剂储瓶　用于储存烟烙尽（IG-541）灭火剂。火灾发生时，启动气体开启瓶头阀，释放出储瓶内的灭火剂，实施灭火。储瓶内充装的烟烙尽（IG-541）灭火剂质量要求应符合表 9-10 的规定。

表 9-10　烟烙尽（IG-541）体积比

成分	质量要求	成分	质量要求
N_2	52%±4%	CO_2	8%＋1% －0.0%
Ar	40%±4%	水分	最大 0.005%（按重量）

（2）瓶头阀　安装在灭火剂储瓶上，用以密封储瓶内的灭火剂。

（3）选择阀　安装在系统集流管上，一端与集流管连接，一端与灭火剂输送管道连接。选择阀主要用于组合分配系统中，以控制灭火剂流动方向，保证灭火剂进入发生火灾的防护区。

选择阀平时处于关闭状态。火灾发生时，启动气体进入选择阀驱动缸，使选择阀处于开启状态。接着，启动气体又打开瓶头阀，释放出灭火剂，通过选择阀喷入防护区。

（4）单向阀　安装于集流管与高压金属软管之间，用以控制灭火剂单向流动，即由高压金属软管流向集流管。

（5）安全阀　安装在集流管上，当管道中压力大于允许值时，安全膜片爆破，管道泄压，起到保护系统的作用。

（6）减压装置　高压储存的灭火剂释放经其减压后，可大大降低下游管网的承压要求，从而提高系统的经济性和安全性。

（7）启动钢瓶　用于储存启动气体氮气（N_2）。

（8）电磁阀　安装在启动钢瓶上，用以密封启动瓶内的启动气体。火灾时，控制器发出灭火指令，打开电磁阀，释放启动气体，启动气体通过启动管路打开相应的选择阀和瓶头阀，释放灭火剂，实施灭火。

（9）启动管路单向阀　安装于启动管路中，用以控制启动气体流动的方向。

（10）压力开关　在组合分配系统中安装在出管组件上；在单元独立系统中安装在集流管组件上，当灭火剂释放时，使其动作，发出反馈信号给控制器，通知瓶头阀已打开，灭火剂已释放到相应防护区。

三、系统的控制方式

烟烙尽（IG-541）灭火系统的控制，要求同时具有自动控制、手动控制和应急操作三种控制方式。烟烙尽（IG-541）自动灭火系统程序如图9-9所示。

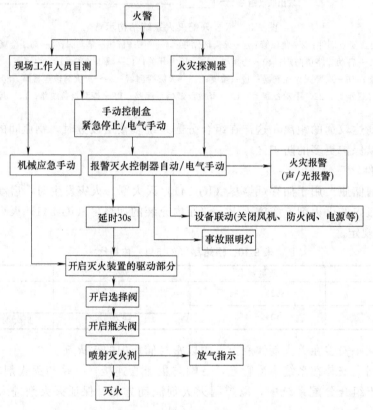

图 9-9　烟烙尽（IG-541）自动灭火系统程序

1. 自动控制

每个防护区内都设置有烟感探测器和温感探测器，被分成两个独立的报警区域。火灾发生时，其中单个区域报警后，设在该防护区域内的报警器将动作，而当两个报警区域都报警后，设在该防护区内的声光报警器将动作，在经过30s延时后或根据需要不延时，灭火控制器将启动烟烙尽（IG-541）气体钢瓶组上电磁阀和对应防护区的区域选择阀，使烟烙尽（IG-541）气体沿管道和喷头输送到对应的指定的防护区灭火。一旦烟烙尽（IG-541）气体释放后，设在管道上的压力开关会将灭火剂已经释放的信号送回灭火控制器或消防控制中心的火灾报警系统。而防护区门外的放气显示灯在灭火期间将一直工作，警告所有人员不能进入防护区，直至确认火灾已经扑灭。

当烟烙尽（IG-541）灭火系统的灭火控制器启动声光报警器，在系统处于延时阶段时，若发现是系统误动作，或确有火灾发生但仅使用手提式灭火器和其他移动灭火设备就可扑灭火灾时，可按下设在防护区门外的紧急停止开关，使系统停止释放气体。如需继续开启烟烙尽（IG-541）灭火系统，则再次按下紧急启动开关即可。在防护区的每一个出入口内外侧，都要设置一个放气显示灯。在防护区的每一个出入口的外侧，都要设置一个紧急启停开关和手动启动器。

2. 手动控制

按下灭火控制器上的相应防护区的灭火按钮，系统将经过延时而启动，释放烟烙尽（IG-541）气体。

3. 应急操作

通过操作设在钢瓶间内的启动装置，烟烙尽（IG-541）气体钢瓶瓶头阀上的手柄和区域选择阀上的手柄，来打开烟烙尽（IG-541）灭火系统。应急操作实际上是机械方式的操作，只有当自动控制和手动控制均失灵时，才需要采用。

四、系统设计计算

（一）一般规定

1. 灭火剂设计浓度

（1）烟烙尽（IG-541）灭火系统的灭火设计浓度不应小于灭火浓度的 1.3 倍，惰化设计浓度不应小于灭火浓度的 1.1 倍。

（2）固体表面火灾的灭火浓度为 28.1%，其他灭火浓度可按表 9-11 的规定取值，惰化浓度可按表 9-12 的规定取值。

表 9-11 烟烙尽（IG-541）灭火浓度

可燃物	灭火浓度/%	可燃物	灭火浓度/%
甲烷	15.4	丙酮	30.3
乙烷	29.5	丁酮	35.8
丙烷	32.3	甲基异丁酮	32.3
戊烷	37.2	环己酮	42.1
庚烷	31.1	甲醇	44.2
正庚烷	31.0	乙醇	35.0
辛烷	35.8	1-丁醇	37.2
乙烯	42.1	异丁醇	28.3
乙酸乙烯酯	34.4	普通汽油	35.8
乙酸乙酯	32.7	航空汽油100	29.5
二乙醚	34.9	Avtur(Jet A)	36.2
石油醚	35.0	2号柴油	35.8
甲苯	25.0	真空泵油	32.0
乙腈	26.7		

表 9-12 烟烙尽（IG-541）惰化浓度

可燃物	惰化浓度/%	可燃物	惰化浓度/%
甲烷	43.0	丙烷	49.0

2. 喷放时间与灭火浸渍时间

当烟烙尽（IG-541）灭火剂喷放至设计用量的 95% 时，喷放时间不应大于 60s，且不应小于 48s。

灭火浸渍时间应符合下列规定。

（1）木材、纸张、织物等固体表面火灾　宜采用20min；

（2）通信机房、电子计算机房内的电气设备火灾　宜采用10min；

（3）其他固体表面火灾　宜采用10min。

3. 储存容器充装量

储存容器充装量应符合下列规定。

（1）一级充压（15.0MPa）系统　充装量应为211.15kg/m³；

（2）二级充压（20.0MPa）系统　充装量应为281.06kg/m³。

（二）烟烙尽（IG-541）设计用量计算

1. 防护区烟烙尽（IG-541）灭火设计用量或惰化设计用量

防护区灭火设计用量或惰化设计用量应按下式计算：

$$W = K \frac{V}{S} \ln\left(\frac{100}{100-C_1}\right) \tag{9-14}$$

式中　W——灭火设计用量或惰化设计用量，kg；

C_1——灭火设计浓度或惰化设计浓度，%；

V——防护区的净容积，m³；

S——灭火剂气体在101kPa大气压和防护区最低环境温度下的质量体积，m³/kg；

K——海拔高度修正系数，可按表9-13的规定取值。

表 9-13　海拔高度修正系数

海拔高度/m	修正系数	海拔高度/m	修正系数
−1000	1.130	2500	0.735
0	1.000	3000	0.690
1000	0.885	3500	0.650
1500	0.830	4000	0.610
2000	0.785	4500	0.565

2. 灭火剂气体在101kPa大气压和防护区最低环境温度下的质量体积

灭火剂气体在101kPa大气压和防护区最低环境温度下的质量体积，应按下式计算：

$$S = 0.6575 + 0.0024T \tag{9-15}$$

式中　T——防护区最低环境温度，℃。

3. 系统灭火剂储存量

系统灭火剂储存量，应为防护区灭火设计用量及系统灭火剂剩余量之和，系统灭火剂剩余量应按下式计算：

$$W_s \geqslant 2.7V_0 + 2.0V_p \tag{9-16}$$

式中　W_s——系统灭火剂剩余量，kg；

V_0——系统全部储存容器的总容积，m³；

V_p——管网的管道内容积，m³。

（三）管网设计计算

1. 管道流量

管道流量宜采用平均设计流量。主干管、支管的平均设计流量，应按下列公式计算：

$$Q_w = \frac{0.95W}{t} \tag{9-17}$$

$$Q_g = \sum_{1}^{N_g} Q_c \tag{9-18}$$

式中　Q_w——主干管平均设计流量，kg/s；

　　　t——灭火剂设计喷放时间，s；

　　　Q_g——支管平均设计流量，kg/s；

　　　N_g——安装在计算支管下游的喷头数量，个；

　　　Q_c——单个喷头的设计流量，kg/s。

2. 管道内径

管道内径宜按下式计算：

$$D=(24\sim36)\sqrt{Q} \tag{9-19}$$

式中　D——管道内径，mm；

　　　Q——管道设计流量，kg/s。

3. 减压计算

灭火剂释放时，管网应进行减压。减压装置宜采用减压孔板。减压孔板宜设在系统的源头或干管入口处。

减压孔板前的压力，应按下式计算

$$P_1=P_0\left(\frac{0.525V_0}{V_0+V_1+0.4V_2}\right)^{1.45} \tag{9-20}$$

式中　P_1——减压孔板前的压力，MPa，绝对压力；

　　　P_0——灭火剂储存容器充压压力，MPa，绝对压力；

　　　V_0——系统全部储存容器的总容积，m³；

　　　V_1——减压孔板前管网管道容积，m³；

　　　V_2——减压孔板后管网管道容积，m³。

减压孔板后的压力，应按下式计算：

$$P_2=\delta P_1 \tag{9-21}$$

式中　P_2——减压孔板后的压力，MPa，绝对压力；

　　　δ——落压比（临界落压比：$\delta=0.52$）。一级充压（15MPa）的系统，可在$\delta=0.52\sim$
0.60中选用；二级充压（20MPa）的系统，可在$\delta=0.52\sim0.55$中选用。

减压孔板孔口面积，宜按下式计算：

$$F_k=\frac{Q_k}{0.95\mu_k P_1\sqrt{\delta^{1.38}-\delta^{1.69}}} \tag{9-22}$$

式中　F_k——减压孔板孔口面积，cm²；

　　　Q_k——减压孔板设计流量，kg/s；

　　　μ_k——减压孔板流量系数。

4. 系统的阻力损失

系统的阻力损失宜从减压孔板后算起。先按按下列公式计算出计算管段末端压力系数，然后根据表9-14和表9-15确定计算管段末端压力。

$$Y_2=Y_1+\frac{LQ^2}{0.242\times10^{-8}D^{525}}+\frac{1.653\times10^7}{D^4}(Z_2-Z_1)Q^2 \tag{9-23}$$

式中　Q——管道设计流量，kg/s；

　　　L——管道计算长度，m；

　　　D——管道内径，mm；

　　　Y_1——计算管段始端压力系数，10^{-1}MPa·kg/m³，查表9-14和表9-15；

Y_2——计算管段末端压力系数，10^{-1} MPa·kg/m³，查表 9-14 和表 9-15；

Z_1——计算管段始端密度系数，查表 9-14 和表 9-15；

Z_2——计算管段末端密度系数，查表 9-14 和表 9-15。

表 9-14　一级充压（15.0MPa）烟烙尽（IG-541）灭火系统的管道压力系数和密度系数

压力(绝对压力)/MPa	Y/(10^{-1} MPa·kg/m³)	Z	压力(绝对压力)/MPa	Y/(10^{-1} MPa·kg/m³)	Z
3.7	0	0	2.8	474	0.363
3.6	61	0.0366	2.7	516	0.409
3.5	120	0.0746	2.6	557	0.457
3.4	177	0.114	2.5	596	0.505
3.3	232	0.153	2.4	633	0.552
3.2	284	0.194	2.3	668	0.601
3.1	335	0.237	2.2	702	0.653
3.0	383	0.277	2.1	734	0.708
2.9	429	0.319	2.0	764	0.766

表 9-15　二级充压（20.0MPa）烟烙尽（IG-541）灭火系统的管道压力系数和密度系数

压力(绝对压力)/MPa	Y/(10^{-1} MPa·kg/m³)	Z	压力(绝对压力)/MPa	Y/(10^{-1} MPa·kg/m³)	Z
4.6	0	0	3.4	770	0.370
4.5	75	0.0284	3.3	822	0.405
4.4	148	0.0561	3.2	872	0.439
4.3	219	0.0862	3.08	930	0.483
4.2	288	0.114	2.94	995	0.539
4.1	355	0.144	2.8	1056	0.595
4.0	420	0.174	2.66	1114	0.652
3.9	483	0.206	2.52	1169	0.713
3.8	544	0.236	2.38	1221	0.778
3.7	604	0.269	2.24	1269	0.847
3.6	661	0.301	2.1	1314	0.918
3.5	717	0.336			

烟烙尽（IG-541）灭火系统的喷头工作压力的计算结果，应符合下列规定：

（1）一级充压（15MPa）系统，$P_c \geqslant 2.0$MPa（绝对压力）；

（2）二级充压（20MPa）系统，$P_c \geqslant 2.1$MPa（绝对压力）。

（四）喷头孔口面积

喷头等效孔口面积，应按下式计算：

$$F_c = \frac{Q_c}{q_c} \tag{9-24}$$

式中　Q_c——喷头的喷射流量，kg/s；

F_c——喷头等效孔口面积，cm²；

q_c——等效孔口单位面积喷射率，kg/(s·cm²)，可根据表 9-16 和表 9-17 采用。

表 9-16　一级充压（15.0MPa）烟烙尽（IG-541）灭火系统喷头等效孔口单位面积喷射率

喷头入口压力 （绝对压力）/MPa	喷射率 /[kg/(s·cm²)]	喷头入口压力 （绝对压力）/MPa	喷射率 /[kg/(s·cm²)]
3.7	0.97	2.8	0.70
3.6	0.94	2.7	0.67
3.5	0.91	2.6	0.64
3.4	0.88	2.5	0.62
3.3	0.85	2.4	0.59
3.2	0.82	2.3	0.56
3.1	0.79	2.2	0.53
3.0	0.76	2.1	0.51
2.9	0.73	2.0	0.48

注：等效孔口流量系数为 0.98。

表 9-17　二级充压（20.0MPa）烟烙尽（IG-541）灭火系统喷头等效孔口单位面积喷射率

喷头入口压力 （绝对压力）/MPa	喷射率 /[kg/(s·cm²)]	喷头入口压力 （绝对压力）/MPa	喷射率 /[kg/(s·cm²)]
4.6	1.21	3.4	0.86
4.5	1.18	3.3	0.83
4.4	1.15	3.2	0.80
4.3	1.12	3.08	0.77
4.2	1.09	2.94	0.73
4.1	1.06	2.8	0.69
4.0	1.03	2.66	0.65
3.9	1.00	2.52	0.62
3.8	0.97	2.38	0.58
3.7	0.95	2.24	0.54
3.6	0.92	2.1	0.50
3.5	0.89		

注：等效孔口流量系数为 0.98。

喷头的实际孔口面积应经试验确定，喷头规格应符合表 9-18 的规定。

表 9-18　喷头规格和等效孔口面积

喷头规格代号	等效孔口面积/cm²	喷头规格代号	等效孔口面积/cm²
8	0.3168	18	1.603
9	0.4006	20	1.979
10	0.4948	22	2.395
11	0.5987	24	2.850
12	0.7129	26	3.345
14	0.9697	28	3.879
16	1.267		

注：扩充喷头规格，应以等效孔口的单孔直径 0.79375mm 倍数设置。

（五）防护区的泄压口面积

防护区的泄压口面积，宜按下式计算：

$$F_x = 1.1 \frac{Q_x}{\sqrt{P_f}} \tag{9-25}$$

式中　F_x——泄压口面积，m²；

Q_x——灭火剂在防护区的平均喷放速率，kg/s；

P_f——围护结构承受内压的允许压强，Pa。

（六）计算例题

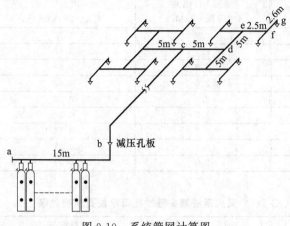

图 9-10 系统管网计算图

某机房为 20m×20m×3.5m，最低环境温度 20℃，采用烟烙尽（IG-541）灭火系统，管网均衡布置，系统管网计算图见图 9-10。图中，减压孔板前管道（a—b）长 15m，减压孔板后主管道（b—c）长 75m，管道连接件当量长度 9m；一级支管（c—d）长 5m，管道连接件当量长度 11.9m；二级支管（d—e）长 5m，管道连接件当量长度 6.3m；三级支管（e—f）长 2.5m，管道连接件当量长度 5.4m；末端支管（f—g）长 2.6m，管道连接件当量长度 7.1m。根据以上条件进行设计计算。

【解】　（1）确定灭火设计浓度

依据气体灭火系统设计规范（GB 50370—2005），取 $C_1=37.5\%$。

（2）计算保护空间实际容积

$V=20\times20\times3.5=1400\mathrm{m}^3$。

（3）计算灭火剂设计用量

根据公式（9-14）

$$W=K\frac{V}{S}\ln\left(\frac{100}{100-C_1}\right)$$

其中，$K=1$

$$S=0.6575+0.0024\times T=0.6575+0.0024\times20=0.7055\mathrm{m}^3/\mathrm{kg}$$

将 K 和 S 代入上式得：

$$W=\frac{1400}{0.7055}\ln\frac{37.5}{100-37.5}=932.68\mathrm{kg}$$

（4）设定喷放时间

依据规范，取喷放时间 $t=55\mathrm{s}$。

（5）选定灭火剂储存容器规格及储存压力级别

选用 70L 的 15MPa 存储容器，根据 $W=932.68\mathrm{kg}$，充装系数 $\eta=211.15\mathrm{kg/m}^3$，则储瓶数为：$n=(932.68/211.15)/0.07=63.1$

取整后，$n=64$ 只。

（6）计算管道平均设计流量

$$Q_w=\frac{0.95W}{t}=0.95\times932.68/55=16.110\mathrm{kg/s}$$

主干管如下。

一级支管：$Q_{g1}=Q_w/2=8.055\mathrm{kg/s}$；

二级支管：$Q_{g2}=Q_{g1}/2=4.028\mathrm{kg/s}$；

三级支管：$Q_{g3}=Q_{g2}/2=2.014\mathrm{kg/s}$；

末端支管：$Q_{g4}=Q_{g3}/2=1.007\mathrm{kg/s}$，即 $Q_c=1.007\mathrm{kg/s}$。

（7）选择管网管道内径

以管道平均设计流量确定管道内径。

$$D = (24\sim36)\sqrt{Q}$$

初选管径如下。

主干管：125mm；

一级支管：80mm；

二级支管：65mm；

三级支管：50mm；

末端支管：40mm。

（8）计算系统剩余量及其增加的储瓶数量

减压孔板前管网管道容积 $V_1 = 0.1178 \text{m}^3$

减压孔板后管网管道容积 $V_2 = 1.1287 \text{m}^3$；

管网的管道内容积 $V_P = V_1 + V_2 = 1.2465 \text{m}^3$；

系统设储存容器 64 个，每个容积 70L，则系统全部储存容器的总容积 $V_0 = 0.07 \times 64 = 4.48 \text{m}^3$；

代入公式得系统灭火剂剩余量：

$$W_s \geq 2.7V_0 + 2.0V_P \geq 14.589 \text{kg}$$

计入剩余量后的储瓶数：

$$n_1 \geq [(932.68 + 14.589)/211.15]/0.07 \geq 64.089$$

取整后，取 $n_1 = 65$ 只。

（9）计算减压孔板前压力

减压孔板前的压力：

$$P_1 = P_0 \left(\frac{0.525V_0}{V_0 + V_1 + 0.4V_2} \right)^{1.45} = 4.954 \text{MPa}$$

（10）计算减压孔板后压力

取 $\delta = 0.52$，代入公式（9-21）得到减压孔板后的压力：

$$P_2 = \delta P_1 = 0.52 \times 4.954 = 2.576 \text{MPa}$$

（11）计算减压孔板孔口面积

依据公式（9-22）计算减压孔板孔口面积。已知 $Q_k = 16.11 \text{kg/s}$，$P_1 = 4.954 \text{MPa}$，$\delta = 0.52$，初选减压孔板流量系数 $\mu_k = 0.61$，代入公式（9-22）得：

$$F_k = \frac{Q_k}{0.95\mu_k P_1 \sqrt{\delta^{1.38} - \delta^{1.69}}} = 20.570 \text{cm}^2$$

根据 $F_k = 20.570 \text{cm}^2$ 计算得减压孔板孔口直径 $d = 51.177 \text{mm}$。

$d/D = 51.177/125 = 0.4094$，说明 μ_k 选择正确。

（12）计算流程损失

已知减压孔板后 b 点的压力 $P_2 = 2.576 \text{MPa}$，查表 9-14 得出 b 点的管道压力系数 $Y = 566.6$，密度系数 $Z = 0.5855$。

在已知 b 点的压力的基础上，加上 b—c 管段的压力损失（包括沿程压力损失和局部压力损失），求得 c 点的压力值 $P = 2.3317 \text{MPa}$。依次类推，也能去确定出 d 点、e 点、f 点和 g 点的压力值。

将各管段平均流量及计算长度（含沿程长度及管道连接件当量长度）等代入公式

（9-23）：

$$Y_2 = Y_1 + \frac{LQ^2}{0.242 \times 10^{-8} D^{5.25}} + \frac{1.653 \times 10^7}{D^4}(Z_2 - Z_1)Q^2$$

并结合表 9-14，就能推算出：

c 点 $Y = 656.9$，$Z = 0.5855$；

d 点 $Y = 705.0$，$Z = 0.6583$；

e 点 $Y = 728.6$，$Z = 0.6987$；

f 点 $Y = 744.8$，$Z = 0.7266$；

g 点 $Y = 760.8$，$Z = 0.7598$。

（13）计算喷头等效孔口面积

因 g 点为喷头入口处，根据 g 点 Y、Z 值，查表 9-14 得出该点压力 $P = 2.011MPa$；根据该点压力值查表 9-16 得出喷头等效单位面积喷射率 $q_c = 0.4832kg/(s \cdot cm^2)$。

本系统共设 16 个喷头，因此每个喷头的喷射流量 $Q_c = 16.11/16 = 1.01kg/s$；将 Q_c 和 q_c 代入公式（9-25）：

$$F_c = \frac{Q_c}{q_c} = 2.084cm^2$$

根据 $F_c = 2.084cm^2$，查表 9-18，可选用规格代号为 22 的喷头（16 只）。

第四节　热气溶胶灭火系统

一、热气溶胶灭火剂的特性与应用

1. 热气溶胶灭火剂的特性

热气溶胶灭火剂是由氧化剂、还原剂（可燃剂）、黏合剂、燃速调节剂等物质构成的固体混合药剂，在启动电流或热引发下，经过药剂自身的氧化还原燃烧反应后而生成了既有固体颗粒又有气体的灭火溶胶。溶胶中大部分为 N_2、CO_2 和水蒸气等灭火气体，固体颗粒是钾和锶的氧化物。目前市场上主要有 K 型热气溶胶和 S 型热气溶胶。K 型热气溶胶灭火剂以钾盐（硝酸钾）为主氧化剂，其喷放物灭火效率高，但因为其中含有大量钾离子，易吸湿，形成一种黏稠状的导电物质，而这种物质对电子设备有很大的损坏性，故 K 型热气溶胶一定的局限性。

S 型热气溶胶灭火剂采用了 $Sr(NO_3)_2$ 作主氧化剂，同时以 KNO_3 作为辅氧化剂，其中 $Sr(NO_3)_2$ 的质量分数为 35%～50%，KNO_3 为 10%～20%。S 型气溶胶灭火产品对电器类火灾等场所的保护具有无损害、不导电、不腐蚀、不二次污染等优势，是理想的哈龙替代产品，其成本低，常压储存、设计安装维护简单方便、绿色环保等优点是其他气体灭火产品所不具备的。

2. 热气溶胶灭火原理

热气溶胶是通过若干种机理来达到灭火效果的，其中包括以下几种。

（1）吸热分解的降温灭火作用　金属氧化物 K_2O 在温度大于 350℃ 时就会分解，K_2CO_3 的熔点为 891℃，超过此温度即分解，这些都存在着强烈的吸热反应。另外 K_2O 和燃烧物质 C 在高温下也会进行反应并吸收热量。

任何火灾初期，短时内放出的热量往往有限，若在短时内气溶胶中固体颗粒能吸收火源放出的部分热量，则火焰温度就会降低，同时辐射到燃烧表面和用于将已经气化的可燃烧分子裂解成游离基，其热量将会减少，燃烧反应也就会得到一定程度的抑制。

（2）气相化学抑制作用　在热的作用下，气溶胶中的固体微粒离解出的 K 可能以蒸气或阳离子的形式存在。在瞬间它可能与燃烧中的活性基团 H·、OH· 和 O· 发生多次链反应。

消耗活性基团和抑制活性基团 H·、OH· 和 O· 之间的放热反应，对燃烧反应起到抑制作用。

（3）固体颗粒表面对链式反应的抑制作用（固相化学抑制作用）　气溶胶中的固体微粒具有很大的表面积和表面能，在火场中被加热和发生裂解需要一定时间，并不可能完全被裂解或气化。固体颗粒进入火场后，受可燃物裂解产物的冲击，由于它仍相对于活性基团 H·、OH· 和 O· 的尺寸要大得多，故活性基团与固体微粒表面相碰撞时，被瞬间吸附并发生化学作用。反应反复进行，从而起到消耗燃料活性基团的效果。

3. 热气溶胶灭火系统的应用

热气溶胶灭火系统可用于扑救下列初期火灾：

（1）变配电间、发电机房、电缆夹层、电缆井、电缆沟、通信机房、电子计算机房等场所的火灾；

（2）生产、使用或储存动物油、植物油、重油、润滑油、变压器油、闪点 >60℃ 的柴油等各种丙类可燃液体的火灾；

（3）不发生阴燃的可燃固体物质的表面火灾。

热气溶胶灭火系统不适宜扑救下列火灾：

（1）无空气条件下仍能迅速氧化的化学物质，如硝酸纤维火药等；

（2）钾、钠、镁、钛、铀等活泼金属；

（3）氢化钾、氢化钠等金属氢化物；

（4）能自行分解的化学物质，如一些过氧化物、联氨等；

（5）强氧化剂，如氧化氮、氟等；

（6）会自燃的物质，如磷等；

（7）可燃固体物质的深位火灾。

热气溶胶灭火系统不适用于下列场所的火灾扑救：

（1）爆炸危险区域；

（2）商场、交通系统的售票处、候车（机）厅、饮食服务、文体娱乐等公共活动场所；

（3）人员密集的场所。

热气溶胶灭火装置不宜安装下列的部位：

（3）临近明火、火源处；

（2）临近进风、排风口、门、窗及其他开口处；

（3）容易被雨淋、水浇、水淹处；

（4）疏散通道；

（5）经常受振动、冲击、腐蚀影响处。

二、热气溶胶灭火系统的分类和构成

1. 系统的分类

热气溶胶灭火系统按应用形式可分为全淹没灭火系统和局部应用灭火系统。全淹没灭火统应用于扑救封闭空间内的火灾，局部应用灭火系统应用于扑救不需封闭空间条件的具体被保护对象的非深位火灾。

2. 系统的构成

热气溶胶灭火系统由热气溶胶灭火装置、驱动控制装置及火灾探测器等三部分构成。图 9-11 为独立防护区的热气溶胶灭火系统图。

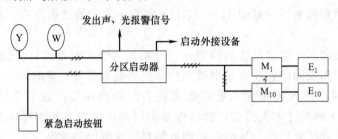

图 9-11　独立防护区的热气溶胶灭火系统
M—启动模块；E—热灭火装置

（1）热气溶胶灭火装置　在热气溶胶灭火系统中储存热气溶胶灭火剂，产生和喷射热气溶胶的装置，简称热气溶胶灭火装置。它可按热气溶胶灭火剂用量预装成不同的规格系列。根据防护区特点和不同容积设计的热气溶胶灭火剂用量，可以单具或多具热气溶胶灭火装置组合来满足工程灭火设计要求。热气溶胶自动灭火装置的型号规格及技术参数见表 9-19。

表 9-19　热气溶胶自动灭火装置的型号规格及技术参数

产品名称	型号规格	技 术 参 数	重量 /kg	外形尺寸(长×宽×高) /mm
固定式热气溶胶自动灭火装置	MEGZ2.5	启动电流 1A 负载电阻≤120	50	380×380×950
	MEGZ3	启动电流 1A 负载电阻≤120	51	380×380×950
	MEGZ4	启动电流 1A 负载电阻≤120	55	380×380×950
	MEGZ5	启动电流 1A 负载电阻≤240	96	750×380×980
	MEGZ6	启动电流 1A 负载电阻≤240	97	750×380×980
	MEGZ8	启动电流 1A 负载电阻≤240	109	750×380×980
	MEGZ10	启动电流 1A×2 负载电阻≤240×2	191	750×380×1920
	MEGZ12	启动电流 1A×2 负载电阻≤240×2	193	750×380×1920
	MEGZ16	启动电流 1A×2 负载电阻≤240×2	210	750×380×1920
豪华型	MEGZ12-16	启动电流 1A×2 负载电阻≤240×2	217	280×460×2150
分区启动器	JB-DB-AD2	主电 AC220V 备电 DC24V、4AH 输出 DC24V、1A		260×110×350
通用接口	QT-JK-B10	电压 DC24V,监控电流 15mA 启动电流＜1000mA		160×65×200

（2）驱动控制装置

① 分区启动控制器（简称启动器）适用于设在独立防护区内，负载小于 24Ω 的热灭火装置及其系统。启动器接收火灾探测器发出的火灾信号，作出判断，并通过输出端启动热灭火装置。

当防护区内需用多具热灭火装置时，可在启动器后加入启动模块，一个启动模块可串联连接负载电阻小于 24Ω 的热灭火装置，一个启动器最多可并联连接 15 个启动模块。

② 启动模块。接收来自启动器或通过接口的动作指令，启动热灭火装置投入灭火动作

的执行装置。

③ 分区通用接口（简称通用接口）系专为热气溶胶灭火系统与灭火自动报警控制系统联网而设计的。通用接口可与国内外火灾报警控制器联动，当被监视部位发生火情时，火灾报警控制器收到火灾探测器发出的信号而发出声、光报警，并通过现场控制模块给通用接口发出火灾信号，通用接口接到信号后，发出声、光报警，并延时30s通过启动模块自动启动热灭火装置灭火，也可在现场作紧急启动或紧急中断。同时兼具有对热灭火装置启动部件自动巡检功能。一个通用接口可并联连接10个启动模块。

④ 紧急启动按钮和紧急停止按钮，均应选用经国家质量监督机构认定的合格产品。

（3）火灾探测器　采用的各类火灾探测器务必是经国家质量监督机构认定的合格产品，并应在安装验收过程做到抽测部分探测器，试验火灾报警、故障报警及光警优先等功能。有关的声、光报警装置应能给出符号设计要求的正常信号。

三、热气溶胶预制灭火系统设计与计算

1. 灭火设计浓度

热气溶胶预制灭火系统的灭火设计密度不应小于灭火密度的1.3倍。S型和K型热气溶胶灭固体表面火灾的灭火密度为100g/m³。

通信机房和电子计算机房等场所的电气设备火灾，S型热气溶胶的灭火设计密度不应小于130g/m³。

电缆隧道（夹层，井）及自备发电机房火灾，S型和K型热气溶胶的灭火设计密度不应小于140g/m³。

2. 灭火时间

在通信机房，电子计算机房等防护区，灭火剂喷放时间不应大于90s，喷口温度不应大于150℃；在其他防护区，喷放时间不应大于120s，喷口温度不应大于180℃。

灭火浸渍时间应根据火灾对象确定：木材、纸张、织物等固体表面火灾，应采用20min；通信机房、电子计算机房等防护区火灾及其他固体表面火灾，应采用10min。

3. 防护区的确定

单台热气溶胶预制灭火系统装置的保护容积不应大于160m³；设置多台装置时。其相互间的距离不得大于10m。

采用热气溶胶预制灭火系统的防护区，其高度不宜大于6.0m。热气溶胶预制灭火系统装置的喷口宜高于防护区地面2.0m。

4. 热气溶胶预制灭火系统灭火设计用量

灭火设计用量：

$$W = C_2 K_V V \tag{9-26}$$

式中　W——灭火设计用量，kg；

C_2——灭火设计密度，kg/m³；

V——防护区净容积，m³；

K_V——容积修正系数。$V < 500m^3$，$K_V = 1.0$；$500m^3 \leqslant V < 1000m^3$，$K_V = 1.1$；$V \geqslant 1000m^3$，$K_V = 1.2$。

5. 防护区的泄压口的面积

完全密闭的防护区应设泄压口，泄压口应设在外墙，泄压口尽可能做成矩形，并横向设置在防护区外墙最高处。对已设有防爆泄压设施或门、窗缝隙未加密封条的防护区，可不设

泄压口。

泄压口的面积按式（9-41）计算

$$S = \frac{0.014Q_m}{\sqrt{V\mu_m P_b}} \qquad (9-27)$$

$$Q_m = \frac{W}{t} \qquad (9-28)$$

式中　S——泄压口面积，m^2；

　　　Q_m——热气溶胶的平均设计质量流量，kg/s；

　　　W——热气溶胶的设计用量，kg；

　　　t——热气溶胶的喷射时间，s，$t \leqslant 40s$；

　　　P_b——围护构件的允许压强，kPa；

　　　V——防护区净容积，m^3；

　　　μ_m——通过泄压口流出的混合气体比容，m^3/kg。

$$\mu_m = \frac{1}{[1.293(1-\phi)+2.5\phi]} \qquad (9-29)$$

$$\phi = \frac{0.4W}{0.4W+V} \qquad (9-30)$$

四、安全要求

（1）防护区内以及防护区的入口处应设声、光报警器。报警时间不宜小于灭火过程所需的时间，并应有手动切除声报警信号的功能。

（2）防护区入口处应设热气溶胶灭火系统防护标志和气溶胶灭火剂喷放指示灯。

（3）在发出火灾报警 30s 内，防护区内人员应全部撤离。防护区应设有满足在 30s 内疏散完区内人员的通道和出口，并在疏散通道与出口处，设事故照明和疏散指示标志。

（4）地下防护区和无外窗或固定窗扇的地上防护区，宜设机械排风装置。

（5）防护区内所有开口，均应设置自动关闭装置。防护区的门应向疏散方向开启，且在任何情况下均应能从防护区内打开。

（6）在灭火系统启动前，防护区的通风、换气设施应自动关闭，影响灭火效果的生产操作应停止。

（7）热气溶胶灭火系统的组件与带电设备间的最小间距应符合表 9-20 规定。热灭火装置的正前方 0.5m 范围内不允许有设备、器具或其他障碍物。

表 9-20　热气溶胶灭火系统的组件与带电设备间的最小间距

标称线路电压/kV　$\leqslant$	10	35	63	110	220	330	500
最小间距/m	0.18	0.34	0.55	0.94	1.90	2.90	3.60

注：海拔高于 1000m 时，每增高 100m，最小间距应增加 1%。

（8）灭火系统安装在可能有强雷电区域或建筑物高于周边建筑物时，该建筑物必须安装有防雷设施，该防雷设施应符合《建筑物防雷设计规范》（GB 50057—94）（2000 年版）的有关要求。

（9）灭火系统的各设备应具有不相连接的保护接地。各设备的金属箱体（壳）应有可靠的保护接地端子，并与建筑物的接地装置牢固连接，其接地电阻不应大于 4Ω。

（10）设置气溶胶灭火系统的场所在必要时应配备足够数量的专用空气呼吸器或氧气呼

吸器。

(11) 气溶胶灭火系统设置位置应安全不易受外界因素干扰，在下列部位不应设置气溶胶灭火装置及相关设施。

① 临近明火或热源的位置；

② 进风口和疏散通道或孔洞附近；

③ 易于受到阳光直晒、风吹、雨淋、振动及受到其他不利条件影响的位置；

④ 靠近有电场、磁场较大的地方；

⑤ 常年湿度较大的地方；

⑥ 可能受到有腐蚀性物质影响的场所；

⑦ 其他有可能影响气溶胶灭火系统功能的场所。

(12) 在考虑灭火系统的操作与控制方面需注意下列要求。

① 整个灭火系统应设有自动控制和手动控制两种启动方式。手动控制可设在防护区内或防护区外的便于操作并安全防水的地方。

② 灭火系统的自动控制装置必须在接收到两个独立的火灾信号后才能启动。根据人员疏散情况及要求，宜延迟启动，但延时不应大于 30s。

③ 灭火系统的操作和控制应包括与该系统联动的开口自动关闭装置、通风设备和防火卷帘等设施的操作与控制。

④ 当进行系统的检查、维护时，应先将启动器处于手动或紧急停止状态，启动模块的维修开关拨至维修。必要情况下关掉主机电源，断开热灭火装置负载，以免引起误启动。

第五节　三氟甲烷灭火系统

一、三氟甲烷灭火剂的特性

1. 三氟甲烷的特点

三氟甲烷灭火剂分子式为 CHF_3，其物质名称为 HFC-23，是一种无色、微味、低毒、不导电的气体，密度大约是空气密度的 2.4 倍，在一定压力下呈液态，不含溴和氯，ODP 值为零，对大气臭氧层无破坏作用，符合环保要求。

作为洁净气体灭火剂，三氟甲烷气体灭火系统具有如下优点。

(1) 不含溴和氯，ODP 值为零，对大气臭氧层无破坏作用，且毒性极低。

(2) 三氟甲烷（HFC-23）灭火速度要快于二氧化碳和烟烙尽（IG-541）。

(3) 三氟甲烷在火灾时产生的氢氟酸要比七氟丙烷产生的量少，对人的刺激小，如果在规定的 10s 内系统能够喷放完毕，在试验现场几乎闻不到刺激性味道，对精密设备的损害性也小。

2. 三氟甲烷的灭火机理

三氟甲烷（HFC-23）灭火剂的灭火机理类似于哈龙，是一种物理和化学方式共同参与灭火的洁净气体灭火剂。

二、应用范围

1. 适宜扑救的火灾类型

(1) 电气火灾；

（2）液体火灾或可熔化的固体火灾；

（3）固体表面火灾；

（4）灭火前能切断气源的气体火灾。

2. 不适宜扑救的火灾类型

（1）含氧化剂的化学制品及混合物，如硝化纤维、硝酸钠等；

（2）活泼金属，如钾、钠、镁、钛、锆、铀等；

（3）金属氢化物，如氢化钾、氢化钠等；

（4）磷等易自燃的物质；

（5）能自行分解的化学物质，如过氧化氢、联胺等。

三、系统的分类

根据用户需要，三氟甲烷灭火系统该系统可设计成全淹没单元独立系统、组合分配系统和无管网装置等多种形式，有管网系统统又可以设计成单元独立系统和组合分配系统，对单区或多区实现消防保护。

1. 无管网灭火装置

又称预制（柜式）灭火装置，是按一定的应用条件，将灭火剂储存装置和喷嘴等部件预先组装起来的成套灭火装置。它的储存装置一般由储存容器、容器阀和支架等部件组成。适用于防护区较小，或相距较远不便安装组合分配系统的场所，不需要固定的管网与瓶站，根据需要可以随时在某些部位进行安装或拆迁。

2. 单元独立系统

指由一套灭火装置对某个防护区实施消防保护的灭火系统。

3. 组合分配系统

指由一套灭火装置对多个防护区实施消防保护的灭火系统，其系统设计用量必须满足最大防护区的消防保护需要。用于重要场所的灭火系统和保护 8 个及 8 个以上防护区的组合分配系统应设置备用量，备用量不应低于设计灭火用量。图 9-12 是组合分配系统结构示意图。

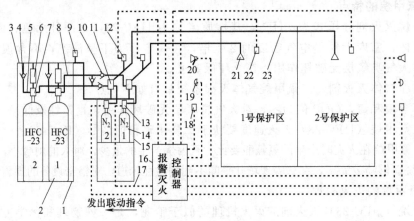

图 9-12　组合分配系统结构示意

1—灭火剂储瓶框架；2—灭火剂储瓶；3—集流管；4—液流单向阀；5—金属软管（连接管）；6—称重装置；7—瓶头阀；
8—启动管路；9—安全阀；10—气流单向阀；11—选择阀；12—压力开关；13—电磁瓶头阀；14—启动钢瓶；
15—启动瓶框架；16—报警灭火控制器；17—控制线路；18—手动控制盒；19—放气显示灯；
20—声光报警器；21—喷嘴；22—火灾探测器；23—灭火剂输送管道

四、系统的控制方式

HFC-23 气体灭火系统的控制程序如图 9-13 所示。

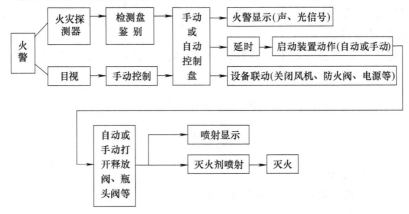

图 9-13　HFC-23 气体灭火系统的控制程序

1. 自动控制

将灭火报警联动控制器上控制方式选择键拨到"自动"位置时，灭火系统处于自动控制状态。当防护区发生火情，火灾探测器发出信号，灭火报警联动控制器即发出声、光报警信号，同时发出联动指令，相关设备联动，经过一段延时时间，发出灭火指令，打开电磁阀释放启动气体，启动气体通过启动管道打开相应的选择阀和瓶头阀，释放灭火剂，实施灭火。

2. 电气手动控制

将灭火报警联动器上控制方式选择键拨到"手动"位置时，灭火系统处于手动控制状态。当防护区发生火情时，可按下手动控制盒或控制器上启动按钮即可启动灭火系统释放灭火剂，实施灭火。

3. 机械应急手动控制

当防护区发生火情，控制器不能发出灭火指令时要通知有关人员撤离现场，关闭联动设备，手动打开电磁阀，释放启动气体，即可打开选择阀、瓶头阀，释放灭火剂，实施灭火。如此时遇上电磁阀维修或启动钢瓶充换氮气不能工作时，可先打开相应的选择阀，然后打开瓶头阀，释放灭火剂，实施灭火。

当发出火灾警报后发现有异常情况，不需启动灭火系统进行灭火时，可按下手动控制盒或控制器上的紧急停止按钮，即可阻止灭火指令的发出。

五、防护区的设置要求

1. 防护区的确定

防护区要以固定的单个封闭空间划分；当防护区的吊顶内和地板下需要同时保护，可合为一个防护区。

2. 防护区的环境温度

防护区最低环境温度不能低于 $-10℃$。最高环境温度不能高于 $50℃$。

3. 防护区的大小

（1）采用管网灭火系统时　一个防护区的面积不宜大于 $500m^2$，容积不宜大于 $2000m^3$；

（2）采用预制（柜式）灭火装置时　一个防护区的面积不宜大于 $200m^2$，容积不宜大于 $600m^3$。

4. 防护区的建筑构件的耐火极限

防护区的围护结构及门窗的耐火极限均不应低于 0.5h；吊顶的耐火极限不应低于 0.25h。

5. 防护区的建筑构件的耐压性能

防护区围护结构承受内压的允许压强，不应低于 1.2kPa。

6. 防护区的泄压口

防护区的泄压口应设在外墙上，其底部应位于防护区净高的 2/3 以上。泄压口面积，按下式计算：

$$F_x = 0.087 \frac{Q}{\sqrt{P_f}} \tag{9-31}$$

$$Q = \frac{W}{t} \tag{9-32}$$

式中　F_x——泄压口面积，m²；

Q——三氟甲烷在防护区内的喷放速率，kg/s；

W——灭火剂的设计用量，kg；

t——灭火剂的喷射时间，s；

P_f——围护结构承受内压的允许压强，Pa。

当防护区设有外开的弹簧门或配有弹性闭门器的外开门，其门的开口面积不小于泄压口计算面积时，可不另设泄压口。

7. 其他

防护区灭火时应保持封闭条件，除泄压口以外的开口，以及用于该防护区的通风机和通风管道中的防火阀等，在喷放三氟甲烷前，要能自动关闭。

两个或两个以上邻近的防护区，可采用组合分配系统。

六、系统的设计计算

1. 灭火剂设计用量计算

用三氟甲烷灭火系统保护的防护区，应根据防护区内可燃物相应的灭火设计浓度或惰化设计浓度经计算确定三氟甲烷设计用量。

（1）灭火剂设计浓度

① 有爆炸危险的气体、液体火灾的防护区，应采用惰化设计浓度；无爆炸危险的气体、液体火灾和固体火灾的防护区，应采用灭火设计浓度。某可燃物的灭火设计浓度不应小于该可燃物灭火浓度的 1.3 倍，某可燃物的惰化设计浓度不应小于该可燃物惰化浓度的 1.1 倍。有关可燃物的灭火浓度，按表 9-21 确定。有关可燃物的惰化浓度，按表 9-22 确定。表中未列出的，需经试验确定。

表 9-21　可燃物的三氟甲烷（HFC-23）灭火浓度

燃料	灭火浓度/%	燃料	灭火浓度/%
A 类固体表面	15.0	甲醇	16.3
庚烷	12.0	甲苯	9.2
丙酮	12.0		

表 9-22　可燃物的三氟甲烷（HFC-23）惰化浓度

燃料	惰化浓度/%	燃料	惰化浓度/%
甲烷	20.2	丙烷	20.2

当几种易燃可燃物共存或混合时，其灭火设计浓度或惰化设计浓度，应按其中最大的灭火设计浓度或惰化设计浓度确定。

② 图书、档案、票据和文物资料库等防护区，灭火设计浓度宜采用 19.5％。

③ 浸变压器室、配电室和燃油发电机房等防护区，灭火设计浓度宜采用 15.6％。

④ 通信机房和电子计算机房等防护区，灭火设计浓度宜采用 15.6％。

（2）灭火浸渍时间

① 当扑灭固体火灾时，不宜小于 10min；

② 当扑救液体火灾时，不应小于 1min。

（3）三氟甲烷灭火设计用量或惰化设计用量

$$W = K \frac{c}{100-c} \frac{V}{S} \tag{9-33}$$

式中　W——三氟甲烷灭火（或惰化）设计用量，kg；

　　　K——海拔高度修正系数，如表 9-23 所列；

　　　c——三氟甲烷灭火（或惰化）设计浓度，％；

　　　V——防护区的净容积，m³；

　　　S——三氟甲烷过热蒸汽在 101kPa 和防护区最低环境温度下的比容（m³/kg）；$S = 0.3164 + 0.0012T$。T 为防护区内最低环境温度，℃。

表 9-23　海拔高度修正系数

海拔高度/m	修正系数	海拔高度/m	修正系数
−1000	1.130	2500	0.735
0	1.000	3000	0.690
1000	0.885	3500	0.650
1500	0.830	4000	0.610
2000	0.785	4500	0.565

（4）系统的储存量

系统的储存量，为防护区灭火设计用量（或惰化设计用量）与系统中喷放不尽的剩余量之和。系统中喷放不尽的剩余量，包括储存容器内的剩余量和管网内的剩余量。储存容器内的剩余量可根据各厂家产品确定。均衡管网内的剩余量可不计；非均衡管网内的剩余量为灭火设计用量的 8％。

2. 管网设计计算

（1）主要技术参数

① 计算管网灭火系统时，环境温度宜采用 20℃。

② 三氟甲烷储存容器储存压力为 4.2MPa（20℃）。储存容器中三氟甲烷的充装密度，不应大于 860kg/m³。

③ 系统管网的管道内容积，不应大于该系统三氟甲烷储存容器容积量的 80％。

④ 管网布置宜设计为均衡系统。均衡系统管网要符合下列规定：

a. 各个喷头，设计流量应相等；

b. 在管网上，从第 1 分流点至各喷头的管道阻力损失，其相互间的最大差值不应大于 10％。

⑤ 三氟甲烷的喷放时间，不能大于 10s。管网分流要采用三通管件，其分流出口要水平布置。

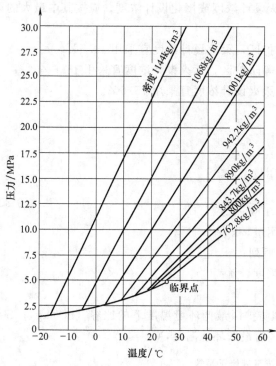

图 9-14　HFC-23 温度-压力曲线

⑥ 喷头工作压力不应低于 0.75MPa。

⑦ 三氟甲烷灭火系统管网阻力损失计算时，根据喷放时的环境温度或设计额定温度，从储存容器压力-温度曲线图（图 9-14）中查得初始喷放压力 P_0。

（2）管网计算

三氟甲烷灭火系统设计目前尚无国家规范，在一些地方规范中并未给出系统管网计算公式，而是规定宜采用专用的计算机软件辅助计算，设计单位和产品供应商应对计算结果共同负责，计算机辅助设计软件和计算方法应经国家有关消防评估机构论证。因此设计人员要根据选用产品与生产厂家仔细研究方可具体进行计算。

七、系统的主要组件

1. 灭火剂储瓶

用以储存灭火剂。火灾时，启动气体打开选择阀和瓶头阀，灭火剂将通过瓶头阀和选择阀输送到火灾保护区，实施灭火。储瓶内充装的 HFC-23 灭火剂质量要符合表 9-24 中的技术指标要求。

表 9-24　HFC-23 质量技术指标

性　能	技术指标	性　能	技术指标
纯　度	$\geqslant 99.7\%$	不挥发残留物	$\leqslant 0.01\%$
酸　度	$\leqslant 3 \times 10^{-6}$	悬浮或沉淀物	不可见
水含量	$\leqslant 10 \times 10^{-6}$		

2. 瓶头阀

安装在灭火剂储瓶上，用于密封储瓶内的灭火剂。

3. 选择阀

安装在集流管上，进口与集流管连接，出口与灭火剂输送管道连接。该阀用于组合分配系统中控制灭火剂的流动方向。平时选择阀关闭，火灾时，启动气体打开选择阀，然后再打开瓶头阀，释放灭火剂；灭火剂通过打开的选择阀被输送到发生火灾的保护区，实施灭火。

4. 单向阀

安装于集流管与金属软管之间，控制灭火剂从金属软管单向流入集流管。

5. 安全阀

安装在集流管上，当管道中压力大于允许值时，安全膜片爆破，起到保护系统的作用。

6. 启动钢瓶

用以储存启动气体氮气，充装压力 6.0MPa。

7. 电磁瓶头阀

安装在启动钢瓶上，用于密封瓶内的启动气体。火灾时，控制器发出灭火指令，打开电磁瓶头阀，释放启动钢瓶内的启动气体。

8. 气流单向阀

安装于启动管路中，用以控制启动气体的流向。

9. 压力开关

在组合分配系统中安装在选择阀下游的出流管组件上，在单元独立系统中安装在集流管组件上。当灭火剂释放时，使其动作发出反馈信号给控制器，控制器显示瓶头阀已打开，灭火剂已释放至相应保护区。

10. 称重装置

用于灭火剂储瓶的称重，当储瓶内的灭火剂减少量大于灭火剂充装量的 5% 时，微动开关动作，接通报警器发出报警信号。

第六节　SDE 灭火系统

一、SDE 灭火剂的特性

1. SDE 的特点

SDE 灭火剂在常温常压下以固体形态储存，工作时经电子气化启动器激活催化剂，促使灭火剂启动，并立即气化，气态组分约为 CO_2 占 35%、N_2 占 25%、气态水占 39%，雾化金属氧化物占 1%~2%。

SDE 灭火剂主要性能指标如下。

（1）外观　淡棕色粉末或颗粒及固态形态。

（2）水分　1%。

（3）视密度　$0.55g/cm^3$。

（4）气体产物水溶液 pH 值　7~8。

（5）气体转化率　$0.7515m^3/kg$。

（6）气化速率　$0.02~0.09g/(cm^2 \cdot s)$。

SDE 灭火剂具有如下的优点。

（1）SDE 的产物主要是惰性气体，对绝大多数物质没有破坏作用，灭火后能很快散逸，不留痕迹，又没有毒害。它适用于扑救多种可燃、易燃液体和那些受到水、泡沫、干粉灭火剂的沾污而容易损坏的固体物质的火灾。

（2）对大气臭氧层无破坏作用且温室效应潜能值 GWP=0.35。

（3）SDE 是一种低毒的安全产品。

（4）扑救深位火效果明显并不受垂直空间的遮挡物限制。

（5）SDE 产物是不导电的物质，可用于扑救带电设备的火灾。使用 SDE 灭火系统可保护图书、档案、美术、文物等珍贵资料库房，散装液体库房，电子计算机房、通信机房、变配电室等场所。也可用于保护贵重仪器，设备。

2. SDE 的灭火机理

SDE 自动灭火系统灭火原理是以物理、化学、水雾降温三种灭火方式同时进行的全淹没灭火形式，以物理反应稀释被保护区内空气中氧气浓度，达到"窒息灭火"为主要方式；切断火焰反应链进行链式反应破坏火灾现场的燃烧条件，迅速降低自由基的浓度，抑制链式燃烧反应进行的化学灭火方式也同时存在；低温气态水重复吸热降低燃烧物温度，达到彻底窒息的目的，对于木材深位火尤其突出。

化学反应式为：$SDE \longrightarrow CO_2 + N_2 + H_2O (\uparrow) + MO$，其中 MO 为雾化 Cr_2O_3。

二、应用范围

SDE 气体灭火系统为全淹没灭火系统，可用于扑救相对密闭空间的 A、B、C 类火灾以及电气火灾。

1. 适宜扑救的火灾类型

（1）A 类火灾　如木材、纸张等表面和深位火灾；

（2）B 类火灾　如煤油、汽油、柴油及醇、醛、酮、醚、酯、苯类的火灾；

（3）C 类火灾　甲烷、乙烷、石油液化气、煤气等火灾；

（4）电气火灾　如发电机房、变配电设备、通信机房、计算机房、电动机、电缆等火灾。

2. 不适宜扑救的火灾类型

（1）硝化纤维、火药等强氧化剂的化学制品；

（2）活泼金属，如钾、钠、镁、钛、锆、铀等；

（3）磷等易自燃的物质；

（4）人员密集的场所。

三、系统分类及部件

1. 系统分类

SDE 气体灭火系统根据防护区的要求和经济技术比较可分有管网灭火系统和无管网灭火装置两类。

SDE 自动管网灭火系统主要由惰性气体发生器、电子气化启动器、集流管、选择阀、系统管线、管件、喷嘴等组成。产品型号与性能指标见表 9-25。

表 9-25　产品型号与性能指标

型　号	容积 /L	灭火剂质量 /kg	储存压力	保护范围 /m³	环境温度 /℃	工作压力 /MPa	启动电压 /V	外形尺寸 /mm		启动电流 /A
								D	H	
SDEW-75	75	25	常压	250	$-10\sim+50$	$\leqslant1.6$	24	320	1800	1
SDEW-40	40	15	常压	150	$-10\sim+50$	$\leqslant1.6$	24	320	1600	1

SDE 无管网自动灭火装置由惰性气体发生器、电子气化启动器、除尘降温室、箱体、喷射口等组成。产品型号与性能指标见表 9-26。

表 9-26　产品型号与性能指标

型　号	容积 /L	灭火剂质量 /kg	储存压力	保护范围 /m³	环境温度 /℃	工作压力 /MPa	启动电压 /V	外形尺寸 /mm	启动电流 /A
GDG-40X/30	76	30	常压	$\leqslant300$	-9-50	$\leqslant0.3$	24	$800\times450\times1600$	1
GDG-38/15	38	15	常压	$\leqslant150$	-9-50	$\leqslant0.3$	24	$560\times400\times1660$	1
GDG-30/12	30	12	常压	$\leqslant120$	-9-50	$\leqslant0.3$	24	$550\times420\times1260$	1
GDG-20/8	20	8	常压	$\leqslant80$	-9-50	$\leqslant0.3$	24	$520\times375\times1260$	1
GDG-10/2.5	10	2.5	常压	$\leqslant25$	-9-50	$\leqslant0.3$	24	$520\times280\times265$	1

SDE 自动灭火系统主要性能指标：

（1）工作压力 $\leqslant1.6$ MPa；

（2）储存温度、压力：常温、常压；

（3）使用环境温度：—10～50℃；

（4）系统电源电压：AC220V，DC24V。

2．系统部件

（1）气体发生器（药剂储瓶） 用于储存药剂，如图9-15所示。

（2）喷嘴 可根据保护对象的特点及位置选用不同的喷嘴，如图9-16所示。喷嘴型号见表9-27。

图 9-15 药剂储瓶

图 9-16 喷嘴

表 9-27 喷嘴型号及等效孔口尺寸

喷嘴规格代号 NO		等效孔口最小尺寸/mm	等效单孔面积 /mm²	喷孔数量	喷嘴等效面积 /mm²
9		7	38.48	8	307.84
13"杯型"		椭圆孔 10×15	128.54	4	514.16
15		11.9	111.22	8	889.76
16	V 型	12	122.72	8	1060.29
		10	78.54	1	
	O 型	8	113.1	6	1200.11
		12.5	78.54	6	
		10	80.27	1	

四、系统的控制方式

1．自动控制

将火灾自动报警系统控制器上的控制方式选择键拨到"自动"位置时，灭火系统处于自动控制状态，当保护区发生火情，火灾探测发出火灾信号，报警控制器即发出光报警信号，同时发出联动指令，关闭联锁设备，经过一段延时时间，向装置控制系统发出灭火指令，电子气化启动器自动启动释放灭火剂，实施灭火。

2．手动控制

将火灾自动报警控制器上控制方式选择键拨到"手动"控制状态。当保护区发生火情时，按下手动控制盒或控制系统上的启动按钮，即可按规定程序启动灭火系统，释放灭火剂，实施灭火。

3．应急手动控制

当保护区发生火情时，控制系统不能发出灭火指令时，应通知有关人员撤离现场，关闭联动设备，手动开启应急按钮，释放灭火剂，实施灭火。

4. 紧急停止

当发生火灾报警，在延时时间内未发现有火险时，不需启动灭火系统灭火，可按下手动控制盒式控制系统上的紧急停止按钮，即可阻止控制系统灭火指令的发出。

SDE 灭火系统控制程序如图 9-17 所示。

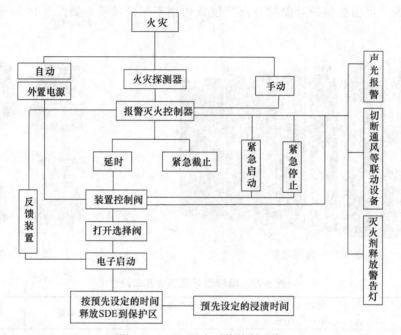

图 9-17　SDE 灭火系统控制程序

五、防护区的设置要求

设置管网灭火系统的防护区应符合下列规定：

（1）对于气体、液体、电气火灾和固体火灾，在喷放 SDE 灭火剂前不能自动关闭的开口的总面积，不应大于防护区总内表面积的 3%，且开口不应设在底面。

（2）完全密闭的防护区应设泄压口，泄压口应设在外墙上，其底部距室内地面高度不应低于室内净高 2/3。对设有防爆泄压设施或门窗缝隙未设密封条的防护区，可不设泄压口。

泄压口面积（A_x），应按下式计算：

$$A_x = \frac{0.11Q_x}{\sqrt{P_f}} \tag{9-34}$$

式中　A_x——泄压口面积，m^2；

　　　Q_x——SDE 灭火剂在防护区的平均喷放速率，kg/s；

　　　P_f——围护结构承受内压的允许压强，Pa。

（3）在灭火时，除泄压口以外的开口和防护区用的通风机和通风管道中的防火阀及排烟阀等，在喷放 SDE 灭火剂前应关闭。

（4）防护区的围护结构及门、窗的耐火极限不应低于 0.5h，吊顶的耐火极限不应低于 0.25h，围护结构及门、窗的允许压强不宜小于 1200Pa。

（5）当保护对象为可燃液体时，必须切断可燃、助燃气体的气源和电气火灾的电源。

（6）两个或两个以上邻近的防护区，宜采用组合分配系统。

无管网灭火系统的防护区应符合下列规定：

（1）防护区面积不超过 $500m^2$，容积不超过 $2000m^3$。

（2）在无管网灭火系统启动之前，防护区的通风、换气设施应自动关闭，影响灭火效果的生产操作应停止进行。

（3）一个防护区设置多具无管网灭火系统时，应均匀分散布置。

（4）同一防护区的多具无管网灭火装置应同时启动。

六、系统设计

（一）灭火剂设计浓度

（1）采用 SDE 灭火系统的防护区，其 SDE 灭火剂设计用量，所换算的浓度应不低于防护区内可燃物相应的灭火设计浓度或惰化设计浓度。

（2）可燃物的灭火设计浓度不应小于灭火浓度或惰化浓度的 1.3 倍。有关可燃物的灭火设计浓度与惰化设计浓度，可按表 9-28 确定。表中未列出的应经试验确定。

表 9-28 扑灭可燃物的 SDE 设计浓度与惰化设计浓度

可燃物	单位用量 /(kg/m³)	物质系数 K_r	面积系数 K_a	灭火浓度 %	灭火浓度 g/m³	惰化浓度 /%
一般可燃物	0.1	1	1～1.3	6.00	80	—
弱电设备	0.1	1.10	1～1.3	6.60	88	—
强电设备	0.1	1.10	1～1.3	6.60	88	—
丙酮	0.1	1.18	1～1.3	7.08	94	10.8
甲烷	0.1	1.16	1～1.3	6.96	93	—
戊烷	0.1	1.18	1～1.3	7.08	94	—
己烷	0.1	1.16	1～1.3	6.96	93	—
汽油	0.1	1.18	1～1.3	7.08	94	—
苯	0.1	1.22	1～1.3	7.32	98	11.1
乙烷	0.1	1.27	1～1.3	7.62	102	—
丙烷	0.1	1.19	1～1.3	7.14	95	10.6
丁烷	0.1	1.16	1～1.3	6.96	93	—
乙醚	0.1	1.31	1～1.3	7.86	105	—
丙烯	0.1	1.31	1～1.3	7.86	105	15.8
甲醇	0.1	1.27	1～1.3	7.62	102	—
乙醇	0.1	1.31	1～1.3	7.86	105	15.8
乙炔	0.1	2.13	1～1.3	12.78	170	—
乙烯	0.1	1.45	1～1.3	8.70	116	14.0
一氧化碳	0.1	2.88	1～1.3	17.28	230	—
氢	0.1	2.88	1～1.3	17.28	230	—

使用表 9-45 时应注意以下几点。

（1）环境温度以 20℃ 为标准，每降低 1℃，数值增加 0.03，每升高 1℃，K_r 减少 0.01。

（2）有关可燃气体和甲、乙、丙类液体的惰性浓度未给出的，应经试验确定。

（3）有爆炸危险的气体、液体类防护区，应采用惰化设计浓度；无爆炸危险的气体、液体火灾和固体火灾的防护区，应采用灭火设计浓度。

（4）当几种易燃物共存或混合时，灭火设计浓度或惰化设计浓度，应按其中最大的灭火浓度或惰化浓度确定。

（5）图书、档案、票据资料库、金库等防护区，SDE 的灭火设计浓度宜采用 10%。

（6）油浸变压器室、带油开关的配电室和自备发电机房等防护区，SDE 的灭火设计浓度宜采用 9%。

（7）电信通信机房和电子计算机房等防护区，SDE 的灭火设计浓度宜采用 8%～10%。

（二）灭火剂设计用量计算

SDE 灭火剂用量是根据单位容积灭火剂用量、物质系数、面积系数和被保护区容积计算确定的，以灭火试验为基础。但是这种计算方法中没有将灭火（惰化）设计浓度考虑进去，因此应将 SDE 灭火剂计算用量换算成该保护区内 SDE 的浓度，该值不应低于各种物质设计（惰化）灭火浓度表中的数值。

1. 无管网装置灭火剂设计用量计算

SDE 灭火剂用量为设计灭火用量和流失补偿量之和。SDE 灭火剂设计灭火用量按下式计算确定：

$$M = mVk_1k_2 \tag{9-35}$$

式中　M——SDE 灭火剂设计灭火用量，kg；

　　　m——单位容积灭火剂用量，kg/m³，取 0.1；

　　　V——防护区净容积，m³；

　　　k_1——容积系数，当 $V > 100$ m³ 时，$k_1 = 1.2$；当 $V \leqslant 100$ m³ 时，$k_1 = 1$；

　　　k_2——重要系数：变（配）电室、通信机房、电子计算机房等 $k_2 = 1$；文物、档案、图书资料库等 $k_2 = 1.5$。

对气体、液体、电气火灾和固体火灾，在喷放 SDE 灭火剂前不能自动关闭的开口的总面积，不应大于防护区内总内表面积的 3%，且开口不应设在底面。当不能关闭开口面积超过 3% 时，开口面积比允许开口面积每增加 1%，增加设计用量 15% 进行流失量补偿。若防护区的开口面积比较大，应有自动关闭装置。

2. 有管网系统灭火剂设计用量计算

（1）面积系数 K_a 按下式计算确定：

$$K_a = \left(1 + \frac{5A_0}{A_v}\right)^2 \tag{9-36}$$

式中　A_0——防护区内不可关闭的开口总面积，m²；

　　　A_v——防护区侧面、底面、顶面（包括开口）的总面积，m²。

（2）防护区净容积 V 按下式计算确定：

$$V = V_f - V_g \tag{9-37}$$

式中　V_f——防护区总容积，m³；

　　　V_g——防护区内非燃烧体或难燃物的总容积，m³。

（3）灭火剂设计用量 M 按下式计算：

$$M = mK_rK_aV \tag{9-38}$$

式中　M——灭火剂设计用量，kg；

　　　m——单位容积灭火剂用量，kg/m³，见表 9-28；

　　　K_r——物质系数，见表 9-28；

　　　K_a——面积系数，见表 9-28；

　　　V——防护区净容积，m³。

（4）组合分配系统的 SDE 灭火剂的设计用量，应按该组合中需灭火剂用量最多的一个防护区的设计用量计算。

（5）用于重点防护对象防护区的 SDE 灭火系统与超过 5 个防护区的一个组合分配系统，应设备用量。备用量不应小于设计用量，并与主储存容器切换使用。

（6）SDE 灭火剂的浸渍时间应符合下列规定。

① 扑救 A 类深位火灾时，必须大于 20min。

② 扑救 B 类、C 类及电气电缆火灾时，必须大于 2min。

（7）SDE 灭火剂的剩余量，可不计。

（8）SDE 集流管与 SDE 发生器的连接应符合下列规定。

① 每个连接管所能连接的装有 SDE 灭火剂的惰性气体发生器的灭火剂总量不宜超过 150kg。

② 每个集流管所连接的 SDE 惰性气体发生器数量不宜超过 6 个。

③ 当防护区灭火剂用量大于 150kg，设计惰性气体发生器总量超过 6 个时，可采用多个集流管连接发生器，集流管可并联设置。

④ 与集流管相连接的惰性气体发生器宜偶数连接。

（三）管网设计计算

1. 主要技术参数

（1）管网设计计算的环境温度，可采用 20℃。

（2）SDE 灭火剂喷射的滞后时间，应小于等于 15s。

（3）管网计算应根据发生器内压力和该压力下的流量进行。该流量在管道口径为 150mm 时，以 30kg/min（±10%）为宜，管网流体计算应符合下列规定。

① 设计压力为 1.6MPa。

② 工作压力小于或等于 1.6MPa。

③ 喷嘴的单孔喷射压力应大于 0.1MPa。

2. 管网计算

（1）SDE 惰性气体在管道内的压力损失按下式计算，也可查表 9-29。

$$\Delta P = \lambda \frac{L}{d} \frac{\rho \mu^2}{2} Z \varepsilon \qquad (9\text{-}39)$$

式中　ΔP——管道压力损失，Pa；

　　　λ——摩擦阻力系数，取 $\lambda = 0.44$；

　　　L——管道的长度，m；

　　　d——管道的内径，m；

　　　ρ——SDE 惰性气体综合密度，kg/m³，取 1.333kg/m³；

　　　μ——SDE 在所计算管道中的流速，m/s；

　　　Z——压缩因子，首端到末端取 1.47～1.05；

　　　ε——管道中的粗糙系数，无缝钢管为 1.15，有缝钢管为 1.3。

表 9-29　SDE 惰性气体在管网内流动时的压力损失 ΔP　　　　单位：Pa/m

μ \ d	50	65	80	100	125	150
4	135	104	84	67	54	45
6	304	234	190	152	121	101
8	540	415	337	270	216	180
10	843	649	527	422	337	281

μ　d	50	65	80	100	125	150
12	1214	934	759	607	486	405
13	1425	1096	891	713	570	475
14	1635	1271	1033	826	661	551
15	1897	1459	1181	949	759	633
16	2159	1660	1349	1079	863	720
17	2437	1874	1523	1218	975	812
18	2732	2102	1707	1366	1093	911
19	3044	2342	1902	1522	1218	1015
20	3373	2594	2108	1686	1349	1124
21	3719	2860	2324	1859	1487	1240
22	4081	3139	2551	2041	1632	1360
23	4461	3431	2788	2230	1784	1487
24	4857	3736	3036	2428	1943	1619
25	5270	4054	3294	2635	2108	1757

注：1. 按无缝钢管，内径（d），压缩因子 $Z=1.25$，$e=1.15$ 计算。

2. d 以 mm 为单位计算，μ 以 m/s 为单位计算，$\lambda=0.44$，$\rho=1.333$。

（2）SDE 惰性气体喷嘴的局部压力损失按下式计算，也可查表 9-30。

$$\Delta P = \xi \frac{\rho \mu^2}{2} Z \varepsilon \tag{9-40}$$

式中　μ——SDE 惰性气体在喷嘴的单孔喷射流速，m/s；

　　　ξ——SDE 喷嘴局部收缩系数，查表 9-31 和表 9-32。

表 9-30　SDE 惰性气体在喷嘴处局部压力损失 ΔP　　　　单位：Pa/m

$\mu/(\text{m/s})$　N_0	9	13	15	16/V	16/O
4	7	6	6	4	4
6	16	14	13	10	9
8	28	26	23	17	15
10	44	40	36	27	24
12	63	58	46	39	34
13	74	68	53	45	40
14	86	79	62	53	47
15	108	99	77	66	59
16	113	103	81	69	61
17	127	116	91	78	69
18	143	130	102	87	78
19	159	145	114	97	86
20	176	161	126	107	96
21	194	177	139	118	106
22	213	195	153	130	116
23	233	213	167	142	127
24	254	232	182	155	138
25	275	252	198	168	150

注：N_0 为喷嘴代号。

Q_1 喷嘴局部收缩系数（ξ）见表 9-31。

表 9-31　Q_1 喷嘴局部收缩系数（ξ）

S_1/S_2	0.1	0.2	0.3	0.4	0.5	0.6	0.7	0.8	0.9
ξ	0.47	0.45	0.40	0.35	0.30	0.25	0.20	0.15	0.10

Q_2 喷嘴局部收缩系数（ξ）见表 9-32。

表 9-32　Q_2 喷嘴局部收缩系数（ξ）

喷嘴代号 N_0	公称直径/mm	截面积/mm²		S_1/S_2	ξ
		S_1（进口）	S_2（进口）		
9	50	1963	307.84	0.16	0.46
13	50	1963	514.16	0.26	0.42
15	50	1963	889.76	0.45	0.38
16/V	50	1963	1060.29	0.54	0.28
16/O	50	1963	1200.11	0.61	0.25

（3）管网流体计算

① 管网中干管的平均设计流量按下式计算

$$Q = \frac{M}{T_p} \tag{9-41}$$

式中　Q——灭火剂在管道中的平均设计流量，kg/min；

　　　M——SDE 灭火剂设计用量，kg；

　　　T_p——气化时间，取 6～8min。

② 输送 SDE 惰性气体主管道内径 d（m）按下式计算

$$d = \sqrt{\frac{4Q}{V_L \pi}} \tag{9-42}$$

式中　V_L——惰性气体在主管道中的流速，m/s，取 $V_L \leqslant 25$m/s；

　　　Q——体积流量，m³/s，按 0.75m³/kg 的气体转化率换算。

③ 计算出主管道内径值后选定标准管道内径，主管道内径一般宜采用大于或等于 $DN125$ 的管径。管道分支后下游管道断面宜为上游管道断面的 70% 左右。

④ 接喷嘴的支管管径不小于 $DN50$。

⑤ 管道的总长度为实际长度和当量长度之和，管道附件的当量长度见表 9-33。

表 9-33　管道附件的当量长度

管道公称直径/mm	螺纹连接			焊接		
	90°弯头/m	三通的直通部分/m	三通的侧通部分/m	90°弯头/m	三通的直通部分/m	三通的侧通部分/m
50	1.43	0.89	3.12	0.75	0.55	1.90
65	1.76	1.07	3.74	0.91	0.70	2.30
80	2.20	1.36	4.71	1.05	0.88	2.90
100	—	—	—	1.50	1.19	3.87
125	—	—	—	1.89	1.53	4.90
150	—	—	—	2.32	1.83	5.93

⑥ 管网宜采用均衡或分组均衡的方式连接。

平均设计流量按下式计算

$$Q = \sum_{i=1}^{N_g} Q_1 \tag{9-43}$$

式中　Q——平均设计流量，m³/s；

　　　N_g——喷嘴数量，个；

　　　Q_1——单个喷嘴流量，kg/min 或 L/s。

单个喷嘴的设计流量按下式计算

$$Q_1 = \frac{Q}{N_g}$$ (9-44)

式中 Q_1——单个喷嘴的设计流量，kg/min 或 L/s，应小于或等于喷嘴允许通过的流量，
见表 9-28。

3. 喷嘴选用

根据具体保护区的要求，可按设计选用相应的等效面积的杯型（13 型）、O 型或 V 型喷嘴。

（1）选用喷嘴时，每个喷嘴的等效面积应为直接与其相连支线管截面积的 70%～100%，SDE 喷嘴等效孔口尺寸参数见表 9-28。

（2）在保护区布设喷嘴时，沿墙边缘部位宜选用 V 型；喷嘴垂直下方为关键设备，宜用杯型（13 型）喷嘴；保护区易燃、可燃物上方宜选用 O 型喷嘴。

（3）喷嘴数量的确定，一般可按 SDE 惰性气体发生器的数量计算。每个发生器选用2～3 个喷嘴。根据防护区容积的不同区可采用体积法来修正确定，每个喷嘴的保护体积约为 60m³。

（4）吊顶上或地板上的喷嘴数量确定，宜按面积法确定，每个喷嘴的保护半径为≤6m。

（5）防护区有天花板时，有管网灭火系统的管网应安装在天花板之内，管网不应露出天花板。

（6）惰性气体发生器的数量按下式计算：

$$N_p = \frac{M}{M_0}$$ (9-45)

式中 N_p——发生器数（取整数）；

M——设计用量，kg；

M_0——单个气体发生器中灭火剂的质量，kg。

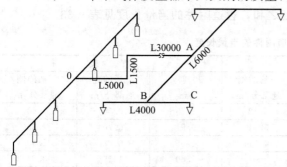

图 9-18 管网计算草图

（四）计算例题

已知 SDE 灭火管网计算草图如图 9-18所示，灭火剂设计用量 $M = 150$kg，气化时间 $T_p = 7$min，试进行管网压力损失计算以校核喷嘴的喷射压力是否满足要求。

1. 流量计算

管网中干管的平均设计流量应按下式计算

$$Q = \frac{M}{T_p} = \frac{150}{7} = 21.43 \text{kg/min} = \frac{150 \times 0.75}{7 \times 60} = 0.27 \text{m}^3/\text{s}$$

2. 各管段内径计算

（1）OA 段　取惰性气体流速为 $V_L = 15$m/s，则

$$d = \sqrt{\frac{4Q}{V_L \pi}} = \sqrt{\frac{4 \times 0.27}{15 \times \pi}} = 0.1514 \text{m} = 151.4 \text{mm}$$

取 $d = 150$mm

（2）AB 段　取 $V_L = 20$m/s，则

$$d=\sqrt{\frac{4Q}{V_L\pi}}=\sqrt{\frac{4\times0.27}{2\times20\times\pi}}=0.0927\mathrm{m}=92.7\mathrm{mm}$$

取 $d=100\mathrm{mm}$。

（3）BC 段　因连接喷嘴，故 $d=50\mathrm{mm}$，又因下游支管断面宜为上游管道断面的 70% 左右，故取 $d=80\mathrm{mm}$。

3. 压力损失计算

（1）OA 段　管长应计入附件的当量长度为

$$L=(5+1.5+30)+(2\times2.32+2\times5.93)=53\mathrm{m}$$

$$\Delta P_1=\lambda\frac{L}{d}\frac{\rho\mu^2}{2}Z\varepsilon=0.44\times\frac{53}{0.15}\times\frac{1.333\times15^2}{2}\times1.47\times1.15=3.94\times10^4\mathrm{Pa}$$

（2）AB 段　$L=3+3.87=6.87\mathrm{m}$

$$\Delta P_2=\lambda\frac{L}{d}\frac{\rho\mu^2}{2}Z\varepsilon=0.44\times\frac{6.87}{0.1}\times\frac{1.333\times20^2}{2}\times1.25\times1.15=1.16\times10^4\mathrm{Pa}$$

（3）BC 段　$L=2\mathrm{m}$

$$\mu=\frac{4Q}{\pi D^2}=\frac{4\times0.0675}{\pi\times0.08^2}=13.4\mathrm{m/s}$$

$$\Delta P_3=\lambda\frac{L}{d}\frac{\rho\mu^2}{2}Z\varepsilon=0.44\times\frac{2}{0.08}\times\frac{1.333\times13.4^2}{2}\times1.05\times1.15=1.6\times10^3\mathrm{Pa}$$

4. 喷嘴的局部压力损失计算

$$\mu=\frac{4Q}{\pi D^2}=\frac{4\times0.0675}{\pi\times0.05^2}=34.4\mathrm{m/s}$$

$$\Delta P_4=\xi\frac{\rho\mu^2}{2}Z\varepsilon=0.46\times\frac{1.333\times34.4^2}{2}\times1.05\times1.15=4.4\times10^2\mathrm{Pa}$$

5. 喷嘴压力

喷嘴处的喷射压力为

$$\begin{aligned}P_c&=P_o-(\Delta P_1+\Delta P_2+\Delta P_3+\Delta P_4)\\&=1.6-(3.94\times10^4+1.16\times10^4+1.6\times10^3+4.4\times10^2)\times9^{-6}\\&=1.5\mathrm{MPa}>0.1\mathrm{MPa}\end{aligned}$$

满足要求。

七、安全要求

（1）防护区内应有能在延时 30s 内使该区人员疏散完毕的通道与出口，在疏散走道与出口处，应设火灾事故照明和疏散指示标志。

（2）防护区的入口处应设火灾声光报警器。报警时间不宜小于灭火过程所需的时间，并应能手动切除报警信号。

（3）防护区入口处应设灭火系统防护标志和 SDE 气体喷放指示灯。

（4）设置在经常有人的防护区内的灭火系统应装有切断自动控制系统的手动装置。

（5）地下防护区和无窗或固定窗户的地上防护区，应设机械排风装置。

（6）防护区的门应向疏散方向开启，并能自动关闭，在任何情况下均应能从防护区内打开。

（7）灭火系统及其组件与带电设备间的最小间距应大于 150mm。在强电干扰场所，其外壳应接地。

（8）灭火系统与启动器系统的连接，进行竣工验收合格后，方可接通负载线投入使用。

第十章 »

消防炮灭火系统

作为扑救大型火灾的有效设备，消防炮正在被广泛地应用于火灾重点保护区域。消防炮在早期主要应用于各类易燃易爆的石化企业、油罐区、输油码头、机库、船舶等场所。近年来，建筑行业迅猛崛起，随之出现了大批高大空间的建筑物，这向传统的建筑物室内消防提出了新的挑战。消防炮国产化进程的发展，加速了消防炮技术的进步，并且大幅度降低了消防炮的投资成本。民用建筑中已经开始使用消防炮，用以弥补传统消防设施的不足，主要用于商贸中心、展览中心、大型博物馆、高大厂房等室内大空间的火灾重点保护场所。但是，与传统消防设施相比，对消防炮的认识和普及尚有一定差距。

第一节　消防炮灭火系统的分类

消防炮灭火系统主要按四种方式划分。

（1）按系统的启动方式　可分为远控消防炮灭火系统和手动消防炮灭火系统；

（2）按应用方式　可分为移动式消防炮灭火系统和固定式消防炮灭火系统；

（3）按消防炮的喷射介质　可分为水炮系统、泡沫炮系统和干粉炮系统；

（4）按驱动动力装置的不同　可分为气控炮系统、液控炮系统和电控炮系统。

一、远控消防炮系统

简称远控炮系统，可远距离控制消防炮的固定消防炮灭火系统。设置在下列场所的固定消防炮灭火系统宜选用远控炮系统。

（1）有爆炸危险性的场所。

（2）有大量有毒气体产生的场所。

（3）燃烧猛烈，产生强烈辐射热的场所。

（4）火灾蔓延面积较大，且损失严重的场所。

（5）高度超过8m，且火灾危险性较大的室内场所。

（6）发生火灾时，灭火人员难以及时接近或撤离固定消防炮位的场所。

二、手动消防炮灭火系统

简称手动炮系统，只能在现场手动操作消防炮的固定消防炮灭火系统。远控炮系统也要同时具有手动功能。

三、移动消防炮灭火系统

主要由活动支架（支座）、水平回转节、俯仰回转节和喷嘴等组成，用于远距离、大流量喷射灭火以及对油罐和建筑物进行长时间冷却保护等消防作业。它比水枪的流量和射程大，又比固定式消防炮机动灵活，因此可以进入消防车无法靠近的现场，接近火源灭火。

四、固定消防炮灭火系统

由固定消防炮和相应配置的系统组件组成的固定灭火系统。固定消防炮系统按喷射介质可分为水炮系统、泡沫炮系统和干粉炮系统。它不需要铺设消防带，灭火剂喷射迅速，可以减少操作人员的数量和减轻操作强度。

五、水炮系统

喷射水灭火剂的固定消防炮系统，主要由水源、消防泵组、管道、阀门、水炮、动力源和控制装置等组成。水炮系统适用于一般固体可燃物火灾场所。

六、泡沫炮系统

喷射泡沫灭火剂的固定消防炮系统，主要由水源、泡沫液罐、消防泵组、泡沫比例混合装置、管道、阀门、泡沫炮、动力源和控制装置等组成。泡沫炮系统适用于甲类液体、乙类液体、丙类液体、固体可燃物火灾场所。

七、干粉炮系统

喷射干粉灭火剂的固定消防炮系统，主要由干粉罐、氮气瓶组、管道、阀门、干粉炮、动力源和控制装置等组成。干粉炮系统适用于液化石油气、天然气等可燃气体火灾场所。

水炮系统和泡沫炮系统不得用于扑救遇水发生化学反应而引起燃烧、爆炸等物质的火灾。

第二节　消防炮灭火系统的主要设备

一、系统的构成

消防炮灭火系统的组件包括消防炮、泡沫比例混合装置、泡沫液罐、干粉罐、氮气瓶和消防泵组等。这些专用系统组件是消防炮系统实施区域灭火的主要设备，它们的性能好坏直接关系到灭火的成败，因此，必须通过国家消防产品质量监督检验测试机构检测合格，证明其符合国家产品质量标准。根据国内外的消防惯例，主要系统组件的外表面涂成红色。

二、消防炮

消防炮是消防炮灭火系统的主要设备，也是该系统与其他传统消防设施的主要区别所在。消防炮主要由进口连接附件、炮体、喷射部件等组成，其中连接附件提供连接接口，炮体通过水平回转节和俯仰回转节的运动实现喷射方向的调整，喷射部件用以实现不同的喷射射流。

1. 进口连接附件

连接附件用以实现灭火剂供给管道和消防炮炮座的连接，主要包括连接管、球阀、内扣式管牙接口等，如图 10-1 所示，其中球阀可以控制消防炮的喷射。

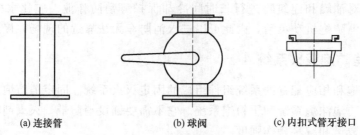

(a) 连接管   (b) 球阀   (c) 内扣式管牙接口

图 10-1　消防炮进口连接附件

2. 喷射部件

喷射部件主要包括图 10-2 所示的各种喷头和喷管，其中充实式直流喷头、导流式直流喷头、直流-喷雾喷头为非吸气型喷射部件，即喷射时在该部件内不吸入空气，可用于喷射水、水成膜泡沫混合液等介质；泡沫喷管、自吸式泡沫喷管为吸气型喷射部件，即喷射时在该部件内吸入大量的空气，可用于喷射蛋白泡沫混合液、水、水成膜泡沫混合液等介质。

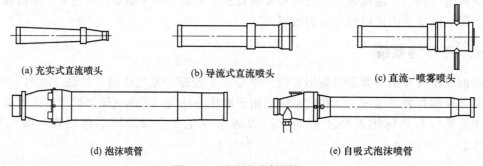

(a) 充实式直流喷头   (b) 导流式直流喷头   (c) 直流-喷雾喷头

(d) 泡沫喷管   (e) 自吸式泡沫喷管

图 10-2　消防炮喷射部件

3. 炮体

炮体是消防炮的主要构成部分，它通过水平回转节来调整消防炮的水平回转角度，通过俯仰回转节来调整消防炮的俯仰角度，从而使灭火剂喷向保护对象，达到迅速灭火的目的。炮体的形式多种多样，它们可以和不同的喷射部件组合，根据需要分别应用于不同类型的火灾场所，图 10-3 是几种常用的消防炮形式。表 10-1 和表 10-2 分别给出了消防水炮和泡沫炮的额定参数。

表 10-1　消防水炮性能表

流量规格/(L/s)		20	25	30	40	50	60	70	80	100	120	150	180	200
额定工作压力/MPa		0.8						1.0		1.2			1.4	
最大工作压力/MPa		1.2									1.4		1.6	
额定射程/m		48	50	55	60	65	70	73	77	82	90	100	110	120
回转角度 /(°)	手动	±180												
	远控	±135												
俯仰角度/(°)		±70												
进口直径/mm		125					150				175			

表 10-2 消防泡沫炮性能表

流量规格/(L/s)		24	32	40	48	64	80	100	120	150	180	200
额定工作压力/MPa		0.8			1.0			1.2			1.4	
最大工作压力/MPa		1.2						1.4			1.6	
额定射程/m		40	45	52	60	65	70	75	80	90	100	105
回转角度 /(°)	手动	±180										
	远控	±135										
俯仰角度/(°)		±70										
发泡倍数		≥6										
进口直径/mm		125						150			175	
25%泡沫析水时间/min		≥2.5										

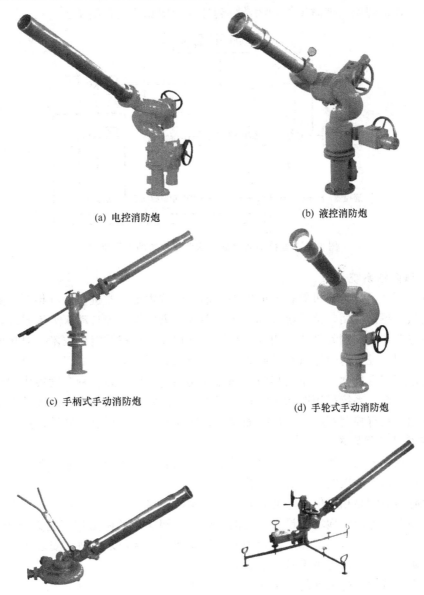

(a) 电控消防炮

(b) 液控消防炮

(c) 手柄式手动消防炮

(d) 手轮式手动消防炮

(e) 圆盘移动式消防炮

(f) 支架移动式消防炮

图 10-3 几种常用消防炮形式

4. 远控消防炮系统

远控消防炮系统是一种远距离控制的新型消防炮灭火系统，该系统具有流量大、射程远、可远距离有线或无线控制和就地手动控制等特点。该系统可分为液控消防炮系统、气控消防炮系统和电控消防炮系统，液控消防炮系统由液控消防炮、液压源、电控器、电动阀门控制装置、无线遥控器、炮塔、泡沫比例混合装置等组成；气控消防炮系统由气控消防炮、气压源、电控器、电动阀门控制装置、无线遥控器、炮塔、泡沫比例混合装置等组成；电控消防炮系统由电控消防炮、电控器、电动阀门控制装置、无线遥控器、炮塔、泡沫比例混合装置等组成。远控消防炮系统主要适用于易燃易爆的石化企业、油库、输油码头、机场、大空间建筑物等重要工程场所，是远距离扑救火灾的有效设备。图 10-4 为远控消防水炮和泡沫炮系统的工作流程图。消防干粉炮的动作程序流程图见第七章图 7-2。

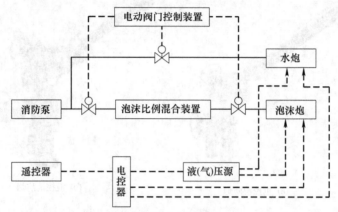

图 10-4 远控消防水炮和泡沫炮系统的工作流程

5. 数控消防炮系统

随着电子、通信、计算机等行业的发展，消防炮技术也日益进步。近年来，数控消防炮系统逐渐成熟并得以应用，该系统又称为数字图像火灾监控报警自动灭火炮系统，利用高分辨率红外摄像头作为探测元件，应用计算机图像处理技术和三维定位技术，对场所进行全方位的监控，控制数控消防炮进行自动寻火和自动灭火，系统能自动或手动控制数控消防炮，对早期火灾进行定点扑救。该系统集防火和监控功能于一体，是一种高度集成的智能型图像火灾自动灭火系统。系统采用图像火灾自动探测与空间定位扑救技术，解决了大空间火灾定点扑救的难题，具有控制距离远、保护面积大、响应速度快、可靠性高等优点。

6. 消防炮的使用要求

（1）为了在远控消防炮的远控系统失灵情况下仍能使用消防炮，应能在现场对其进行操作，因此，远控消防炮应同时具有手动功能。

（2）消防炮应满足相应使用环境和介质的防腐蚀要求。

（3）安装在室外消防炮塔和设有护栏的平台上的消防炮的俯角均不宜大于 $50°$，以避免俯角过大时造成护栏过低甚至无法设置护栏，给安装和维修带来威胁。安装在多平台消防炮塔的低位消防炮的水平回转角不宜大于 $220°$。

（4）室内配置的消防水炮的俯角和水平回转角应满足使用要求。

（5）在人员密集的公共场所一旦发生火灾，直流水射流的冲击力会对人员和设施造成伤害和损失，并且可能在消防炮位附近形成射流死角。因此，室内配置的消防水炮宜具有直流-喷雾的无级转换功能。

三、泡沫比例混合装置与泡沫液罐

泡沫比例混合装置是泡沫灭火系统中泡沫混合液的供给源，在石油化工、港口码头、油库和机场等场所广泛应用。

1. 基本构造

泡沫比例混合装置由罐体、混合器管路、进水管路、出液管路、排气管路、排液管路、排渣管路、进料孔、人孔、取样孔、液位标、压力表和安全阀等构成，各管路上均设置相应阀门。混合装置按安装形式可以分为卧式和立式，按内部构造可以分为整体型、分隔型和隔膜型，按操作形式可以分为手动和自动。

2. 工作原理

压力水在流经混合管路时，有一部分水经过进水管路进入储罐内，罐内压力与主管道上的压力平衡，同时适量的泡沫液经出液管流入混合器，并与压力水按比例自动混合成泡沫混合液。泡沫混合液被输送至泡沫产生器、泡沫枪、泡沫炮等泡沫产生设备，产生空气泡沫用以扑救甲、乙、丙类液体火灾及木材、纸张、纺织品等固体火灾。

整体型储罐如图10-5（a）所示，在工作时，压力水从罐顶进入内腔，与主管道的压力平衡后将下面的泡沫液压出储罐进入混合器并形成混合液。压力水与泡沫液直接接触，一般罐内水与泡沫液有一个分隔面，随着混合液的供给，该分隔面逐渐下降。整体型储罐工作时，水与泡沫液没有隔离，工作后的水与泡沫液混合，泡沫药剂的成分发生变化，因此，每次使用后需将罐内的泡沫液和水排空，再重新灌装泡沫液。

为了避免整体型储罐在使用后大量剩余泡沫液的浪费，可将罐体做成分隔型，如图10-5（b）所示，将内腔分成若干个腔体，腔体间用连通管连接。工作时，随着混合液的不断供给，压力水依次进入各腔体。每次使用后只需更换进水腔体中的泡沫液，没有进水的腔体则无需更换，与整体型储罐相比，显然可以节约大量的泡

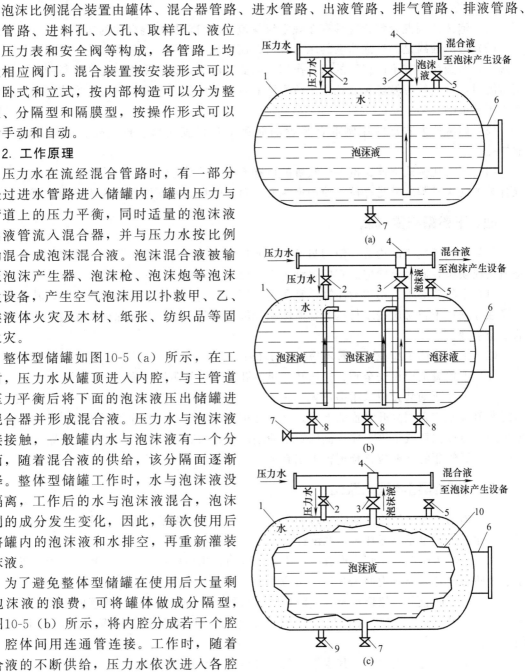

图 10-5　泡沫比例混合装置的基本结构
1—罐体；2—进水阀；3—出液阀；4—混合器；5—排气阀；
6—人孔；7—排液阀；8—分隔阀；9—排水阀；10—橡胶膜

沫液。

图 10-5（c）所示的隔膜型储罐内的橡胶膜将水与泡沫液隔离开，这样剩余的泡沫液仍然可以继续使用，避免了泡沫液的浪费。在使用水成膜泡沫液时，橡胶膜还可以避免罐壁上的铁离子接触泡沫液而影响水成膜泡沫的性能。因此，消防系统使用水成膜泡沫液时必须选用隔膜型混合装置。

3. 相关要求

（1）泡沫比例混合装置应具有在规定流量范围内自动控制混合比的功能。

（2）泡沫液罐是储存泡沫液的压力容器，而泡沫液（蛋白、氟蛋白、水成膜、抗溶性泡沫液等）对金属均有不同程度的腐蚀作用，因此，泡沫液罐宜采用耐腐蚀材料制作；当采用钢质罐时，其内壁应做防腐蚀处理。与泡沫液直接接触的内壁或防腐层对泡沫液的性能不得产生不利影响。

（3）储罐压力式泡沫比例混合装置的储罐上应设安全阀、排渣孔、进料孔、人孔和取样孔。

（4）压力比例式泡沫比例混合装置的单罐容积不宜大于 $10m^3$。隔膜型压力式泡沫比例混合装置的橡胶膜应满足存储、使用泡沫液时对其强度、耐腐蚀性和存放时间的要求。

四、干粉罐与氮气瓶

干粉罐和氮气瓶的构造和使用与第七章所述相同，区别仅在于其供应的末端灭火设备不是喷嘴或喷枪，而是干粉炮。它们要满足下列要求。

（1）干粉罐必须选用压力储罐，宜采用耐腐蚀材料制作；当采用钢质罐时，其内壁应做防腐蚀处理；干粉罐应按现行压力容器国家标准设计和制造，并应保证其在最高使用温度下的安全强度。

（2）干粉罐的干粉充装系数不应大于 1.0kg/L。

（3）干粉罐上应设安全阀、排放孔、进料孔和人孔等附属设施。

（4）干粉驱动装置应采用高压氮气瓶组，氮气瓶的额定充装压力不应小于 15MPa。干粉罐和氮气瓶应采用分开设置的形式。这样做可以避免干粉长时间受压和结块以及干粉罐长期受压而造成损坏或危害，并且储压式干粉罐内不必留有较大的空间安置氮气瓶。

（5）氮气瓶的性能应符合现行国家有关标准的要求。

五、消防泵组与消防泵站

（1）消防泵宜选用特性曲线平缓的离心泵，即使在闷泵的情况下，管路系统的压力也不至于变化过大，也不会损坏管道和配件。

（2）自吸消防泵吸水管应设真空压力表，消防泵出口应设压力表，其最大指示压力不应小于消防泵额定工作压力的 1.5 倍。消防泵出水管上应设自动泄压阀和回流管。

（3）为了防止杂质堵塞水泵，消防泵吸水口处宜设置过滤器。吸水管的布置应有向水泵方向上升的坡度，以防止水泵气蚀影响水泵性能。吸水管上应设置闸阀，阀上应有启闭标志。

（4）带有水箱的引水泵，其水箱应具有可靠的储水封存功能。

（5）用于控制信号的出水压力取出口应设置在水泵的出口与单向阀之间。

（6）消防泵站应设置备用泵组，其工作能力不应小于其中工作能力最大的一台工作泵组。

（7）柴油机消防泵站应设置进气和排气的通风装置，冬季室内最低温度应符合柴油机制造厂提出的温度要求。

（8）消防泵站内的电气设备应采取有效的防潮和防腐蚀措施。

六、阀门和管道

（1）当消防泵出口管径大于 300mm 时，不应采用单一手动启闭功能的阀门。阀门应有明显的启闭标志，远控阀门应具有快速启闭功能，且密封可靠。

（2）常开或常闭的阀门应设锁定装置，控制阀和需要启闭的阀门应设启闭指示器。参与远控炮系统联动控制的控制阀，其启闭信号应传至系统控制室。

（3）干粉管道上的阀门应采用球阀，其通径必须和管道内径一致。

（4）管道应选用耐腐蚀材料制作或对管道外壁进行防腐蚀处理。

（5）在使用泡沫液、泡沫混合液或海水的管道适当位置宜设冲洗接口。在可能滞留空气的管段顶端应设置自动排气阀。

（6）在泡沫比例混合装置后宜设旁通的试验接口。

七、消防炮塔

消防炮塔是安装消防炮实施高位喷射灭火剂的主要设备之一，在通常情况下，消防炮塔为双平台，上平台安装泡沫炮，下平台安装水炮；也有三平台或者多平台消防炮塔，上平台安装泡沫炮，中平台安装水炮，下平台安装干粉炮。这主要是根据泡沫、水、干粉等不同灭火剂各自的喷射特性以及泡沫炮的炮筒较长等因素决定的。

消防炮塔通常设置在室外，易于锈蚀，应具有良好的耐腐蚀性能，并且其结构强度应能同时承受使用场所最大风力和消防炮喷射反力。图 10-6 所示是消防炮喷射压力-喷射反力曲线，可以根据消防炮的流量规格及其实际工作压力查出此时的喷射反力，工作压力的取值不是额定工作压力，而是应按可能的最大工作压力取值，再按此工作压力确定喷射反力，以此作为基础设计的依据。例如，200 型消防炮在额定工作压力 1.4MPa 时的喷射反力为 10.95kN，若实际工程中可能出现的最大工作压力为 1.6MPa，则至少应按 12.5kN 的喷射反力作为结构设计的依据。同时消防炮塔的结构设计应能满足消防炮正常操作使用的要求，

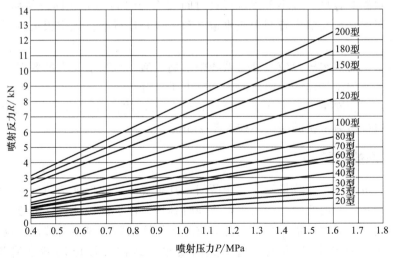

图 10-6　消防炮喷射压力-喷射反力曲线

不得影响消防炮的左右回转和上下俯仰等常规动作。

消防炮塔应设有与消防炮配套的供灭火剂、供液压油、供气、供电等管路，其管径、强度和密封性应满足系统设计的要求。进水管线应设置便于清除杂物的过滤装置。

室外消防炮塔应设有防止雷击的避雷装置、防护栏杆和保护水幕，保护水幕的总流量不应小于 6L/s。

消防炮塔的布置应符合规定是甲、乙、丙类液体储罐区、液化烃储罐区和石化生产装置的消防炮塔高度的确定应使消防炮对被保护对象实施有效保护；甲、乙、丙类液体、油品、液化石油气、天然气装卸码头的消防炮塔高度应使消防炮的俯仰回转中心高度不低于在设计潮位和船舶空载时的甲板高度；消防炮水平回转中心与码头前沿的距离不应小于 2.5m；消防炮塔的周围应留有供设备维修用的通道。

八、动力源

消防炮灭火系统的动力源主要包括电动力源、液压动力源和气压动力源三种形式，为了保证系统的运行可靠性和经济合理性，动力源应符合下列要求。

（1）动力源应具有良好的耐腐蚀、防雨和密封性能。

（2）动力源及其管道应采取有效的防火措施。

（3）液压和气压动力源与其控制的消防炮的距离不宜大于 30m。

（4）动力源应满足远控炮系统在规定时间内操作控制与联动控制的要求。

第三节 消防炮灭火系统的设计

一、系统设置要求

（1）供水管道应与生产、生活用水管道分开，且不宜与泡沫混合液的供给管道合用。寒冷地区的湿式供水管道应设防冻保护措施，干式管道应设排除管道内积水和空气的设施。管道设计应满足设计流量、压力和启动至喷射的时间等要求。

（2）消防水源的容量不应小于规定灭火时间和冷却时间内需要同时使用水炮、泡沫炮、保护水幕喷头等用水量及供水管网内充水量之和。该容量可减去规定灭火时间和冷却时间内可补充的水量。

（3）消防水泵的供水压力应能满足系统中水炮、泡沫炮喷射压力的要求。

（4）灭火剂及加压气体的补给时间均不宜大于 48h。

（5）水炮系统和泡沫炮系统从启动至炮口喷射水或泡沫的时间不应大于 5min，干粉炮系统从启动至炮口喷射干粉的时间不应大于 2min。

二、消防炮的布置

（1）室内消防炮的布置数量不应少于两门，其布置高度应保证消防炮的射流不受上部建筑构件的影响，并应能使两门水炮的水射流同时到达被保护区域的任一部位。

室内系统应采用湿式给水系统，消防炮位处应设置消防水泵启动按钮。设置消防炮平台时，其结构强度应能满足消防炮喷射反力的要求，结构设计应能满足消防炮正常使用的要求。

（2）室外消防炮的布置应能使消防炮的射流完全覆盖被保护场所及被保护物，且应满足灭火强度及冷却强度的要求。消防炮应设置在被保护场所常年主导风向的上风方向。当灭火对象高度较高、面积较大时，或在消防炮的射流受到较高大障碍物的阻挡时，应设置消防炮塔。

（3）消防炮宜布置在甲、乙、丙类液体储罐区防护堤外，当不能满足第②条的规定时，可布置在防护堤内，此时应对远控消防炮和消防炮塔采取有效的防爆和隔热保护措施。

（4）液化石油气、天然气装卸码头和甲、乙、丙类液体、油品装卸码头的消防炮的布置数量不应少于两门，泡沫炮的射程应满足覆盖设计船型的油气舱范围，水炮的射程应满足覆盖设计船型的全船范围。

三、水炮系统的设计

1. 水炮的设计射程

水炮的设计射程应符合消防炮布置的要求。室内布置的水炮的射程应按产品射程的指标值计算，室外布置的水炮的射程可能受到风向和风力等因素的影响，因此，应按产品射程指标值的 90% 计算。

在实际工程中，由于动力配套能力、管路附件、炮塔高度等各种因素的影响，水炮的实际工作压力可能与产品的额定工作压力不同，此时应在产品规定的工作压力范围内选用。

水炮的设计射程可按式（10-1）计算

$$D_s = D_{s0} \sqrt{\frac{P_e}{P_0}} \tag{10-1}$$

式中　D_s——水炮的设计射程，m；

D_{s0}——水炮在额定工作压力时的射程，m；

P_e——水炮的设计工作压力，MPa；

P_0——水炮的额定工作压力，MPa。

当上述计算的水炮设计射程不能满足消防炮布置的要求时，应调整原设定的水炮数量、布置位置或规格型号，直至达到要求为止。

2. 系统的设计流量

水炮系统的计算总流量应为系统中需要同时开启的水炮设计流量的总和，且不得小于灭火用水计算总流量及冷却用水计算总流量之和。

（1）水炮的设计流量　水炮的设计流量可按式（10-2）计算，且室外配置的水炮的额定流量不宜小于 30L/s。

$$Q_s = q_{s0} \sqrt{\frac{P_e}{P_0}} \tag{10-2}$$

式中　Q_s——水炮的设计流量，L/s；

q_{s0}——水炮的额定流量，L/s。

（2）系统用水供给时间　水炮系统灭火及冷却用水的连续供给时间应符合下列规定。

扑救室内火灾的灭火用水连续供给时间不应小于 1.0h；扑救室外火灾的灭火用水连续供给时间不应小于 2.0h；甲、乙、丙类液体储罐、液化烃储罐、石化生产装置和甲、乙、丙类液体、油品码头等冷却用水连续供给时间应符合国家标准《石油化工企业设计防火规范》和《装卸油品码头防火设计规范》等的规定。

（3）系统用水供给强度　水炮系统灭火及冷却用水的供给强度应符合下列规定。

扑救室外火灾的灭火及冷却用水的供给强度和扑救室内一般固体物质火灾的供给强度应符合《自动喷水灭火系统设计规范》中的规定，其用水量应按两门水炮的水射流同时到达防护区任一部位的要求计算。民用建筑的用水量不应小于 40L/s，工业建筑的用水量不应小于 60L/s；甲、乙、丙类液体储罐、液化烃储罐和甲、乙、丙类液体、油品码头等冷却用水的供给强度应符合《石油化工企业设计防火规范》的规定；石化生产装置的冷却用水的供给强度不应小于 16L/(min·m²)。

（4）系统灭火面积及冷却面积

水炮系统灭火面积及冷却面积的计算应符合下列规定。

甲、乙、丙类液体储罐、液化烃储罐、石化生产装置冷却面积的计算应符合《石油化工企业设计防火规范》的规定；甲、乙、丙类液体、油品码头的冷却面积可按式（10-3）计算

$$F = 3BL - f_{max} \tag{10-3}$$

式中 F——冷却面积，m²；

   B——最大油舱的宽度，m；

   L——最大油舱的纵向长度，m；

   f_{max}——最大油舱的面积，m²。

其他场所的灭火面积及冷却面积应按照国家有关标准和规范或根据实际情况确定。

四、泡沫炮系统的设计

1. 泡沫炮的设计射程

泡沫炮的设计射程应符合消防炮布置的要求。室内布置的泡沫炮的射程应按产品射程的指标值计算，室外布置的泡沫炮的射程可能受到风向和风力等因素的影响，因此应按产品射程指标值的 90% 计算。

在实际工程中，由于动力配套能力、管路附件、炮塔高度等各种因素的影响，泡沫炮的实际工作压力可能与产品的额定工作压力不同，此时应在产品规定的工作压力范围内选用。

泡沫炮的设计射程可按式（10-4）计算

$$D_p = D_{p0}\sqrt{\frac{P_e}{P_0}} \tag{10-4}$$

式中 D_p——泡沫炮的设计射程，m；

   D_{p0}——泡沫炮在额定工作压力时的射程，m；

   P_e——泡沫炮的设计工作压力，MPa；

   P_0——泡沫炮的额定工作压力，MPa。

当上述计算的泡沫炮设计射程不能满足消防炮布置的要求时，应调整原设定的泡沫炮数量、布置位置或规格型号，直至达到要求为止。

2. 系统的设计流量

泡沫混合液设计总流量应为系统中需要同时开启的泡沫炮设计流量的总和，且不应小于灭火面积与供给强度的乘积。混合比的范围应符合国家标准《低倍数泡沫灭火系统设计规范》的规定，计算中应取规定范围的平均值。泡沫液设计总量应为其计算总量的 1.2 倍。

（1）泡沫炮的设计流量   泡沫炮的设计流量可按式（10-5）计算，且室外配置的泡沫炮的额定流量不宜小于 48L/s。

$$Q_p = q_{p0}\sqrt{\frac{P_e}{P_0}} \tag{10-5}$$

式中　Q_p——泡沫炮的设计流量，L/s；

　　　q_{p0}——泡沫炮的额定流量，L/s。

（2）扑救甲、乙、丙类液体储罐区火灾及甲、乙、丙类液体、油品码头火灾等的泡沫混合液的连续供给时间和供给强度应符合国家标准《石油化工企业设计防火规范》和《装卸油品码头防火设计规范》等的规定。

（3）泡沫炮灭火面积的计算应符合下列规定。

甲、乙、丙类液体储罐区的灭火面积应按实际保护储罐中最大一个储罐横截面积计算。泡沫混合液的供给量应按两门泡沫炮计算；甲、乙、丙类液体、油品装卸码头的灭火面积应按油轮设计船型中最大油舱的面积计算；飞机库的灭火面积应符合《飞机库设计防火规范》的规定；其他场所的灭火面积应按照国家有关标准和规范或根据实际情况确定。

五、干粉炮系统的设计

（1）室内布置的干粉炮的射程应按产品射程指标值计算，室外布置的干粉炮的射程应按产品射程指标值的90%计算。

（2）干粉炮系统的单位面积干粉灭火剂供给量可按表10-3选取。

表 10-3　干粉炮系统的单位面积干粉灭火剂供给量

干粉种类	单位面积干粉灭火剂供给量/(kg/m²)	干粉种类	单位面积干粉灭火剂供给量/(kg/m²)
碳酸氢钠干粉	8.8	氨基干粉	3.6
碳酸氢钾干粉	5.2	磷酸铵盐干粉	

（3）可燃气体装卸站台等场所的灭火面积可按保护场所中最大一个装置主体结构表面积的50%计算。

（4）干粉炮系统的干粉连续供给时间不应小于60s。

（5）干粉设计用量应符合下列规定。

① 干粉计算总量应满足规定时间内需要同时开启干粉炮所需干粉总量的要求，并不应小于单位面积干粉灭火剂供给量与灭火面积的乘积；干粉设计总量应为计算总量的1.2倍。

② 在停靠大型液化石油气、天然气船的液化气码头装卸臂附近宜设置喷射量不小于2000kg干粉的干粉炮系统。

（6）干粉炮系统应采用标准工业级氮气作为驱动气体，其含水量不应大于0.005%的体积比，其干粉罐的驱动气体工作压力可根据射程要求分别选用1.4MPa、1.6MPa、1.8MPa。

（7）干粉供给管道的总长度不宜大于20m。炮塔上安装的干粉炮与低位安装的干粉罐的高度差不应大于10m。

（8）干粉炮系统的气粉比应符合下列规定。

① 当干粉输送管道总长度大于10m、小于20m时，每千克干粉需配给50L氮气。

② 当干粉输送管道总长度不大于10m时，每千克干粉需配给40L氮气。

六、系统水力计算

（1）系统的供水设计总流量可按式（10-6）计算

$$Q = \sum N_p Q_p + \sum N_s Q_s + \sum N_m Q_m \tag{10-6}$$

式中　Q——系统供水设计总流量，L/s；

　　　N_p——系统中需要同时开启的泡沫炮的数量，门；

　　　N_s——系统中需要同时开启的水炮的数量，门；

　　　N_m——系统中需要同时开启的保护水幕喷头的数量，只；

Q_p——泡沫炮的设计流量，L/s；

Q_s——水炮的设计流量，L/s；

Q_m——保护水幕喷头的设计流量，L/s。

（2）供水或供泡沫混合液管道总水头损失可按式（10-7）计算

$$H=0.00107\frac{v^2}{d^{1.3}}L+\sum\xi\frac{v^2}{2g}$$ （10-7）

式中　H——水泵出口至最不利点消防炮进口管道水头总损失，mH_2O；

　　　L——计算管道长度，m；

　　　v——设计流速，m/s；

　　　d——管道内径，m；

　　　g——重力加速度，m/s^2；

　　　ξ——局部阻力系数。

（3）消防水泵扬程可按式（10-8）计算

$$P=Z+H+P_e$$ （10-8）

式中　P——消防水泵扬程，mH_2O；

　　　Z——最低引水位至最高位消防炮进口的垂直高度，m；

　　　H——水泵出口至最不利点消防炮进口管道水头总损失，mH_2O；

　　　P_e——泡沫（水）炮的设计工作压力，mH_2O。

七、系统控制

1. 远控炮系统控制

在远控炮系统中，消防泵组、消防泵进出水阀门、压力传感器、系统控制阀门、动力源、远控炮等被控设备应采取联动控制方式实行远程控制，各联动单元应设有操作指示信号，这样既可以保证系统开通的可靠性，防止误操作，又可以确保操作人员的安全。

目前，感温、感烟、火焰探测器、远红外探测器等报警设备日趋成熟，消防炮系统应设置与这些设备相容的接口，以便于系统具有接收和处理消防报警的功能。工作消防泵组发生故障停机时，备用消防泵组应能自动投入运行。

远控炮系统采用无线控制操作时，应满足以下要求。

（1）应能控制消防炮的俯仰、水平回转和相关阀门的动作。

（2）消防控制室应能优先控制无线控制器所操作的设备。

（3）无线控制的有效控制半径应大于100m。

（4）1km以内不得有相同频率、30m以内不得有相同安全码的无线控制器。

（5）无线控制器应设置闭锁安全电路。

2. 消防控制室

消防控制室是消防炮系统扑救火灾时的控制中心和指挥中心，是整个系统能否正常运作的关键部位，因此，消防控制室的设计应符合现行国家标准《建筑设计防火规范》中消防控制室的规定，同时应符合下列要求。

（1）消防控制室宜设置在能直接观察各座炮塔的位置，必要时应设置监视器等辅助观察设备。

（2）消防控制室应有良好的防火、防尘、防水等措施。

（3）系统控制装置的布置应便于操作与维护。

远控炮系统的消防控制室应能对消防泵组、消防炮等系统组件进行单机操作与联动操作或自动操作，并应具有下列控制和显示功能。

（1）消防泵组的运行、停止、故障。

（2）电动阀门的开启、关闭及故障。

（3）消防炮的俯仰、水平回转动作。

（4）当接到报警信号后，应能立即向消防泵站等有关部门发出声光报警信号，声响信号可手动解除，但灯光报警信号必须保留至人工确认后方可解除。

（5）具有无线控制功能时，显示无线控制器的工作状态。

（6）其他需要控制和显示的设备。

第十一章 >>
地下工程与人防工程的消防

地下工程包括的范围很广，按其建造形式可分为附建式和单建式两类。附建式地下工程附建在高层建筑或者多层建筑的下部，其层数有一层至三层或者更多层不等，因使用功能的不同，建筑用房的性质也各不相同，如地下车库、商场、旅馆、餐厅、游艺场、医院、舞厅、设备用房、加工车间等。单建式地下工程是单建在室外自然地坪以下的独立建筑，其使用功能和用房性质基本同附建式。另外还有地下铁道和公路隧道等地下工程。人防工程是一种特殊的地下工程，分为单建掘开式工程、坑道工程、地道工程和人民防空地下室工程等。

第一节 地下工程的消防

一、地下工程的火灾特点

地下工程只有内部空间，不存在外部空间，不像地面建筑有外门、外窗与大气相通，只有通过与地面连接的通道或楼梯才有出入口，便形成了与地面建筑不同的燃烧特性，其火灾有如下特点。

1. 烟雾大

发生火灾时，一般供气不足，温度开始上升较慢，阴燃时间稍长，发烟量大。部分材料在不同温度下产生烟量，而且可燃物燃烧时产生的各种有毒有害气体，危害人们的生命安全。

2. 温度高

火灾时热烟很难排出，散热缓慢，内部空间温度上升快，会较早出现"轰燃"现象，因延烧时间较长，温度可高达 800～900℃，如有易燃易爆的物品发生爆炸时，泄爆的能力差，将引起连续爆炸，严重影响结构安全。

3. 人员疏散困难

火灾时，正常电源切断，依靠事故照明和疏散标志逃生，如果无事故照明，将是一片漆黑，人员无法逃离火场。逃生的出口路线又少，再加上人严重缺氧，四肢无力，神志不清，很难在这样环境中逃生。

4. 扑救困难

地下火灾比地面火灾在扑救上要困难得多，主要表现在指挥员决策困难；通信指挥困难；进入火场困难；烟雾和高温影响灭火工作；灭火设备和灭火场地受限制。

二、消防给水系统

1. 消防用水量及消防设施

（1）附建式地下建筑的室内消防用水量和消防设备的设置应与其地面上的高层或多层建筑作为一幢整体建筑一并考虑确定，遵照《高层民用建筑设计防火规范》、《建筑设计防火规范》、《自动喷水灭火系统设计规范》以及《建筑灭火器配置设计规范》等规范的有关规定执行。

（2）单建式地下建筑的室内消防用水量和消防设备的设置，应根据建筑物的使用性质、体积等因素，遵照《建筑设计防火规范》、《自动喷水灭火系统设计规范》、《汽车库、修车库、停车场设计防火规范》等有关规定执行。如对地下工程防火设计从严要求，或属地下人防工程平战结合的改建、扩建，均应按《人民防空工程建筑设计防火规范》有关规定执行。

2. 消防给水系统的给水方式

附建式地下工程有下列给水方式。

（1）地下建筑部分直接利用城市给水管道的水量、水压，构成独立的消防给水或消防与生活合用的给水系统；确保消防所需的水量和水压，为常高压消防给水系统。而地面建筑部分另设由消防泵加压的临时高压消防给水系统。

（2）地下建筑与地面建筑合设一个消防给水系统，由地下消防泵房加压，消防控制室统一管理。适用于地面建筑高度小于等于 50m，地下建筑一般不多于三层，使消火栓处静水压不大于 0.8MPa。

（3）当地面为大于 80m 的高层建筑时，一般地下建筑与地面建筑的下几层（具体按多少层数划分应根据消防分区需要确定）合为一个消防给水系统，即低区消防给水系统。此系统根据所供水量、水压和分区的不同情况，可以是常高压消防给水系统，也可能是临时高压消防给水系统。

单建式地下工程的消防给水系统，一般由城市给水管道或其他地表水源供水，可分为以下两种。

（1）利用城市给水管道的水量、水压的消防给水系统或消防、生活合用给水系统，能满足消防所需的水量、水压，即常高压消防给水系统。

（2）利用其他水源，设消防泵加压的临时高压消防给水系统。

三、相关规定

地下工程消防有如下规定。

（1）高层建筑的地下室耐火等级应为一级。

（2）高层和多层建筑的地下室，防火分区的最大允许建筑面积为 500m²，设自动灭火设备的防火分区，其最大允许建筑面积可增加一倍。

（3）高层和多层建筑的地下室，每个防火分区的安全出口不少于两个，每个防火分区必须有一个能直通室外的安全出口，但面积不超过 50m²，且人数不超过 10 人时可设一个。

（4）高层建筑地下室不宜设置人员密集的厅、室，如必须设置时，其面积不应超过 300m²。

（5）消防控制室设在地下一层时，应采用耐火极限不低于 3h 的隔墙和 2h 的楼板与其他部位隔开，并应设直通室外的安全出口。

（6）消防水泵房设在地下室时，其墙、板的耐火极限等要求同消防控制室。消防水泵房与消防控制室之间应设直接的信通信设备。

（7）地下建筑内部设有消防电梯时，应设消防电梯井的排水设施。电梯井排水直接排入地下污水泵房集水池时，应采取防臭措施。

（8）地下建筑内设有储存室内外消防总用水量的消防水池时，消防水池应设供消防车取水的取水口，应保证消防车的吸水高度不超过 6m。取水口的设置方式如下。

① 消防水池设在地下一层时，其池深的高度应考虑满足消防车的吸水高度不超过 6m 的要求，如图 11-1 所示。取水口应设在室外消防通道附近，距被保护建筑的距离大于 5m，其做法与吸水井相同，设井盖，并有相应的确保安全、卫生防护的措施。

② 消防水池设在地下二层或地下二层以下时，为了使室内消防水池所储存的室外消防水量，一旦需要时同样发挥作用，一般做法是室内设供室外消防流量的转输加压专用泵，火灾发生时，由专用水泵提水供消防车取水，做法如图 11-2 所示。

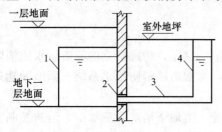

图 11-1 取水口设置

1—消防水池；2—防水套管；
3—引水管；4—取水井

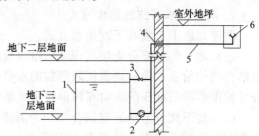

图 11-2 室外消火栓设置

1—消防水池；2—室外消防泵；3—泄压阀；
4—防水套管；5—输水管；6—室外消火栓

四、地下铁道和铁道隧道

（1）地下铁道水源采用城市自来水时，其引入管的供水能力，应满足供水区段生产、生活和消防用水的需要。每区段消防引入管不得少于两条。

（2）隧道内消火栓最大间距、最小用水量及水枪最小充实水柱应符合表 11-1 的规定。

表 11-1 消火栓最大间距、最小用水量和水枪最小充实水柱

地　　点	最大间距/m	最小用水量/(L/s)	水枪最小充实水柱/m
车站	30	20	15
折返线	30	15	15
区间（单洞）	30	15	15

（3）车站及折返线消火栓箱内宜设火灾报警按钮，当车站设有消防泵房时，尚应设水泵启动按钮。

（4）消防水池和水泵接合器的设置如下。

① 当城市管网的水量和水压不能满足地下铁道隧道内消防要求时，必须设消防泵和消防水池。确定消防水池容积时，自动喷水灭火装置火灾延续时间按 1h 计算，消火栓按 2h 计算。在发生火灾时，能保证连续向水池补水的条件下，可扣除火灾延续时间内连续补充的水量。

② 地下铁道的车站出入口或通风亭的口部等处应设水泵接合器，并在 40m 范围内设置室外消火栓或消防水池。

（5）下列场所应设置自动喷水灭火装置。

① 与地下铁道同时修建的地下商场。

② 与地下铁道同时修建的地下易燃物品仓库和Ⅰ、Ⅱ、Ⅲ类地下汽车库。

（6）当水幕仅起保护作用配合防火卷帘进行防火隔断时，其用水量不应小于 0.5L/(s•m)。

（7）地下铁道内地下变电所的重要设备间、车站通信及信号机房、车站控制室、控制中心的重要设备间和发电机房，宜设气体灭火装置。

（8）地下铁道内应设消防排水设施，并应符合下列规定。

① 排水泵站应设在线路坡度最低点，每座泵站所担负的隧道长度单线不宜超过 3km，双线长度不宜超过 1.5km。主要排除结构渗漏水、事故水、凝结水和生产、冲洗及消防废水。

② 排水泵站应设两台排水泵，平时一台工作一台备用。当排除消防废水时两台泵共同工作，排水泵的总能力按消防时最大的小时排水量确定。位于河、湖等水域下的排水泵站应增设一台排水泵。

③ 排水泵站应设计成自灌式，采用自动、就地和远距离三种控制方式，并应在控制室内设置显示排水泵工作状态和水位信号的装置。

④ 排水泵站的集水池有效容积，按不小于 10min 的渗水量与消防废水量之和确定，主排水泵站不得小于 30m³。

⑤ 排水泵扬水管应采用金属管。主排水泵站应设两根扬水管。排水泵扬水管宜由结构顶板或侧墙穿出，并应设防水套管。当洞外管道埋设较深或维修有困难时，应设便于维修的管道井和管沟，管沟高度不小于 1.2m，宽度根据扬水管数量确定。

（9）地下铁道有关防火规定如下。

① 地下铁道的地下工程及出入口、通风亭的耐火等级应为一级。

② 地下铁道的控制中心、车站行车值班室或车站控制室、变电所、配电室、通信及信号机房、通风和空调机房、消防泵房、灭火剂钢瓶室等重要设备用房，应采用耐火极限不低于 3h 的隔墙和耐火极限不低于 2h 的楼板与其他部位隔开，建筑吊顶应采用非燃材料。隔墙上的门应采用甲级防火门。

③ 地下铁道车站应采用防火分隔物划分防火分区，除站台厅和站厅外，每个防火分区的最大允许使用面积不应超过 1500m²。但消防泵房、污水泵房、蓄水池、厕所、盥洗室的面积可不计入防火分区的面积内。

④ 管道穿过防火墙、楼板及防火分隔物时，应采用非燃材料将管道周围的空隙填塞密实。

⑤ 当车站设置防火墙或防火门有困难时，可采用水幕保护的防火卷帘或复合防火卷帘。防火卷帘上应留有小门并采用两级下落式，先降至离地面 2m 处，在确认无人员遗漏情况下，最后降落第二级。

第二节 人防工程的消防

人防工程指具有防护标准级别的防空地下建筑（地下室）。一般均为高层和多层地面建筑下附建的人防地下室，也有全埋在室外自然地面下单建的人防地下室。为贯彻人民防空工程与城市建设相结合和"长期准备、重点建设、平战结合"的建设方针，防空地下室在符合战时防护功能要求的同时，还应充分满足平时使用功能的要求。由于用途广，功能繁多，如地下旅馆、餐厅、舞厅、游艺场、加工车间等，可燃物增多，大量电气设备的使用，增加了火灾的危险性，所以为防止和减少火灾对人防工程的危害，人防工程必须遵照《人民防空工程设计防火规范》进行设计。

一、消防水源和消防用水量

1. 消防水源

一般由下列水源供水。

（1）市政给水管道。

（2）人防工程水源井。

（3）消防水池。

（4）天然水源。

当采用市政给水管道直接供水，消防水量达到最大时，其水压应满足室内最不利点灭火设备的要求。利用天然水源供水时，应确保枯水期最低水位时的消防用水量，并应设置可靠的取水设施。

2. 消防用水量

（1）设有室内消火栓、自动喷水等灭火设备时，其消防用水量应按需要同时开启的上述设备用水量之和计算。

（2）室内消火栓用水量，不应小于表 11-2 的规定。

表 11-2　室内消火栓最小用水量

工 程 类 别	体积或座位数	同时使用水枪数/支	每支水枪最小流量/(L/s)	消火栓用水量/(L/s)
商场、医院、旅馆、展览厅、公共娱乐场所(电影院、礼堂除外)、小型体育场所	<1500m³	1	5.0	5.0
	≥1500m³	2	5.0	10.0
丙、丁、戊类生产车间、自行车库	≤2500m³	1	5.0	5.0
	>2500m³	2	5.0	10.0
丙、丁、戊类物品库房、图书资料档案库	≤3000m³	1	5.0	5.0
	>3000m³	2	5.0	10.0
餐厅	不限	1	5.0	5.0
电影院、礼堂	≥800 座	2	5.0	10.0

（3）增设的消防水喉设备的用水量可不计入消防用水量。

（4）自动喷水灭火系统的用水量按现行《自动喷水灭火系统设计规范》的有关规定执行。

二、灭火设备的设置

下列人防工程和部位应设室内消火栓。

（1）建筑面积超过 300m² 的人防工程。

（2）避难走道。

（3）电影院、礼堂。

（4）消防电梯间前室。

下列人防工程和部位应设自动喷水灭火系统。

（1）建筑面积超过 1000m² 的人防工程。

（2）超过 800 个座位的电影院和礼堂的观众厅且吊顶下表面至观众席地面高度不超过8m 时；舞台使用面积超过 200m² 时；观众厅与舞台之间的台口宜设置防火幕或水幕分隔。

（3）采用防火卷帘代替防火墙或防火门，当防火卷帘不符合防火墙耐火极限的判定条件时，应在防火卷帘的两侧设置闭式自动喷水灭火系统，其喷头间距应为 2.0m，喷头与卷帘距离应为 0.5m；有条件时，也可设置水幕保护。

（4）歌舞娱乐放映游艺场所。

（5）建筑面积大于 500m² 的地下商店。

柴油发电机房、直燃机房、锅炉房、变配电室和图书、资料、档案等特藏库房，宜设置二氧化碳等气体灭火系统，但不应采用卤代烷 1211、1301 灭火系统；重要通信机房和电子计算机机房应设置气体灭火系统。

灭火器的配置应按现行《建筑灭火器配置设计规范》的规定执行。

三、消防水池

具有下列情况之一者应设消防水池。

（1）市政给水管网、水源井或天然水源不能确保消防用水量。

（2）当市政给水管网为枝状或人防工程只有一条进水管。

室内消防用水总量不超过 10L/s 时，可以不设消防水池。

消防水池的有效容积应满足火灾延续时间内室内消防用水总量的要求。建筑面积小于 3000m² 的单建掘开式、坑道、地道人防工程消火栓系统火灾延续时间按 1h 计算；建筑面积大于等于 3000m² 的单建掘开式、坑道、地道人防工程消火栓系统火灾延续时间按 2h 计算，改扩建人防工程有困难时可按 1h 计算；自动喷水灭火系统火灾延续时间按 1h 计算。在发生火灾时能保证连续向水池补水的条件下，消防水池的容量可减去火灾延续时间内补充的水量。

消防用水与生产、生活、空调等其他用水合并的水池，应有确保消防用水不被他用的技术措施。消防水池补水时间，不应超过 48h。

消防水池可以设置在人防工程内或者人防工程外，寒冷地区的室外消防水池应有防冻措施。

四、室内消防给水

1. 室内消防给水系统类型

（1）消防给水独立系统能确保消防最大用水量及水压。

（2）消防给水与其他给水合并系统当其他用水达到最大小时流量时，应仍能供给全部消防用水量。

最好采用消防给水独立系统。

2. 管道的布置与敷设

（1）室内消火栓超过 10 个时，消防给水管道应布置成环状。环状管网的进水管宜设两条，当其中一条进水管发生故障时，另一条应仍能供给全部消防用水量。

（2）室内消防给水管道应用阀门分成若干独立段，当某段损坏，同层停止使用的消火栓数不应超过 5 个。阀门应有明显的启闭标志。

（3）室内消火栓管道应与自动喷水灭火系统的给水管道分开独立设置，当确实有困难时，可合用消防泵，但必须保证消火栓给水管道在自动喷水灭火系统的报警阀前分开。

（4）人防工程的消防给水引入管，当从出入口引入时，应在防护密闭门内设置防爆波阀门。当进水管由防空地下室的围护结构引入时，应在外墙或顶板的内侧设防爆波阀门。防爆波阀门的抗力不应小于 1.0MPa，应设在便于操作处，并应设有明显的启闭标志。

（5）消防给水管道穿过防空地下室外墙处，应采取防震、防不均匀沉降和防水措施。穿过顶板的立管，应牢固地固定在顶板内。

（6）人防工程室内的消防给水管道采用镀锌钢管并做防腐处理。

（7）人防工程的给水引入管上，宜设单独的水表。

3. 室内消火栓的设置

（1）室内消火栓水枪充实水柱长度应通过水力计算确定，并不应小于 10m。

（2）室内消火栓栓口处的静水压力不应大于 0.8MPa，当大于 0.8MPa 时，应采用分区给水系统；消火栓栓口的出水压力大于 0.5MPa 时，应设置减压装置。

（3）室内消火栓应设在明显易于取用的地点，栓口出水方向宜与设置消火栓的墙面成 90°角；栓口离地面高度宜为 1.1m；同一工程应采用统一规格的消火栓、水枪和水带，每根水带长度不应超过 25m。

（4）室内消火栓的间距应通过计算确定，当保证同层相邻两支水枪的充实水柱同时到达被保护范围内任何部位时，不应大于 30m；当保证有一支水枪的充实水柱到达室内任何部位时，不应大于 50m。

（5）设有消防水泵的消防给水系统，每个消火栓处应设置直接启动消防水泵的按钮，并应有保护措施。

五、室外消火栓和水泵接合器

（1）当消防用水总量超过 10L/s 时，应在人防工程外设水泵接合器。距水泵接合器 40m 内，应设有室外消火栓。

（2）水泵接合器和室外消火栓总的数量，应按人防工程内消防用水量确定，每个水泵接合器和室外消火栓的流量应按 10～15L/s 计算。

（3）水泵接合器和室外消火栓应设在便于消防车使用的地点，距人防工程出入口不宜小于 5m，室外消火栓距路边不宜大于 2m。

（4）水泵接合器和室外消火栓应有明显的标志。

六、其他相关规定

（1）人防工程的总平面设计应根据人防工程建设规划、规模、用途等因素，合理确定其位置、防火间距、消防车道和消防水源等。

（2）人防工程内不应设置高压锅炉房、氨冷冻站和甲、乙类的生产车间、物品库房。

（3）人防工程内严禁存放液化石油气钢瓶，并不得使用液化石油气和闪点小于 60℃ 的液体作燃料。

（4）人防工程内不宜设置哺乳室、幼儿园、托儿所、游乐厅等儿童活动场所和残疾人员活动场所。

（5）人防工程平时使用层数不宜超过两层（丁、戊类生产车间和物品库房除外），且使用层的地面（或楼面）与室外地坪的高差不宜超过 10m。

（6）商场的营业厅、医院的病房、旅馆的客房以及会议室、展览厅、餐厅、旱冰场、体育场、舞厅、电子游艺场等宜设在地下一层。

（7）消防控制室应设置在地下一层直通地面的安全出入口处，当地面建筑设置有消防控制室时，可与地面建筑消防控制室合用。

（8）消防控制室、消防水泵房、排烟机房、灭火剂储瓶室、变配电室、通信机房、通风和空调机房、可燃物存放量平均值超过 30kg/m² 火灾荷载密度的房间等，应采用耐火极限不低于 2h 的墙和楼板与其他部位隔开。隔墙上的门应采用常闭的甲级防火门。

（9）消防水泵应设置备用泵，其工作能力不应小于最大一台消防工作泵。每台消防泵应设置独立的吸水管，并宜采用自灌式吸水，其吸水管上应设置闸阀，出水管上应设置试验和检查用的压力表和放水阀门。

（10）人防工程内设有消防给水系统时，必须设置消防排水设施。消防排水设施宜与生活污水排水设施合并设置，兼作消防排水的生活污水泵，包含备用泵在内的总排水量应满足消防排水量的要求。

（11）与防空地下室无关的管道，不宜穿过人防围护结构。如因条件限制需要穿过其顶板时，只允许公称直径不大于75mm的给水、采暖、空调冷媒管道穿过。凡进入防空地下室的管道及其穿过的人防围护结构，均应采取防护密闭措施。

第十二章 >>
火灾自动报警系统

第一节 概　　述

以传感器技术、计算机技术和电子通信技术等为基础的火灾报警控制系统，是现代消防自动化工程的核心内容之一。该系统既能对火灾发生进行早期探测和自动报警，又能根据火情位置及时输出联动控制信号，启动相应的消防设施，进行灭火。对于各类高层建筑、宾馆、商场、医院等重要部门，设置安装火灾自动报警控制系统更是必不可少的消防措施。

随着电子技术迅速发展和计算机软件技术在消防技术中的大量应用，火灾自动报警系统的结构、形式越来越灵活多样，有智能型、全总线型以及综合型等。

一、火灾自动报警控制系统的发展

火灾自动报警系统的发展已经历了五代产品，第一代从 19 世纪 40 年代到 20 世纪 40 年代，以感温火灾探测技术为代表，包括定温探测器和差温探测器等，它的造价比较低，且误报率低。但其灵敏度较低，探测火灾的速度比较慢，尤其对阴燃火灾往往不响应，发生漏报；第二代从 20 世纪 50 年代到 70 年代，以感烟火灾探测技术为代表，包括离子感烟探测器和光电感烟探测器等，实现了火灾的早期报警，火灾自动报警技术才开始真正有意义地推广和发展。它对火灾响应速度比第一代产品快得多。自从第二代产品问世以来，便一直在火灾自动报警系统中占统治地位。直到今天，这种探测器在全世界范围内仍占据探测器的90% 左右；第三代从 20 世纪 80 年代初开始至今，以总线制火灾报警系统为代表，包括四总线系统、二总线系统等；第四代从 20 世纪 80 年代后期开始至今，以智能化火灾报警系统为代表，包括集中智能、分布智能及人工智能神经网络等；第五代自 20 世纪 90 年代以来，以无线火灾报警系统等为代表。

第一代和第二代火灾自动报警系统的优点是不要很复杂的火灾信号探测装置便可完成一定的火情探测，能对火灾进行早期探测和报警，系统性能简单便于了解，成本费用低廉，系统可靠性高，误报率可做到 1%。

第一代和第二代火灾自动报警系统的缺点是开关量火灾探测器报警判断方式缺乏科学性。因为开关量火灾探测器的火灾判断依据仅仅是根据所探测的某个火灾现象参数是否超过其自身设定值（阈值），来确定是否报警，所以无法排除环境和其他的干扰因素。

也就是说，以一个不变的灵敏度来面对不同使用场所，不同使用环境的变化，显然是不科学的；该火灾自动报警系统的功能少、性能差，不能满足发展的需要。比如，多制线报警系统费钱费工，电源功耗大，缺乏故障自诊断、自排除能力和无法识别报警的探测器（地址编码）及报警类型，不具备现场编程能力，不能自动探测系统重要组件的真实状态，不能自动补偿探测器灵敏度的漂移；当线路短路或开路时，系统不能采用隔离器切断有故障的部分等。

第三代、第四代和第五代火灾自动报警系统。随着火灾自动探测报警技术的不断发展，从简单的机电式发展到用微处理机技术的智能化系统，而且智能化系统也由初级向高级发展。第三代、第四代和第五代火灾自动报警系统有以下几种主要形式即"可寻址开关量报警系统"、"模拟量探测报警系统"和"多功能火灾智能报警系统"等。

可寻址开关量报警系统是智能型火灾报警系统的一种。它的每一个探测器有单独的地址码，并且采用总线制线路，在控制器上能读出每个探测器的输出状态。目前的可寻址系统在一条回路上可连接 0～256 个探测器，能在几秒内查询一次所有探测器的状态。

可寻址开关量报警系统最主要的特点是能更准确地确定火情部位，增强了火灾探测或判断火灾发生的能力，比多线制系统省钱省工。在系统总线上，可连接报警探头、手动报警按钮、水流指示器及其他输出中继器等。增设可现场编程的键盘、完善了系统自检和复位功能、火警发生地址和时间的记忆与显示功能、系统故障显示功能、总线短路时隔离功能、探测点开路时隔离功能等等。总之，这类系统在控制技术上有了较大的改进，缺点是对探测器的工作状况几乎没有改变。对火警的判断和发送仍由探测器决定。

模拟量探测报警系统。该系统不仅可以查询每个探测器的地址，而且可以报告传感器的输出量值，并逐一进行监视和分级报警，明显地改进了系统性能。

模拟量探测报警系统是一种较先进的火灾报警系统，通常包括可寻址模拟量火灾探测器、系统软件和算法。其最主要的特点是在探测信号处理方法上做了彻底改进，即把探测器中的模拟信号不断地送到控制器去评估或判断，控制器用适当的算法辨别虚假或真实火灾及其发展程度，或探测器受污染的状态。可以把模拟量探测器看作一个传感器，通过一个串联通信装置，不仅能提供装置的位置信号，同时还将火灾敏感现象参数（如烟浓度、温度等）以模拟值（一个真实的模拟信号或者等效的数字编码信号）传送给控制器，由控制器完成对火警情况的判断。报警决定有分级报警、响应阈值自动浮动和多火灾参数复合等多种方式。采用模拟量探测（报警）技术可降低误报率，提高系统的可靠性。

火灾智能报警系统是较高级的报警系统，探测、控制装置多由微处理器组成。系统采用集散控制技术，将集中的控制技术分解为分散的控制子系统。各种控制子系统完成其设定的工作，主站进行数据交换和协调工作。

火灾智能报警系统特点是系统规模大，目前有的火灾报警控制装置的最大地址数达到上万个；探测对象多样化，除了火灾报警功能外，还可防盗报警、燃气泄漏报警功能等；功能模块化，系统设置采用不同的功能模块，对制造、设计、维修有很大方便，便于系统功能设置与扩展；系统集散化，一旦某一部分发生故障，不会对其他部分造成影响，并且联网功能强，应用网络技术，不但火灾自动报警控制装置可以相互连接，而且可以和建筑物自动控制系统联网，增强了综合防灾能力；功能智能化，系统装置中采用模拟火灾探测器，具有灵敏度高和蓄积时间设定功能，探测器内置有微处理器，那就具有信号处理能力，形成分布式智能系统，可减少误报的可能性。在火灾自动报警系统中采用人工智能、火灾数据库、知识发现技术、模糊逻辑理论和人工神经网络等技术。

二、火灾自动报警控制系统的构成

火灾报警控制系统通常由三部分组成，即火灾探测、报警和联动控制。

火灾探测部分主要由探测器组成，是火灾自动报警系统的检测元件，它将火灾发生初期所产生的烟、热、光转变成电信号，然后送入报警系统。

报警控制部分由各种类型报警器组成，它主要将收到的报警电信号显示和传递，并对自动消防装置发出控制信号。前两个部分可构成独立单纯的火灾自动报警系统。

联动控制部分由一系列控制系统组成，如报警、灭火、防烟排烟、广播和消防通信等等。联动控制部分其自身是不能独立构成一个自动的控制系统的，因为它必须根据来自火灾自动报警系统的火警数据，经过分析处理后，方能发出相应的联动控制信号。

三、火灾自动报警控制系统的基本原理

火灾自动报警控制系统的工作原理如图 12-1 所示。安装在保护区的火灾探测器通过对火灾发出燃烧气体、烟雾粒子、温升和火焰的探测，将探测到的火情信号转化为火警电信号。在现场的人员若发现火情后，也应立即直接按动手动报警按钮，发出火警电信号。火灾报警控制器接收到火警电信号，经确认后，一方面发出预警、火警声光报警信号，同时显示并记录火警地址和时间，告诉消防控制中心的值班人员；另一方面将火警电信号传送至各楼层（防火分区）所设置的火灾显示盘，火灾显示盘经信号处理，发出预警和火警声光报警信号。并显示火警发生的地址，通知楼层（防火分区）值班人员立即查看火情并采取相应的扑灭措施。在消防控制中心还可能通过火灾报警控制器的通信接口，将火警信号在 CRT 微机彩显系统显示屏上更直观地显示出来。各应急疏散指示灯亮，指明疏散方向。只有确认是火灾时，火灾报警控制器才发出系统控制信号，驱动灭火设备，实现快速、准确灭火。与一般自动控制系统不同，火灾报警控制器在运算、处理这两个信号的差值时，要人为地加一段适当的延时。在这段延时时间内，对信号进行逻辑运算、处理、判断、确认。这段人为的延时（一般 20～40s），如果火灾未经确认，火灾报警控制器就发出系统控制信号，驱动灭火系统动作，势必造成不必要的浪费与损失。

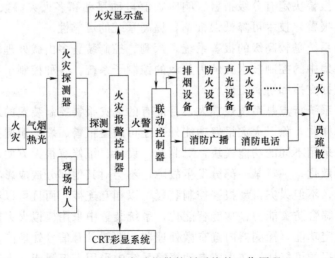

图 12-1　火灾自动报警控制系统的工作原理

第二节 火灾探测器

火灾探测器是探测火灾信息的传感器。它是火灾自动报警和自动灭火系统最基本和最关键的部件之一，对被保护区域进行不间断的监视和探测，把火灾初期阶段能引起火灾的参量（烟、热及光等信息）尽早、及时和准确地检测出来并报警，是整个火灾报警控制系统警惕火情的"眼睛"。

一、火灾探测技术和探测器的类型

(一) 火灾探测技术

火灾的探测，是以探测物质燃烧过程中所产生的各种物理、化学现象为机理的。目的是实现早期发现火情，有利于减少火灾的损失，保护生命财产的安全。因为物质燃烧过程中产生的燃烧气体、烟雾粒子、温度及火焰等是表征火灾信号的物理、化学参量，故也称为火灾参量。

1. 火灾探测器的基本功能

对火灾参量如气、烟、热和光等做出有效响应，并转化为电信号，提供给火灾报警控制器。

2. 衡量火灾探测器的技术指标

（1）火灾探测器的灵敏度（响应火灾参量的敏感程度）。

（2）火灾探测器的可靠性（长期不间断工作、执行其指定功能的能力）。

（3）火灾探测器的稳定性（在一个周期时间内探测能力的一致性）。

（4）火灾探测器的可维修性（对产品可以修复的难易程度）。

3. 火灾探测器耐受各种环境条件的能力

衡量火灾探测器优劣的因素还有其耐受各种环境条件的能力，其中包括以下几方面。

（1）耐受各种规定气候条件的能力，如高温、低温、湿度和腐蚀等。

（2）耐受各种机械干扰条件的能力，如振动、冲击和碰撞等。

（3）耐受各种电磁干扰的能力，如电压波动、环境光线、辐射电磁场干扰、电瞬变干扰和静电放电干扰等。

4. 火灾探测器的误报问题

如果无火灾发生而报警或火灾发生而火灾报警控制系统该报而不报警或者延误报警，这当然是绝对不允许的。必须杜绝这种情况发生。

(二) 火灾探测器的类型

1. 点型和线型火灾探测器

根据火灾探测器的警戒范围不同，可分成点型和线型两大类。点型探测器是探测元件集中在一个特定点上，响应该点周围空间的火灾参量的火灾探测器。目前，生产量最大，民用建筑中几乎均使用点型探测器。线型火灾探测器是一种响应某一连续线路周围的火灾参量的火灾探测器。线型探测器多用于工业设备及民用建筑中一些特定场合。

2. 感烟、感温、感光、可燃气体和复合型火灾探测器

根据探测火灾参量的不同，可以划分为感烟、感温、感光、可燃气体和复合型五类。不同类型的火灾探测器适用于不同的场合和不同的环境条件。

（1）感烟式火灾探测器　这种探测器是对警戒范围中火灾烟雾浓度参量做出响应的探测器。因为感烟式火灾探测器用于火灾过程的早期和阴燃阶段，所以是实现早期报警的

主要手段。感烟式火灾探测器是使用一个小型传感器来响应悬浮在周围空气中的烟雾粒子和气溶胶粒子，随着烟雾粒子浓度的增大，使传感器的物理效应发生变化，这种变化经电路处理后转化为电信号。由于传感器的形式原理不同，所以一般有以下不同形式的感烟火灾探测器。

点型的有离子感烟探测器，它有双源及单源两种；光电感烟探测器，它有遮光型及散光型两种；电容感烟探测器等。

线型的有红外光束型及激光光束型。

（2）感温式火灾探测器　这种探测器是对警戒范围中火灾热（温度）参量，即环境气流的异常高温或升温速率做出响应的探测器。感温火灾探测器的优点是结构简单，电路少，与感烟探测器相比可靠性高、误报率低。且可以做成密封结构，防潮防水防腐蚀性好。可在恶劣环境（风速大、多灰尘、潮湿等）中使用。它的缺点是灵敏度低，报警时间迟。

感温式火灾探测器的响应过程是环境气温温度的升高使探测器中的热敏元（器）件发生物理变化，这种变化经机械或电路处理后转化为电信号。由于热敏元（器）件的种类较多，所以感温火灾探测器的形式也较多。

点型的可分为定温式，如双金属型、易熔合金型、酒精玻璃球型、热电耦型、水银接点型、热敏电阻型、半导体型等；差温式，如膜盒型、热敏电阻型、双金属型等；差定温式，如膜盒型、热敏电阻型等。

线型的可分为定温式，如缆式线型、半导体线型等；差温式，如空气管线型等；差定温式，膜盒型、热敏电阻型和双金属型等。

（3）感光式火灾探测器　这种探测器是对警戒范围中火灾火焰光谱中的紫外或红外辐射做出响应的探测器，通常又称火焰探测器，且都是点型火灾探测器。工程中主要用的有两种，紫外火焰探测器（紫外辐射波长 $\lambda < 400\text{nm}$）及红外火焰探测器（红外辐射波长 $\lambda > 700\text{nm}$）。

火焰探测器的特点是响应速度快，一方面由于光辐射的传播速度快（$3 \times 10^8 \text{m/s}$），另一方面火焰探测器的传感器件接收光辐射的响应时间极短（在 ms 数量级）。这类探测器对快速发生的火灾（特别是可燃液体火灾）或爆炸引起的火灾能及时响应，故适用于突然起火而又无烟雾的易爆易燃场所。尤其是紫外火焰探测器不受风雨、阳光、高湿度、气压变化、极限环境温度等影响，能在室外使用。一般紫外火焰探测器同快速灭火系统和抑爆系统联动，组成快速自动报警灭火系统和自动报警抑爆系统。

（4）可燃气体火灾探测器　这种探测器是对火灾早期阶段，由于预热和汽化作用所产生的燃烧气体做出响应和对可燃气体进行泄漏监测的探测器。

燃烧气体中一般包括的成分有一氧化碳（CO）、二氧化碳（CO_2）、氢气（H_2）、碳氢化合物（$C_x H_x$）、水蒸气（H_2O）等。还可能有烃类、氰化物类、盐酸蒸气或其他特殊燃烧材料产生的分子化合物等。这些气体比烟雾粒子产生得早，在感烟火灾探测器尚未发出报警信号前已达到相当大的浓度。因此，利用气敏元（器）件实现对燃烧气体的探测在理论上是可行的，而且早期报警的效果应比感烟火灾探测器好。对煤气、液化石油气、甲烷、乙烷、丙烷、丁烷、汽油和氨等，用于预防潜在的爆炸或毒气危害的工业场所炼油厂、化学实验室或车间、溶剂仓库、过滤车间、压气机站、汽车库和输油输气管道等以及民用建筑（煤气管道、液化气罐等），起到防爆、防火、监测环境污染的作用。

可燃气体探测器有催化型（如铂丝催化型、铂铑催化型），气敏半导体型及固体电介质型、光电型。

（5）复合型火灾探测器　同时具有两种或两种以上探测传感功能的火灾探测器为复合式

火灾探测器。

例如，把差温和定温两种功能组合起来的差定温探测器，既能对某个异常高温值做出响应，又能对异常升温速率做出响应。再如，把离子感烟和光电感烟两种功能组合起来的离子光电感烟复合探测器，是早期探测各类火灾的较理想的探测器，它既能探测开放性燃烧的小颗粒烟雾，又能探测阴燃火产生的大颗粒浓烟、黑烟。又如，把感烟和感温两种探测传感功能组合在一起的感烟感温复合式火灾探测器，可达到在探测早期火情的前提下，对后期火情也给予监视，这样的组合很有实际应用价值和发展潜力。红外光束线型感烟感温火灾探测器就是这样一种线型复合式火灾探测器，它由发射和接收装置组成，发射装置可发出红外光脉冲。以光束的形式经过保护空间，到达接收装置。应用烟雾粒子吸收或散射红外光以及热气流扰动作用使红外光束强度减弱的原理来做出响应。

复合式火灾探测器有复合式感温感烟探测器、红外光束感烟感温探测器、复合式感烟感光探测器及复合式感温感光探测器。

二、常用火灾探测器的工作原理

各种火灾探测器均对火灾发生时的至少一个适宜的物理或化学特征进行监测，信号传送至火灾自动报警器。由于所响应的火灾信号参量不同，其工作原理也各不相同。下面就常用的一些火灾探测器的工作原理及适用范围作简要介绍。

（一）感烟火灾探测器

感烟火灾探测器可分为离子型、光电型。

1. 离子型

离子型是利用烟雾粒子改变电离室电流的原理制成的火灾探测器。

双源双室离子感烟探测器的工作原理如图 12-2 所示。它由内电离室（参考电离室、补偿电离室）、外电离室（检测电离室、采样电离室）、阻抗变换信号放大、报警阈值和判定、报警记忆、报警指示、保护电路等组成。

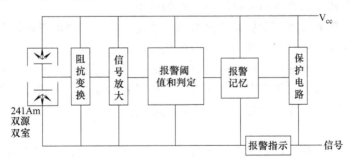

图 12-2　双源双室离子感烟火灾探测器的工作原理

当火灾发生时，烟雾离子进入外电离室（检测电离室），造成内外电离室等效阻抗发生变化，相应的分压比也发生变化，内外电离室相连点的电位升高，阻抗变换电路把这高阻抗信号输出变换成低阻抗输出，低阻抗信号经放大后，达到或超过阈值电平，一方面会打通阈值电路，使报警指示电路工作并输出开关量报警信号，另一方面使报警记忆电路工作，使探测器保持报警状态。另外，保护电路防止由工作电源线进入的瞬间干扰和意外的强脉冲干扰。

目前，另一种单源双室式离子感烟火灾探测器正在逐步取代双源双室离子式感烟探测器，其工作原理与双源式基本相同，但结构形式则完全不同。它是利用一块放射源在同一平面（也有的不在同一平面）形成两个电离室，即单源双室。检测电离室与补偿电离室的比例相差很大，其几何尺寸也不相同。两个电离室基本是敞开的，气流是互通的，检测电离室直接与大气相通，而补偿电离室则通过检测电离室间接与大气相通。图 12-3 所示为单源双室离子感烟探测器的结构。

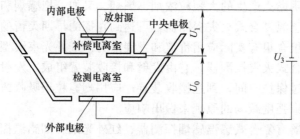

图 12-3　单源双室离子感烟探测器的结构

单源双室电离室与双源双室电离室相比，其主要具有下列优点。

（1）由于两电离室同处在一个相通的空间，只要两个电离室的比例设计合理，既能保证在火灾时烟雾顺利进入检测室迅速报警，又能保证在环境变化时两室同时变化。因此它工作稳定，环境适应能力强。不仅对环境因素（温度、湿度、气压和气流）的慢变化，也对快变化有更好的适应性，提高了抗潮、抗温性能。

（2）增强了抗灰尘、抗污染的能力。当灰尘轻微地沉积在放射源的有效源面上，导致放射源发射的 e^- 粒子的能量和强度明显变化时，会引起工作电流变化，补偿室和检测室的电流均会变化，从而检测室分压的变化不明显。

（3）一般双源双室离子感烟探测器是通过改变电阻的方式实现灵敏度调节的，而单源双室离子感烟探测器是通过改变放射源的位置来改变电离室的空间电荷分布，也即源极和中间极的距离连续可调，以比较方便地改变检测室的静态分压，实现灵敏度调节。这种灵敏度调节连续且简单，有利于探测器响应阈值一致性的调整。

（4）因为单源双室只需一个更弱的放射源，这比双源双室的电离室放射源强度可减少一半，且也克服了双源双室电离室要求两放射源相互匹配的缺点。

总之，单源双室离子感烟探测器与双源双室离子感烟探测器相比，具有灵敏度高且连续可调，环境适应能力强，工作稳定，可靠性高，放射源活度小，特别是抗潮湿能力大大优于双源双室，在缓慢变化的环境中使用是不会发生误报的。

2. 光电型

光电型是应用烟雾粒子对光线产生散射、吸收或遮挡的原理而制成的一种火灾探测器。根据烟粒子能对光产生吸收、散射的作用，光电探测器可分为遮光型和散射型两种，其结构主要由检测室、电路、固定支架和外壳等组成。

（1）遮光型感烟火灾探测器　该探测器是由光束发射器、光束接收器和暗室组成，光束发射器由光源和透镜组成。

目前，通常用红外发光二极管作为光源，它具有可靠性高，功耗低，寿命长的特点，光源受脉冲发生器产生的电流控制，用球面式凸透镜将光源发出的光线变成平行光束，如图 12-4所示。

光接收器由光敏二极管和透镜组成，光敏二极管将接收到的光能转换成电信号，光敏二极管通常用与红外发光二极管发射光的峰值波长相适应的光敏二极管。透镜的作用是将被烟

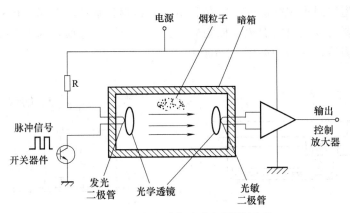

图 12-4 遮光型感烟火灾探测器原理

粒子散射的光线聚焦后，准确、集中地被光敏二极管接收，并转换成相应的电信号。

暗室的功能在于既要使烟雾粒子能畅通进入，又不能使外部光线射入，通常制成多孔形状，内壁涂黑。

当发生火灾时，火灾烟雾进入检测暗室，烟粒子将光源发出的光线遮挡，到达光敏二极管上的光能减弱，其减弱程度与进入检测暗室内的烟雾浓度有关，当烟雾达到一定浓度时，光敏二极管接收到的光强度下降到预定值，经比较确认后，发出报警信号。

（2）散射型光电感烟探测器 散射型光电感烟探测器是应用烟雾粒子对光的散射作用而制作的一种探测器，如图 12-5 所示，和遮光型感烟探测器的主要区别在暗室结构上。由于它是利用烟雾对光的散射原理，因此暗室机构要求光源发出红外光线时，不能直射到光敏二极管上，通常在光源与光敏二极管上加入框板，无烟雾时，红外光无散射作用，无光线射到二极管上，二极管不导通，无信号输出；当烟雾进入暗室时，由于烟雾粒子的散射，光敏二极管接收到一定的散射光线，散射光线的强度与烟雾浓度有关，当散射光的强度达到一定程度后，光敏二极管导通，输出电控信号。当抗干扰电路连续几次接到信号后，推动输出电路，输出报警信号。

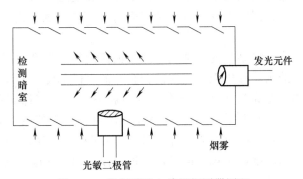

图 12-5 散射型光电感烟探测器原理

（二）感温火灾探测器

感温火灾探测器是对警戒范围内某一点或某一线段周围的温度参量敏感响应的火灾探测器。根据监测温度参数的不同，感温火灾探测器有定温、差温和差定温三种。

1. 定温火灾探测器

定温火灾探测器是指在规定时间内，火灾温度参量超过一个固定值时启动报警的探测器。

（1）双金属型定温火灾探测器 它是利用不同热膨胀系数的金属受热膨胀变化的原理制成的探测器。主要有双金属定温火灾探测器，翻转式碟形双金属定温火灾探测器和圆筒状双金属定温火灾探测器，其结构如图 12-6 所示。

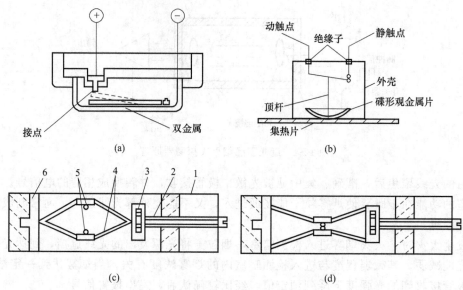

图 12-6 双金属型定温火灾探测器结构
1—不锈钢臂；2—调节螺栓；3,6—固定块；4—铜合金片；5—电接点

图 12-6（a）为利用双金属片受热时，膨胀系数大的金属就要向膨胀系数小的金属弯曲，如图 12-6（a）中虚线所示，使接点闭合，将信号输出。

图 12-6（b）为采用翻转式碟形双金属片结构形式，凹面选用膨胀系数大的材料制成，凸面选用膨胀系数小的材料制成，随着环境温度升高，碟形双金属片逐渐展平，当达到临界点（即定温值时）碟形双金属片突然翻转，凸形向上，通过顶杆推动触点，造成电气触点闭合，再通过后续电子电路发出火灾报警电信号。当环境温度逐渐恢复至原来温度时，碟形双金属片的变化过程恰好与升温时相反，恢复到凹面向上，电气触点脱开，使探测器回复到正常监控状态。

图 12-6（c）、（d）为圆筒结构的双金属定温火灾探测器。它是将两块磷铜合金片通过固定块固定在一个不锈钢的圆筒形外壳内，在铜合金片的中段部位各安装一个金属触头作为电接点。由于不锈钢的热膨胀系数大于磷铜合金的热膨胀系数，当探测器检测到的温度升高时，不锈钢外筒的伸长大于磷铜合金片，两块合金片被拉伸而使两个触头靠拢（或离开）。当温度上升到规定值时，触头闭合（或打开），探测器即动作，送出一个开关信号使报警器报警。当探测器检测到的温度低于规定值时，经过一段时间，两触头又分开，探测器又重新自动回复到监视状态。

（2）易熔金属型定温火灾探测器 它是一种能在规定温度值时迅速熔化的易熔合金作为热敏元件的定温火灾探测器。图 12-7 是易熔合金定温火灾探测器的结构示意图。

探测器下方吸热片的中心处和顶杆的端面用低熔点合金焊接，弹簧处于压紧状态，在顶杆的上方有一对电接点。无火灾时，电接点处于断开状态，使探测器处于监视状态。火灾发生后，只要它探测到的温度升到动作温度值，低熔点合金迅速熔化，释放顶杆，顶杆借助弹簧弹力立即被弹起，使电接点闭合，探测器动作。

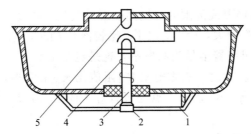

图 12-7 易熔合金定温火灾探测器的结构示意
1—吸热片；2—易熔合金；3—顶杆；4—弹簧；5—电接点

2. 差温火灾探测器

差温火灾探测器是指在规定时间内，环境温度升温速率达到或超过预定值时响应的探测器。根据工作原理不同，可分为电子差温火灾探测器、膜盒差温探测器等。

图 12-8 所示的是一种电子差温火灾探测器的原理图，利用两个热时间常数不等的热敏电阻 R_{t1} 和 R_{t2}，R_{t1} 的热时间常数小于 R_{t2} 的热时间常数，在相同温升环境下，R_{t1} 下降比 R_{t2} 快，当 $U_a > U_b$ 时，比较器输入 U_c 为高电平，点亮报警灯，并且输出报警信号。

图 12-9 所示的是一种膜盒型差温火灾探测器内部结构示意图。利用金属膜盒做感热元件，一般情况下，环境升温速率小于等于 $3℃/min$，感热室受热时，室内膨胀的气体可以通过气塞小孔泄漏到大气中去。当发生火灾时，升温速率急剧增加，感热室内的空气迅速膨胀，气压增大，膜片向上鼓起，推动弹性接触片，接通触点，发出火灾报警信号。

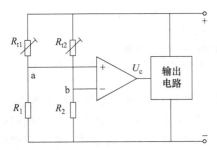

图 12-8 电子差温火灾探测器的原理

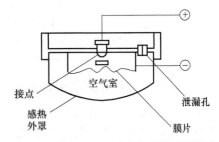

图 12-9 膜盒型差温火灾探测器内部结构

3. 差定温火灾探测器

差定温火灾探测器是指在一个壳体内兼有差温、定温两种功能的感温火灾探测器称作差定温探测器。图 12-10 是一种电子式差定温火灾探测器的电气原理图，它有三个热敏电阻和

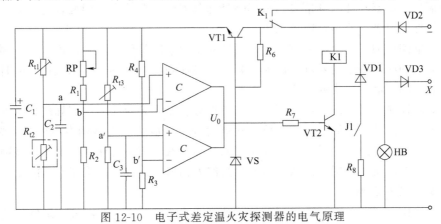

图 12-10 电子式差定温火灾探测器的电气原理

两个电压比较器。当探测器警戒范围的环境温度缓慢变化，温度上升到预定报警温度时，由于热敏电阻 R_{t3} 的阻值下降较大，使 $U'_a > U'_b$，比较器 C' 翻转，$U_c > 0$，使 VT_2 导通，K_1 动作，点亮报警灯 HB、输出报警信号为高电平，这是定温报警。

当环境温度上升速率较大时，热敏电阻 R_{t1} 阻值比 R_{t2} 下降多，使 $U_a > U_b$ 时，比较器 C 翻转，$U_c > 0$，使 VT_2 导通，K_1 动作，点亮报警灯 HB，输出报警信号为高电平，这是差温报警。

（三）感光火灾探测器

感光火灾探测器又称为火焰探测器，它是一种能对物质燃烧火焰的光谱特性、光照强度和火焰的闪烁频率敏感响应的火灾探测器。它能响应火焰辐射出的红外、紫外和可见光。主要有红外火焰型和紫外火焰型两种。

1. 红外火焰探测器

红外火焰探测器是一种对火焰辐射的红外线敏感响应的火灾探测器。其结构如图 12-11 所示。

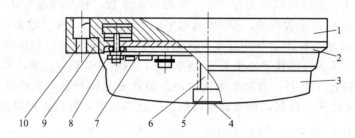

图 12-11　红外火焰探测器结构

1—底座；2—上盖；3—罩壳；4—红外滤光片；5—硫化铅红外光敏元件；
6—支架；7—印刷电路板；8—柱脚；9—弹性接触片；10—确认灯

它主要由外壳、红外滤光片和硫化铅红外敏感元件及相应电路组成。保护区发生火灾时，火焰辐射出红外光，并与红外滤光片频段相同，红外光透过红外滤色片，聚焦照射到滤光片后的敏感元件上，然后转换成交变电信号，经处理后使开关电路导通，送出报警信号。

滤光片兼作为敏感元件的保护层。由硫化铅组成的敏感元件前装有透镜，将通过红外滤光片分散的红外光聚集到敏感元件上，以增强敏感元件接收红外光辐射的强度，硫化铅经红外光照射后，析出正负离子，其在外电路作用下产生感应电势，其大小正比于光照强度。

硅光电池、硅光电管也经常用来作为红外光敏感元件。火焰燃烧时会发出 $5 \sim 30\,Hz$ 的闪烁红外信号，能鉴别此闪烁信号是火焰燃烧探测器的主要特点，因此，它能对一些无变化的、恒定红外辐射进行鉴别，以免误报。

探测器电路增加了一个低通滤波器，滤波器将火焰闪烁频率以外的连续信号频率进行衰减，而对火焰的闪烁频率信号进行放大、延时，使探测器有鉴别、消除假信号的时间，通过相应电路去消除假信号造成的干扰。

红外火焰探测器对恒定的红外辐射，如白炽灯、太阳光及瞬时的闪烁现象均不反应，能在有烟雾场所和户外工作的优点，其抗干扰能力强，响应快，通常用在电缆沟、地下隧道、库房，特别适用于无阴燃阶段的燃料火灾（如醇类、汽油等易燃液体）的早期报警。

红外火焰探测器主要用来探测低温产生的红外辐射，光波范围大于 $0.76\mu m$。

2. 紫外火焰探测器

紫外火焰探测器是一种对火焰辐射的紫外线敏感响应的火灾探测器。通常用紫外火焰探

测器探测光波 $0.2\sim 0.3\mu m$ 以下的火灾引起的紫外辐射。紫外火焰探测器主要探测高温火焰产生的辐射，紫外光波长短，对烟雾的穿透能力弱，所以常用于爆炸、燃烧和无烟燃烧的场所。但纯紫外光火焰探测器灵敏度特别高，对非火灾的紫外光鉴别能力差，容易引起误报。

紫外火焰探测器中通常用两种或三种敏感元件，合成组成一个波长范围较宽的感光探测器。如 Cerberus 生产的火焰探测器就选用了三种敏感元件，热感应器 A 用以探测 CO_2 $4\sim 4.8\mu m$ 的火焰气体，热感应器 B 用以探测 $5.1\sim 6\mu m$ 范围内的干扰源的红外辐射，硅光电二极管用来探测 $0.7\sim 1.1\mu m$ 范围内的太阳光辐射。用两个敏感元件来检测干扰辐射，一个敏感元件探测火焰燃烧的特定波长，以确保探测的高度可靠。

（四）可燃气体探测器

可燃气体火灾探测器是一种能对空气中可燃气体含量进行检测并发出报警信号的火灾探测器。它通过测量空气中可燃气体爆炸下限以内的含量，当空气中可燃气体浓度达到或超过爆炸浓度下限时，自动发出报警信号，所以，可燃气体火灾探测器主要用在易爆、易熔的场所中。而预报的报警点通常设在可燃气体爆炸浓度下限的 $20\%\sim 25\%$。

可燃气体火灾探测器主要有催化型可燃气体探测器和半导体可燃气体探测器。

1. 催化型可燃气体探测器

催化型可燃气体探测器是利用熔点高的铂丝作为探测器的气敏元件。工作时，先把铂丝预热到工作温度，当铂金属丝接触到可燃气体时，将产生催化作用，并在其表面产生强烈的氧化反应（无烟燃烧），使铂金丝温度升高，其电阻增大；通过相应电路取出因可燃气体浓度变化而引起铂金丝电阻变化，放大、鉴别和比较后，输出相应电信号；当可燃气体浓度超过报警值时，开关电路打开，输出报警信号。

2. 半导体可燃气体探测器

半导体可燃气体探测器是一种用对可燃气体有高度敏感的半导体元件作为气敏元件的火灾探测器。可以对空气中散发的可燃气体，如甲烷、醛、醇、炔等或汽化的可燃气体，如一氧化碳、氧气、天然气进行有效监测。

气敏半导体内的一根电热丝先将气敏半导体预热到工作温度，若半导体接触到可燃气体时，其体电阻发生变化，电阻的变化反映了可燃气体浓度的变化，通过相应电路将其电阻的变化转换成电压变化。当可燃气体浓度达到预报警浓度时，其相应的电压值使开关电路导通，发出报警信号。

气敏半导体元件具有如下特点。灵敏度高，即使含量很低的可燃气体也能使半导体元件的电阻发生明显的变化，可燃气体的含量不同，其电阻值的变化也不同，在一定范围内成正比变化；检测线路很简单，用一般的电阻分压或电桥电路就能取出检测信号，制作工艺简单，价格低，适用范围广，对多种可燃性气体都有较高的敏感能力；但选择性差，不能分辨混合气体中的某单一成分的气体。

图 12-12 是半导体可燃气体探测器的电路原理。U_1 为探测器的工作电压，U_2 为探测器检测部分的信号输出，由 R_3 取出作用于开关电路，微安表用来显示其变化。探测器工作时，气敏半导体元件的一根电热丝先将元件预热至它的工作温度，无

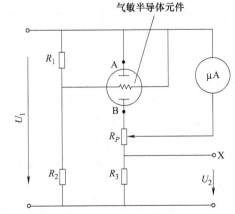

图 12-12　半导体可燃气体探测器的电路原理

可燃气体时，U_2 值不能产生报警信号，微安表指示为零。在可燃气体接触到气敏半导体时，其阻值（A、B 间电阻）发生变化，U_2 亦随之变化，微安表有对应的气体含量显示，可燃气体含量一旦达到或超过预报警设定点时，U_2 的变化将使开关电路导通，发出报警信号。调节电位器 R_P 可任意设定报警点。

第三节　火灾报警控制器

火灾报警控制器由控制器和声、光报警显示器组成，接收系统给定输入信号及现场检测反馈信号，输出系统控制信号的装置。它是整个火灾报警控制系统的核心和"指挥中心"。

一、火灾报警控制器类型

1. 按其容量分类
（1）单路火灾报警控制器。
（2）多路火灾报警控制器。

2. 按其用途分类
（1）区域火灾报警控制器　其控制器直接连接火灾探测器，处理各种来自探测点的报警信息，是各类自动报警系统的主要设备之一。

（2）集中（中央）火灾报警控制器　一般不与火灾探测器直接相连，而与区域火灾报警控制器相连，处理区域火灾报警控制器送来的报警信号，主要使用于容量较大的火灾自动报警系统中。

（3）通用火灾报警控制器　通过硬件及软件的配置，既可作区域机使用，直接连接火灾探测器，又可作集中（中央）机使用，连接区域火灾报警控制器。

3. 按其使用环境分类
（1）陆用型火灾报警控制器　陆用型火灾报警控制器即一般常用的火灾报警控制器，环境指标：温度 $0 \sim 40 \, ℃$，相对湿度小于等于 92%（$40 \, ℃ \pm 2 \, ℃$）。

（2）船用型火灾报警控制器　其工作温度、相对湿度等环境要求均高于陆用型。

4. 按其机械结构形式分类
（1）台式火灾报警控制器　其连接火灾探测器的数量较多，控制功能较齐全复杂，常常把联动控制也组合在一起，操作使用较方便，消防控制室（中心）面积较大的工程可选用台式机形式。

（2）柜式火灾报警控制器　与台式火灾报警控制器基本要求相同，一般用于大、中型工程系统。

（3）挂式火灾报警控制器　其连接火灾探测器的数量相应少一些，控制功能较简单一些，一般区域火灾报警控制器常采用此形式。

5. 按其防爆性能分类
（1）防爆型火灾报警控制器　具有方便性能，常用于石油化工企业、油库、化学品仓库等易爆场合。

（2）非防爆型火灾报警控制器　无防爆性能，目前民用建筑中使用的绝大多数火灾报警控制器均属此形式。

二、火灾报警控制器的基本功能

（1）能为火灾报警控制器供电，也可为其连接的其他部件供电。

（2）能直接或间接地接收来自火灾探测器及其他火灾报警触发器件的火灾报警信号，发出声、光报警信号，指示火灾发生部位，并予保持，光信号继续保持；声报警信号应能手动消除，但再次有火灾报警信号输入时，应能再启动。

（3）当火灾报警控制器内部与火灾探测器、火灾报警控制器与起传输火灾报警信号作用的部件间发生下述故障时，应能在 100s 内发出与火灾报警信号有明显区别的声、光故障信号。

①　火灾报警控制器与火灾探测器、手动报警按钮及起传输火灾报警信号功能的部件间连接线断开、短路（短路时发出火灾报警信号除外）；

②　火灾报警控制器与火灾探测器或连接的其他部件间连接线的接地，出现妨碍火灾报警控制器正常工作的故障；

③　火灾报警控制器与位于远处的火灾显示盘间连接线断开、短路；

④　火灾报警控制器的主电源欠压；

⑤　给备用电源充电的充电器与备用电源之间连接线断开、短路；

⑥　备用电源与其负载之间连接线断开、短路或由备用电源单独供电时其电压不足以保证火灾报警控制器正常工作；

⑦　仅使用打印机作为记录火灾报警时间手段的火灾报警控制器的打印机连接线断开、短路。对于以上 7 类故障应指示出故障部位及类型，声故障信号应能手动消除（如消除后再来故障应能启动，应有消音指示），光故障信号在故障排除之前应能保持；故障期间，如非故障回路有火灾报警信号输入，火灾报警控制器应能发出火灾报警信号。

（4）火灾报警控制器应有本机检查功能。火灾报警控制器在执行自检功能时，应切断受其控制的外接设备。如火灾报警控制器进行每次自检所需时间超过 1min 或其不能自动停止自检功能，自检期间，如非自检回路有火灾报警信号输入，火灾报警控制器应能发出火灾报警声、光信号。

（5）火灾报警控制器应具有显示或记录火灾报警时间的计时装置，其日计时误差不超过 30s，仅使用打印机记录火灾报警时间时，应打印出月、日、时、分等信息。

（6）火灾报警控制器的操作功能应按表 12-1 的规定划分级别。

表 12-1　火灾报警控制器的操作功能划分级别

序　　号	操 作 项 目	Ⅰ 级	Ⅱ 级	Ⅲ 级
1	复位火灾报警控制器	P	M	M
2	消除外声、光指示设备声、光指示	P	M	M
3	消除火灾报警控制器的声信号	O	M	M
4	隔离火灾探测器或其他部件	P	O	M
5	隔离向火灾报警受理站传输信号通路	P	O	M
6	开、关火灾报警控制器	P	M	M
7	隔离受其控制的外接设备	P	M	M
8	调整计时装置	P	M	M
9	输入或更改数据	P	O	M

注：P—禁止；O—可选择；M—本级操作人员可操作。

Ⅰ级——允许每个人操作的功能；Ⅱ级——允许专门操作人员操作的功能；Ⅲ级——允许工程设计、维修人员操作的功能。

进入Ⅱ、Ⅲ级操作功能状态应采用钥匙、操作号码，用于进入Ⅲ级操作功能状态的钥匙或操作号码可用于进入Ⅱ级操作功能状态，但用于进入 Ⅱ级操作功能状态的钥匙或操作号码不能用于进入Ⅲ级操作功能状态。

（7）火灾报警控制器应能对其面板上的所有指示灯、显示器进行功能检查。

（8）通过火灾报警控制器可改变与其连接火灾探测器的响应阈值时，火灾报警控制器应能指示已设定的火灾探测器的响应阈值。

（9）火灾报警控制器在按其设计允许的最大容量及最长布线条件接入火灾探测器及其他部件时，不应出现信号传输上的混乱。

（10）火灾报警控制器应具有电源转换装置。当主电源断电时，能自动转换到备用电源；当主电源恢复时，能自动转换到主电源；主、备电源的工作状态应有指示，主电源应有过流保护措施。主、备电源的转换应不使火灾报警控制器发出火灾报警信号。主电源容量应能保证火灾报警控制器在下述最大负载条件下，连续正常工作4h。

① 火灾报警控制器容量不超过10个构成单独部位号的回路（以下简称回路）时，所有回路均处于报警状态；

② 火灾报警控制器容量超过10个回路时，20％的回路（不少于10个回路，但不超过30个回路）处于报警状态。

（11）火灾报警控制器内或由其控制进行的查询、中断、判断及数据处理等操作，对于接收火灾报警信号的延时应不超过10s。在某些情况下，为减少误报警，可对接收到的来自感烟火灾探测器的火灾报警信号延时响应，但延时时间应不超过1min。延时期间应有延时指示。

（12）具有可隔离所连接部件功能的火灾报警控制器，应设有部件隔离状态光指示，并能查寻或显示被隔离部件的部位。

（13）火灾报警控制器应备有用作控制自动消防设备或作其他用途的输出接点，其容量及参数应在有关技术文件中说明。

（14）采用总线传输信号的火灾报警控制器，应在其总线上设有隔离器，当某一隔离器动作时，火灾报警控制器应能指示出被隔离的火灾探测器、手动报警按钮等部件的部位信号。

三、区域火灾报警控制器

区域火灾报警控制器是一种能直接接收火灾探测器或中继器发来的报警信号的多路火灾报警控制器。

（一）区域火灾报警控制器的组成及工作原理

区域火灾报警控制器是由输入回路、光报警单元、声报警单元、自动监控单元、手动检查试验单元、输出回路和稳压电源，备用电源等组成，如图12-13所示。

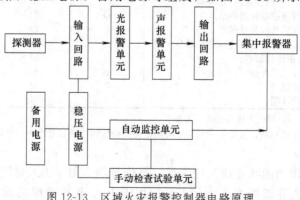

图 12-13　区域火灾报警控制器电路原理

　　输入回路接收各火灾探测器送来的火灾报警信号或故障报警信号，由声光报警单元转换为报警信号，即发出声响报警，并在显示器上显示着火部位，通过输出回路一方面控制有关的消防设备，另一方面向集中火灾报警控制器传送报警信号。自动监控单元起着监控各类故障的作用，当线路出现故障，故障显示黄灯亮，故障报警同时动作。通过手动检查试验单元，可以检查整个火灾报警系统是否处于正常工作状态。

（二）区域火灾报警控制器的主要技术指标及功能

1. 供电方式

　　交流主电源为 AC 220V±10％，频率（50±1）Hz；直流备用电源为 DC 24V，全封闭蓄电池。

2. 火警记忆功能

　　接受火灾探测器探测到火灾参数后发来的火灾报警信号，迅速准确地进行转换处理，以声、光形式报警，指示火灾发生的具体部位，并满足下列要求。

　　（1）火灾报警控制器接收到火灾探测器发出的火灾报警信号后，应立即予以记忆或打印，以防止随信号来源的消失（如感温火灾探测器自行复原、火势大后烧毁火灾探测器或烧断传输线等）而消失。

　　（2）在火灾探测器的供电电源线被烧结短路时，亦不应丢失已有的火灾信息，并能继续接受其他回路中的手动按钮或机械火灾探测器送来的火灾报警信号。

3. 消声后再声响功能

　　在接受某一回路火灾探测器发来的火灾报警器信号，发出声光报警信号后，可通过火灾控制器上的消声按钮人为消声。如果火灾报警控制器此时又接收到其他回路火灾探测器发来的火灾报警信号时，它仍能产生声光报警。

4. 外控功能

　　区域报警控制器一般都设有若干对常开（或常闭）控制接点。外控接点动作，可驱动相应的灭火设备。

5. 故障自动监测功能

　　当任何回路的探测器与报警控制器之间的连线断路或短路，探测器与底座接线接触不良，以及探测器被取走等，报警器都能自动地发出声光报警。

6. 火灾报警优先功能

　　火灾报警控制器接收到与故障同时发生火灾报警信号时，能自动切除原先可能存在的其他故障报警信号，只进行火灾报警。只有当火情排除后，人工将火灾报警控制器复位时，若故障仍存在，才再次发出故障报警信号。

7. 手动检查功能

　　自动火灾报警系统对火警和各类故障均进行自动监视。但平时在无火警、无故障时，使用人员无法知道这些自动监视功能是否完好，所以在火灾报警控制器上都设置了手动检查试验装置，可随时或定期检查系统各部位、各环节的电路及元器件是否完好无损，系统各种自动监控功能是否正常，以保证自动火灾报警系统处于正常工作状态。

四、集中火灾报警控制器

　　集中火灾报警控制器一般是区域报警控制器的上位控制器，能接收区域火灾报警控制器发来的报警信号。

（一）集中报警控制器的组成及工作原理

集中火灾报警控制器是由输入单元、光报警单元、声报警单元、自动监控单元、手动检查试验单元和稳压电源、备用电源等电路组成。

集中火灾报警控制器的电路除输入单元和显示单元的构成和要求与区域火灾报警控制器有所不同外，其余部分与区域火灾报警控制器大同小异。

输入单元的构成和要求，是与信号的采集与传递方式密切相关的。目前国内火灾报警控制器的信号传输方式主要有四种：对应的有线传输方式、分时巡回检测方式、混合传输方式、总线制编码传输方式。

1. 对应的有线传输方式

这种方式简单可靠。但在探测报警的回路数多时，传输线的数量也相应增多，就带来工程投资大、施工布线工程工作量大等问题，故只适用于范围较小的报警系统使用。

当集中报警控制器采用这种传输方式时，它只能显示区域号，而不能显示探测部位号。

2. 分时巡回检测方式

采用脉冲分配器，将振荡器产生的连续方波转换成有先后顺序的选通信号，按顺序逐个选通每一报警回路的探测器，选通信号的数量等于巡检的点数，从总的信号线上接受被选通探测器送来的火警信号。这种方式减少了部分传输线路，但由于采用数码显示火警部位号，在几个火灾探测回路同时送来火警信号时，其部位号的显示就不能一目了然了，而且需要配接微型机或复示器来弥补无记忆功能的不足。

3. 混合传输方式

这种传输方式又可分为两种形式。

（1）区域火灾报警控制器采用一一对应的有线传输方式，所有区域火灾报警控制器的部位号与输出信号并联在一起，与各区域火灾报警控制器的选通线，全部连接到集中火灾报警控制器上；而集中火灾报警控制器采用分时巡回检测方式，逐个选通各区域火灾报警控制器的输出信号。这种形式，信号传输原理较为清晰，线路适中，在报警速度和可靠性方面能得到较好的保证。

（2）区域火灾报警控制器采用分时巡回检测方式，区域火灾报警控制器到集中火灾报警控制器的传输。采用区域选通线加几根总线的总线电气传输方法。这种形式，使区域火灾报警控制器到集中火灾报警控制器的集中传输线大大减少。

4. 总线制编码传输方式

近年来国内一些单位研制的总线制地址编码传输方式的火灾报警控制器，其信号传输方式的最大优点是大大减少了火灾报警控制器和各火灾探测器的传输线。区域火灾报警控制器到所有火灾探测器的连线总共只有 2～4 根，连接上百只火灾探测器，能辨别是哪一个火灾探测器处于火灾报警状态或故障报警状态。

这种传输方式使火灾报警控制器在接受某个火灾探测器的状态信号前，先发出该火灾探测器的串行地址编码。该火灾探测器将当时所处的工作状态（正常监视、火灾报警或故障告警）信号发回，由火灾报警控制器进行判别、报警显示等。

在区域火灾报警控制器和集中火灾报警控制器信号传输上，采用数据总线方式或RS232、RS424等标准串行接口，用几根线就满足了所有区域火灾报警控制器到集中火灾控制器的信号传输。

这个传输方式使传输线数量大大减少，给整个火灾自动报警系统的施工安装带来了方便、降低了传输线路的投资费用和安装费用。

（二）集中火灾报警控制器的主要技术指标及功能

集中火灾报警控制器在供电方式、使用环境要求、外控功能、监控功率与额定功率、火灾优先报警功能等与区域报警控制器类似。不同之处有以下几方面。

（1）容量　指集中报警控制器监控的最大部位数及所监控的区域报警控制器的最大台数。如某集中报警控制器控制的区域报警控制器为60个，而每个区域报警控制器监控的部位为60个，则集中报警控制器的容量为60×60＝3600个部位，基本容量为60。

（2）系统布线数　指集中报警控制器与区域报警控制器之间的连线数。

（3）巡检速度　指集中报警控制器在单位时间内巡回检测区域报警控制器的个数。

（4）报警功能　集中报警控制器接收到某区域报警控制器发送的火灾或故障信号时，便自动进行火警或故障部位的巡检并发出声光报警。可手动按钮消声，但不影响光报警信号。

（5）故障自动监测功能　能检查区域报警控制器与集中报警控制器之间的连线是否连接良好，区域报警控制器接口电子电路与本机工作是否正常。若发现故障，则集中报警控制器能立即发出声光报警。

（6）自检功能　与区域报警控制器类似，当检查人员按下自检按钮，即把模拟火灾信号送至各区域报警控制器。若有故障，显示这一组的部位号，不显示的部位号为故障点。对各区域的巡检，有助于了解和掌握各区域报警控制器的工作情况。

第四节　火灾自动报警控制系统的设计

火灾报警控制系统的设计涉及火灾探测器的选用，火灾报警控制器和联动控制器的选用，以及现场消防设备的控制。

一、火灾探测器的选择

在火灾自动报警系统的设计中，选择火灾探测器的种类，要根据探测区域内可能发生的初期火灾的形成和发展特点、房间高度、环境条件，以及可能引起误报的原因等因素综合确定。根据国家标准《火灾自动报警系统设计规范》（GB 50116—2013）的规定，火灾探测器的选择应符合以下要求。

（1）对火灾初期有阴燃阶段，产生大量的烟和少量的热，很少或没有火焰辐射的场所或部位，应选择感烟火灾探测器。

（2）对火灾发展迅速，可产生大量热、烟和火焰辐射的场所或部位，可选择感温火灾探测器、感烟火灾探测器、火焰火灾探测器或其组合。

（3）对火灾发展迅速，有强烈的火焰辐射和少量的烟、热的场所或部位，应选择火焰火灾探测器。

（4）对火灾初期有阴燃阶段，且需要早期探测的场所，宜增设一氧化碳火灾探测器。

（5）对使用、生产可燃气体或可燃蒸气的场所，应选择可燃气体火灾探测器。

（6）应根据保护场所可能发生火灾的部位和燃烧材料的分析，以及火灾探测器的类型、灵敏度和响应时间等选择相应的火灾探测器，对火灾形成特征不可预料的场所，可根据模拟试验的结果选择火灾探测器。

（7）同一探测区域内设置多个火灾探测器时，可选择具有复合判断火灾功能的火灾探测器和火灾报警控制器。

（一）点型火灾探测器的选择原则

（1）对不同高度的房间，可按表 12-2 选择点型火灾探测器。

表 12-2　房间高度与点型火灾探测器选择关系

房间高度 h/m	点型感烟火灾 探测器	点型感温火灾探测器			火焰探测器
		A1、A2	B	C、D、E、F、G	
$12 < h \leqslant 20$	不适合	不适合	不适合	不适合	适合
$8 < h \leqslant 12$	适合	不适合	不适合	不适合	适合
$6 < h \leqslant 8$	适合	适合	不适合	不适合	适合
$4 < h \leqslant 6$	适合	适合	适合	不适合	适合
$h \leqslant 4$	适合	适合	适合	适合	适合

注：表中 A1、A2、B、C、D、E、F、G 为点型感温火灾探测器的不同类别，其具体参数应符合《火灾自动报警系统设计规范》（GB 50116—2013）附录 C 的规定。

（2）点型火灾探测器的设置数量。探测区域内的每个房间至少应设置一只火灾探测器，一个探测区域内所需设置的探测器数量，不应小于下式的计算值

$$N = \frac{S}{KA} \tag{12-1}$$

式中　N——探测器数，只，应取整数；

S——该探测区域面积，m^2；

A——探测器的保护面积，m^2；

K——修正系数，容纳人数超过 10000 人的公共场所宜取 0.7～0.8；容纳人数为 2000～10000 人的公共场所宜取 0.8～0.9；容纳人数为 500～2000 人的公共场所宜取 0.9～1.0，其他场所可取 1.0。

（3）点型火灾探测器的安装位置应符合如下要求。

① 火灾探测器周围 0.5m 范围内，不应有遮挡物。

② 火灾探测器至墙壁、梁边的水平距离，不应小于 0.5m，否则对感烟探测器的进烟或感温探测器的受热会有影响，造成探测器迟报警或不报警，不能达到早期火灾预报的目的。

③ 感烟火灾探测器至空调送风口边的水平距离，不应小于 1.5m，因为气流会影响烟的扩散，可能会造成探测器迟报或不报警，但可以靠近回风口安装，距回风口边也至少有 40cm 的水平距离。

④ 梁对烟气流、热气流会形成障碍，并会吸收一部分热量，因此会影响火灾探测器的保护面积。如果梁间净距小于 1m，可不计梁对探测器保护面积的影响；如果梁突出顶棚的高度小于 200mm，可不考虑梁对探测器保护面积的影响；如果梁突出顶棚的高度为 200～600mm，应按《火灾自动报警系统设计规范》（GB 50116—2013）附录 F、附录 G 确定梁对探测器保护面积的影响和一只探测器能保护的梁间区域的数量。如果梁突出顶棚的高度超过 600mm，被梁隔断的每个梁间区域应至少设置 1 只探测器。

⑤ 房间被书架、设备或隔断等分隔，其顶部至顶棚或梁的距离小于房间净高的 5% 时，每个被隔开的部分应安装 1 只探测器。

⑥ 多孔顶棚（即网络结构要考虑孔的影响）孔径极小时，可看作封闭结构，不考虑孔的影响。孔径较大且有把握认为烟可进入顶棚时，即可看作敞开，不考虑顶棚的存在，探测

器可以设置在顶棚内。孔径不是很大，但可能形成一个空气覆盖层，阻碍燃烧产生的烟和热到达探测器时，应采取挡风措施，使探测器至孔口水平距离不小于0.5m。

⑦ 感烟探测器下表面至顶棚（或屋顶）应有必要的距离。因为顶棚（或屋顶）下可能会产生热屏障，从而影响烟的扩散，使烟不能达到探测器的位置。此距离大小视顶棚（或屋顶）形状和房间高度而定，详见表12-3。

⑧ 火灾探测器宜水平安装。如必须倾斜安装时，倾斜角不应大于45°。

⑨ 当环境中存在热源时，如太阳、加热设备等，其周围会形成热屏障（热空气滞留层），人字形或锯齿形屋顶更为严重。探测器设置应避开热源，应在每个屋脊处设置一排探测器，探测器下表面距屋顶最高处距离应符合表12-3。

表 12-3　感烟探测器下表面与顶棚的距离

房间高度 h/m	感烟探测器下表面距顶棚（或屋顶）的距离 d/mm					
	顶棚（或屋顶）坡度 θ					
	$\theta \leqslant 15°$		$15 < \theta \leqslant 30°$		$\theta > 30°$	
	最　小	最　大	最　小	最　大	最　小	最　大
$h \leqslant 6$	30	200	200	300	300	500
$6 < h \leqslant 8$	70	250	250	400	400	600
$8 < h \leqslant 10$	100	300	300	500	500	700
$10 < h \leqslant 12$	150	350	350	600	600	800

⑩ 火灾探测器在以下特定场所的安装位置。

a. 过道。小于3m宽度时应居中安装，感烟探测器间距不超过15m，感温探测器间超过10m，建议在过道的交叉或汇合处安装1只探测器。

b. 电梯井。升降机井。探测器宜设置在井道上方的机房顶棚上。

c. 楼梯间。至少每隔3～4层设置1只探测器，若被防火门、防火卷帘门等隔开，则隔开部位应安装1只探测器，楼梯顶层应设置探测器。

d. 锅炉房。探测器安装要避开防爆门、远离炉口、燃烧口及燃料填充口等。

e. 厨房。厨房内有烟气，还有蒸气、油腻等，感烟探测器易发生误报，不宜使用，使用感温探测器，且要避开蒸气流等热源。

（二）火灾探测器的适用场所

火灾探测器的适用场所见表12-4。

表 12-4　常用火灾探测器的适用场所

序号	探测器类型〡场所或类型	感烟		感温				火焰		说　明
		离子	光电	定温	差温	差定温	缆式	红外	紫外	
1	饭店、旅馆、教学楼、办公楼的厅堂、卧室、办公室等	○	○							厅堂、办公室、会议室；值班室、娱乐室、接待室等，灵敏度档次为中、低，可延时；卧室、病房、休息厅、衣帽室、展览室等，灵敏度档次为高
2	电子计算机房、通信机房、电影电视放映室等	○	○							这些场所灵敏度要高或高、中档次联合使用
3	楼梯；走道、电梯、机房等	○	○							灵敏度档次为高、中
4	书库、档案库等	○	○	/						灵敏度档次为高
5	有电器火灾危险	○	○							早期热解产物，气溶胶微粒小，可用离子型；气熔胶微粒大，可用光电型

续表

序号	探测器类型 场所或类型	感烟		感 温				火 焰		说 明
		离子	光电	定温	差温	差定温	缆式	红外	紫外	
6	气流速度大于5m/s	×	○							
7	相对湿度经常高于95%以上	×				○				根据不同要求也可选用定温或差温
8	有大量粉尘,水雾滞留	×	×	○	○	○				根据具体要求选用
9	有可能发生无烟火灾	×	×	○	○	○				根据具体要求选用
10	在正常情况下,有烟和蒸气滞留	×	×	○	○	○				根据具体要求选用
11	有可能产生蒸气和油雾		×							
12	厨房、锅炉房、发电机房、茶炉房、烘干车间等			○						在正常高温下,感温探测器的额定动作温度值可定得高些,或选用高温感温探测器
13	吸烟室、小会议室等				○					若选用感烟探测器,则应选低灵敏度档次
14	汽车库				○	○				
15	其他不宜安装感烟火灾探测器的厅堂和公共场所	×	×	○	○	○				
16	可能发生了阴燃或者如发生火灾不及早报警将造成重大损失的场所	○	○	×	×	×				
17	温度在0℃以下			×						
18	正常情况下,温度变化较大的场所				×					
19	可能产生腐蚀性气体	×								
20	产生醇类、醚类、酮类等有机物质	×								
21	可能产生黑烟		×							
22	存在高频电磁干扰		×							
23	银行、百货店、商场、仓库	○	○							
24	火灾时有强烈的火焰辐射							○	○	如:含有易燃材料的房间、飞机库、油库、海上石油钻井和开采平台;炼油裂化厂等
25	需要对火焰作出快速反应							○	○	如:镁和金属粉末的生产,大型仓库、码头
26	无阴燃阶段和火灾							○	○	
27	博物馆、美术馆、图书馆	○	○					○	○	
28	电站、变压器间、配电室	○	○					○	○	
29	可能发生无焰火灾							×	×	
30	在火焰出现前有浓烟扩散							×	×	
31	探测器的镜头易被污染							×	×	
32	探测器的"视线"易被遮挡							×	×	
33	探测器易受阳光或其他光源直接或间接照射							×	×	
34	在正常情况下有明火作业以及X射线、弧光等影响							×	×	
35	电缆隧道、电缆竖井、电缆夹层等								○	发电厂、变电站、化工厂、钢铁
36	原料堆垛								○	纸浆厂、造纸厂、卷烟厂及工业易燃堆垛

续表

序号	探测器类型 场所或类型	感烟		感温				火焰		说　明
		离子	光电	定温	差温	差定温	缆式	红外	紫外	
37	仓库堆垛								○	粮食、棉花仓库及易燃仓库堆垛
38	配电装置、开关设备、变压器、电控中心							○		
39	地铁、名胜古迹、市政设施						○			
40	耐碱、防潮、耐低温等恶劣环境						○			
41	皮带运输机、生产流水线和滑道的易燃部位						○			
42	控制室、计算机室的闷顶内、地板下及重要设施隐蔽处等						○			
43	其他环境恶劣,不适合点型感烟探测器安装的场所						○			

注：1. 符号说明：在表中，"○"适合的探测器，应优先选用；"×"不适合的探测器，不应选用；空白，无符号表示，需谨慎使用；

2. 在散发可燃气体和可燃蒸气的场所宜选用可燃气体探测器，实现早期报警；

3. 对可靠性要求高、需要有自动联动装置或安装自动灭火系统时，宜采用感烟，感温，火焰探测器（同类型或不同类型）的组合。这些场所通常都是重要性很高，火灾危险性很大的；

4. 在实际使用时、如果在所列项目中找不到时，可以参照类似场所。如果没有把握或很难判定是否合适时，最好作燃烧模拟试验最终确定；

5. 下列场所可不设火灾探测器：

a. 厕所、浴室等；

b. 不能有效探测火灾者；

c. 不便维修、使用（重点部位除外）者。

（三）线型火灾探测器的选择原则

（1）无遮挡的大空间或有特殊要求的房间，宜选择线型光束感烟火灾探测器。

（2）不宜选择线型光束感烟火灾探测器的场所如下。

① 有大量粉尘、水雾滞留；

② 可能产生蒸气和油雾；

③ 在正常情况下有烟滞留；

④ 固定探测器的建筑结构由于振动等原因会产生较大位移的场所。

（3）宜选择缆式线型感温火灾探测器的场所或部位如下。

① 电缆隧道、电缆竖井、电缆夹层、电缆桥架；

② 不易安装点型探测器的夹层、闷顶；

③ 各种皮带输送装置；

④ 其他环境恶劣不适合点型探测器安装的场所。

（4）宜选择线型光纤感温火灾探测器的场所或部位如下。

① 除液化石油气外的石油储罐；

② 需要设置线型感温火灾探测器的易燃易爆场所；

③ 需要监测环境温度的地下空间等场所，宜设置具有实时温度监测功能的线型光纤感温火灾探测器；

④ 公路隧道、敷设动力电缆的铁路隧道和城市地铁隧道等。

（5）线型定温火灾探测器的选择，应保证其不动作温度符合设置场所的最高环境温度的要求。

（6）线型火灾探测器的设置

线型光束感烟火灾探测器的设置应符合以下几点。

① 探测器的光束轴线距顶棚的垂直距离宜为 0.3～1.0m，距地高度不宜超过 20m。

② 相邻两组探测器的水平距离不应大于 14m。探测器至侧墙水平距离不应大于 7m 且不应小于 0.5m。探测器的发射器和接收器之间的距离不宜超过 100m。

③ 探测器应设置在固定结构上。

④ 选择反射式探测器时，应保证在反射板与探测器间任何部位进行模拟试验时，探测器均能正确响应。

线型感温火灾探测器的设置应符合以下几点。

① 探测器在保护电缆、堆垛等类似保护对象时，应采用接触式布置；在各种皮带输送装置上设置时，宜设置在装置的过热点附近。

② 设置在顶棚下方的线型感温火灾探测器，至顶棚的距离宜为 0.1m。探测器的保护半径符合点型感温火灾探测器保护半径要求；探测器至墙壁的距离宜为 1～1.5m。

③ 光栅光纤感温火灾探测器每个光栅的保护面积和保护半径，应符合点型感温火灾探测器保护面积和保护半径要求。

④ 设置线型感温火灾探测器的场所有联动要求时，宜采用两只不同火灾探测器的报警信号组合。

⑤ 与线型感温火灾探测器连接的模块不宜设置在长期潮湿或温度变化较大的场所。

（四）火灾探测器的保护面积

火灾探测器的保护面积是指一只探测器能有效探测的地面面积。火灾探测器的保护面积与诸多因素有关，是一个比较复杂的问题，至少要考虑以下几点。

1. 火灾探测器特性

一般来说，感烟火灾探测器的灵敏度高，保护面积也大。离子感烟探测器灵敏度分二级，Ⅰ级使用于禁烟场所，Ⅱ级使用于一般场所，系统调试时可现场整定；感温火灾探测器整定的动作温度也就是灵敏度等级，一般灵敏度高，保护面积大。点型感温火灾探测器灵敏度共分三级，Ⅰ级动作温度 62℃，Ⅱ级动作温度 70℃，Ⅲ级动作温度 78℃。

2. 建筑物的结构特点

（1）与房间高度和地面面积大小有关 对于感烟探测器，当其监视的地面面积大于 80m² 时，安装在顶棚上的探测器受其他环境条件的影响较小。房间越高，烟均匀扩散的区域越大，探测器保护的地面面积也越大，但感烟探测器的灵敏度要求也相应提高；对于感温探测器，房间越高，对流或辐射的热量减少，保护面积也减少，必须提高探测器的灵敏度等级才行。

（2）与顶棚（或屋顶）的坡度有关 随着坡度的增大，烟雾和热气流沿斜顶棚向屋脊聚集、形成"烟囱效应"，使安装在屋脊的探测器进烟或感受热气流的机会增加，因此保护面积也增大。

（3）与环境条件有关 环境温度和湿度、自然气流或空调系统及加热系统产生的热气流等，均可影响探测器保护面积。

点型感烟探测器、感温探测器的保护面积和保护半径应按表 12-5 确定。此外，对于线

型光束感烟探测器，其保护面积可按式（12-2）计算

$$A = 14L \qquad (12\text{-}2)$$

式中　A ——探测器保护面积，m^2；

　　　L ——光束长度，3～100m。

表 12-5　感烟探测器和 A1、A2、B 型感温火灾探测器的保护面积和保护半径

火 灾 探测器的种类	地面面积 S /m^2	房间高度 h /m	一只探测器的保护面积 A 和保护半径 R					
			屋顶坡度 θ					
			$\theta \leqslant 15°$		$15° < \theta \leqslant 30°$		$\theta > 30°$	
			A/m^2	R/m	A/m^2	R/m	A/m^2	R/m
感烟探测器	$S \leqslant 80$	$h \leqslant 12$	80	6.7	80	7.2	80	8.0
	$S > 80$	$6 < h \leqslant 12$	80	6.7	100	8.0	120	9.9
		$h \leqslant 6$	60	5.8	80	7.2	100	9.0
感温探测器	$S \leqslant 30$	$h \leqslant 8$	30	4.4	30	4.9	30	5.5
	$S > 30$	$h \leqslant 8$	20	3.6	30	4.9	40	6.3

注：建筑物高度不超过 14m 的封闭探测空间，且火灾初期会产生大量烟时，可设置点型感烟火灾探测器。

二、火灾自动报警系统设计

根据国家标准《火灾自动报警系统设计规范》（GB 50116—2013）规定，火灾自动报警系统设计应当符合以下要求。

（一）一般要求

（1）火灾自动报警系统可用于人员居住和经常有人滞留的场所，以及存放重要物资或燃烧后产生严重污染需要及时报警的场所。

（2）火灾自动报警系统应设有自动和手动两种触发装置。自动触发装置即火灾探测器，是系统中最基本的触发装置。它自动探测火灾，产生和发出火灾报警信号并将火灾报警信号传输给火灾报警控制器。手动触发装置即手动火灾报警按钮，是系统中必不可少的组成部分。

（3）火灾自动报警系统设备应选用符合国家有关标准和有关市场准入制度的产品。

（4）系统中各类设备之间的接口和通信协议的兼容性应符合现行国家标准《火灾自动报警系统组件兼容性要求》（GB 22134）的有关规定。

（5）任一台火灾报警控制器所连接的火灾探测器、手动火灾报警按钮和模块等设备总数和地址总数，均不应超过 3200 点，其中每一总线回路连接设备的总数不宜超过 200 点，且应留有不少于额定容量 10% 的余量；任一台消防联动控制器的地址总数或火灾报警控制器（联动型）所控制的各类模块总数不应超过 1600 点，每一联动总线回路连接设备的总数不宜超过 100 点，且应留有不少于额定容量 10% 的余量。

（6）系统总线上应设置总线短路隔离器，每只总线短路隔离器保护的火灾探测器、手动火灾报警按钮和模块等消防设备的总数不应超过 32 点；总线穿越防火分区时，应在穿越处设置总线短路隔离器。

（7）高度超过 100m 的建筑中，除消防控制室内设置的控制器外，每台控制器直接控制的火灾探测器、手动火灾报警按钮和模块等设备不应跨越避难层。

（8）水泵控制柜、风机控制柜等消防电气控制装置不应采用变频启动方式。

（9）地铁列车上设置的火灾自动报警系统，应能通过无线网络等方式将列车上发生火灾的部位信息传输给消防控制室。

（二）火灾自动报警系统形式的选择和设计要求

1. 火灾自动报警系统形式的选择

火灾自动报警系统的基本形式有三种：区域报警系统、集中报警系统和控制中心报警系统。

火灾自动报警系统形式的选择，应符合下列规定。

（1）仅需要报警，不需要联动自动消防设备的保护对象宜采用区域报警系统。

（2）不仅需要报警，同时需要联动自动消防设备，且只设置一台具有集中控制功能的火灾报警控制器和消防联动控制器的保护对象，应采用集中报警系统，并应设置一个消防控制室。

（3）设置两个及以上消防控制室的保护对象，或已设置两个及以上集中报警系统的保护对象，应采用控制中心报警系统。

2. 区域报警系统设计要求

区域报警系统是一种简单的报警系统。其保护对象一般是规模较小，对联动控制功能要求简单，或没有联控功能的场所。区域报警系统的设计，应符合下列规定。

（1）系统应由火灾探测器、手动火灾报警按钮、火灾声光警报器及火灾报警控制器等组成，系统中可包括消防控制室图形显示装置和指示楼层的区域显示器。

（2）火灾报警控制器应设置在有人值班的场所。

（3）系统设置消防控制室图形显示装置时，该装置应具有传输火灾报警信息、可燃气体探测报警信息、电气火灾监控报警信息、屏蔽信息、故障信息，系统还应具有设置部位、系统形式、维保单位名称、联系电话；控制器、探测器、手动火灾报警按钮、消防电气控制室等的类型、型号、数量、制造商；火灾自动报警系统图。系统未设置消防控制室图形显示装置时，应设置火警传输设备。

3. 集中报警系统的设计要求

集中报警系统是一种较复杂的报警系统，其保护对象一般规模较大，联动控制功能要求较复杂。集中报警系统的设计应符合下列要求。

（1）系统应由火灾探测器、手动火灾报警按钮、火灾声光警报器、消防应急广播、消防专用电话、消防控制室图形显示装置、火灾报警控制器、消防联动控制器等组成。

（2）系统中火灾报警控制器、消防联动控制器和消防控制室图形显示装置、消防应急广播的控制装置、消防专用电话总机等起集中控制作用的消防设备，应设置在消防控制室内。

（3）系统设置的消防控制室图形显示装置应具有传输火灾报警信息、可燃气体探测报警信息、电气火灾监控报警信息、屏蔽信息、故障信息，系统还应具有设置部位、系统形式、维保单位名称、联系电话；控制器、探测器、手动火灾报警按钮、消防电气控制室等的类型、型号、数量、制造商；火灾自动报警系统图。集中火灾报警控制器，应能显示火灾报警部位信号和控制信号，亦可进行联动控制。

（4）集中火灾报警控制器，消防联动控制设备等在消防控制室（或值班室）内的布置，应符合下列的规定。

① 设备面盘前的操作距离：单列布置时不应小于1.5m；双列布置时不应小于2m。

② 在值班人员经常工作的一面，设备面盘至墙的距离不应小于 3m。

③ 设备面盘后的维修距离不宜小于 1m。

④ 设备面盘的排列长度大于 4m 时，其两端应设置宽度不小于 1m 的通道。

⑤ 集中火灾报警控制器安装在墙上时其底边距地高度宜为 1.3～1.5m，其靠近门轴的侧面距墙不应小于 0.5m，正面操作距离不应小于 1.2m。

4. 控制中心报警系统的设计要求

控制中心报警系统是一种复杂的报警系统。其保护对象一般规模大，联动控制功能要求复杂。控制中心报警系统的设计，应符合下列要求。

（1）有两个及以上消防控制室时，应确定一个主消防控制室。

（2）主消防控制室应能显示火灾报警信号和联动控制状态信号，并应能控制重要的消防设备；各分消防控制室内消防设备之间可互相传输、显示状态信息，但不应互相控制。

（3）系统设置的消防控制室图形显示装置应具有传输《火灾自动报警系统设计规范》（GB 50116—2013）附录 A 和附录 B 规定的有关信息的功能。

5. 消防联动控制设计要求

消防联动设备是火灾自动报警系统的重要控制对象，联动控制的正确可靠与否，直接影响火灾扑救工作的成败。根据国家标准《火灾自动报警系统设计规范》（GB 50116—2013）规定，消防联动控制设计应当符合下列要求。

（1）当消防联动设备的编码控制模块和火灾探测器底座的控制信号和火警信号在同一总线回路上传输时，其传输总线应按消防控制线路要求敷设，而不应按报警信号传输线路要求敷设。即：采用暗敷时，宜采用金属管或阻燃型硬塑料管保护，并应敷设在不燃烧体的结构内，且保护层的厚度不宜小于 30mm。当采用明敷时，应采用金属管或金属线槽保护，并应在金属管或金属线槽上采取防火保护措施。当采用经阻燃处理的电缆时，可不穿金属管保护，但应敷设在电缆竖井或吊顶内有防火保护措施的封闭式线槽内。

（2）消防水泵、防烟、排烟风机的控制设备，当采用总线编码控制模块时，还应在消防控制室设置手动直接控制装置。这是因为，消防水泵、防烟排烟风机等重要的消防设备，其动作的可靠性直接关系到消防灭火工作的成败。这些消防设备不应当单一采用火灾报警系统传输总线上的编码模块控制其启动，而应同时采用硬件电路直接启动的控制线路，这样不致因其他非灭火设备故障因素而影响这些消防设备的启动。

（3）设置在消防控制室以外的消防联动控制设备的动作状态信号，均应在消防控制室显示，以便实行系统的集中控制管理。

6. 火灾应急广播

火灾应急广播是火灾自动报警系统中的一种重要的消防安全设备。根据国家标准《火灾自动报警系统设计规范》（GB 50116—2013）规定，火灾应急广播的设置应符合下列要求。

（1）控制中心报警系统应设置火灾应急广播，集中报警系统宜设置火灾应急广播。

（2）火灾应急广播扬声器的设置应符合下列要求。

① 民用建筑内扬声器应设置在走道和大厅等公共场所，每个扬声器的额定功率不应小于 3W，其数量应能保证从一个防火区内的任何部位到最近一个扬声器的步行距离不大于 25m。走道内最后一个扬声器距走道末端的距离不应大于 12.5m。

② 在环境噪声大于 60dB 的场所设置的扬声器，在其播放范围内最远点的播放声压级应高于背景噪声 15dB。

③ 客房设置专用扬声器时，其功率不宜小于 1.0W。

（3）火灾应急广播与公共广播合用时，应符合下列要求。

① 火灾时应能在消防控制室将火灾疏散层的扬声器和公共广播扩音机强制转入火灾应急广播状态。

② 消防控制中心应能监控用于火灾应急广播时的扩音机的工作状态，并应具有遥控开启扩音机和采用传声器播音的功能。

③ 床头控制柜内设有服务性音乐广播扬声器时，应有火灾应急广播功能。

④ 应设置火灾应急广播备用扩音机，其容量不应小于火灾时需同时广播的范围内，火灾应急广播扬声器最大容量总和的 1.5 倍。

7. 消防专用电话

消防专用电话是重要的消防通信工具之一。为了保证火灾自动报警系统快速反应和可靠报警，同时保证火灾时消防通信指挥畅通，消防专用电话的设置应符合下列要求。

（1）消防专用电话网络应为独立的消防通信系统，而不得利用一般电话线路或综合布线系统（POS 系统）代替。

（2）消防控制室应设置消防专用电话总机，且宜选择共电式电话总机或对讲通信电话设备。消防专用电话总机与电话分机或塞孔之间的呼叫方式应当是直通的，而不应有交换或转接程序。

（3）电话分机或电话塞孔的设置应符合下列要求。

① 下列部位应设置消防专用电话分机：消防水泵房、备用发电机房、配变电室、主要通风、空调机房、排烟机房、消防电梯机房及其他与消防联动控制有关的且经常有人值班的机房；灭火控制系统操作装置处或控制室；企业消防站、消防值班室、总调度室。

② 设有手动火灾报警按钮、消火栓按钮等处宜设置电话塞孔。电话塞孔在墙上安装时，其底边距地高度宜为 1.3~1.5m。

③ 特级保护对象的各避难层应每隔 20m 步行距离设置消防专用电话分机或塞孔。

④ 消防控制室、消防值班室或企业消防站等处应设置可直接报警的外线电话。

8. 系统接地

火灾自动报警系统属于电子设备，接地良好与否，对系统工作影响很大。特别是对大多数采用微机控制的火灾自动报警系统，如不能正确合理地解决好接地问题，将导致系统不能正常可靠工作。这里所说的接地，是指工作接地，即为保证系统中"零"电位点稳定可靠而采取的接地。根据国家标准《火灾自动报警系统设计规范》（GB 50116—2013）规定，系统接地应符合下列要求。

（1）火灾自动报警系统接地装置的接地电阻值应符合下列要求。

① 采用专用接地装置时，接地电阻值不应大于 4Ω。

② 采用共用接地装置时，接地电阻值不应大于 1Ω。

（2）火灾自动报警系统应设专用接地干线，并应在消防控制室设置专用接地板。专用接地干线应从消防控制中心专用接地板引至接地体。

（3）专用接地干线应采用铜芯绝缘导线，其芯线截面积不应小于 25mm²。专用接地干线宜穿硬质塑料管埋设至接地体。

（4）由消防控制室接地板引至各消防电子设备的专用接地线应选用铜芯塑料绝缘导线，其芯线截面积不应小于 4mm²。

（5）消防电子设备凡采用交流供电时，设备金属外壳和金属支架等应作保护接地，接地线应与电气保护接地干线（PE线）相连接。

第五节　消防控制中心

消防控制中心是火灾自动报警系统的控制和信息中心，也是火灾时灭火作战的指挥和信息中心，具有十分重要的地位和作用。消防控制中心设有火灾自动报警控制器和消防控制设备，专门用于接收、显示、处理火灾报警信号，控制有关消防设施。国家标准《高层民用建筑设计防火规范》和《建筑设计防火规范》等规范对消防控制中心的设置范围、位置、建筑耐火性能都做了明确规定，并对其主要功能提出原则要求。而在国家标准《火灾自动报警系统设计规范》（GB 50116—2013）中，则进一步对消防控制中心的设备组成、安全要求、设备功能、设备布置、联动控制要求等做出了具体规定。

一、消防控制中心的设备组成

消防控制中心的设备应由下列部分或全部组成。
（1）火灾报警控制器。
（2）自动灭火系统的控制装置。
（3）室内消火栓系统的控制装置。
（4）防烟、排烟系统及空调通风系统的控制装置。
（5）电动防火门、防火卷帘的控制装置。
（6）电梯回降控制装置。
（7）火灾应急广播。
（8）火灾警报装置。
（9）消防通信设备。
（10）火灾应急照明与疏散指示标志。

二、对消防控制中心的要求

为保证其自身安全、保证系统设备正常可靠工作，消防控制中心应符合下列要求。
（1）消防控制中心的门应向疏散方向开启，且入口处应设置明显的标志。
（2）消防控制中心的送、回风管在其穿墙处应设防火阀。
（3）消防控制中心内严禁与其无关的电气线路及管路穿过。
（4）消防控制中心周围不应布置电磁场干扰较强及其他影响消防控制设备工作的设备用房。
（5）对消防控制中心内设备的布置要求如下。
① 设备面盘前的操作距离，单列布置时不应小于1.5m；双列布置时不应小于2m。
② 在值班人员经常工作的一面，设备面盘至墙的距离不应小于3m。
③ 设备面盘后的维修距离不宜小于1m。
④ 设备面盘的排列长度大于4m时，其两端应设置宽度不小于1m的通道。
⑤ 集中火灾报警控制器或火灾报警控制器安装在墙上时，其底边距地高度宜为1.3～1.5m，其靠近门轴的侧面距墙不应小于0.5m，正面操作距离不应小于1.2m。

第六节　消防控制设备的控制

一、消防控制设备的功能

（一）消防控制中心的控制设备的控制及显示功能

（1）控制消防设备的启、停，并应显示其工作状态。

（2）消防水泵、防烟排烟风机的启、停，除自动控制外，还应能手动直接控制。

（3）显示火灾报警、故障报警部位。

（4）显示保护对象的重点部位、疏散通道及消防设备所在位置的平面图或模拟图等。

（5）显示系统供电电源的工作状态。

（6）消防控制室应设置火灾警报装置与应急广播的控制装置，其控制程序应符合下列要求。

① 二层及二层以上的楼房发生火灾，应先接通着火层及其相邻的上下层；

② 首层发生火灾，应先接通本层、二层及地下各层；

③ 地下室发生火灾，应先接通地下各层及首层；

④ 含多个防火分区的单层建筑应先接通着火的防火分区及其相邻的防火分区。

（7）消防控制中心的消防专用电话是重要的消防通信工具之一。为了保证火灾自动报警系统快速反应和可靠报警，同时保证火灾时消防通信指挥应符合如下规定。

① 消防专用电话，应建成独立的消防通信网络系统。

② 消防控制中心应设置消防专用电话总机，且宜选择供电式电话总机或对讲通信电话设备。消防专用电话总机与电话分机或塞孔之间的呼叫方式应当是直通的，而不应有交换或转接程序。

③ 电话分机或电话塞孔的设置应符合以下要求。

应设置消防专用电话分机的部位是消防水泵房、备用发电机房、配变电室、主要通风、空调机房、排烟机房、消防电梯机房及其他与消防联动控制有关的且经常有人值班的机房；灭火控制系统操作装置处或控制室；企业消防站、消防值班室、总调度室。

设有手动火灾报警按钮、消火栓按钮等处宜设置电话塞孔。电话塞孔在墙上安装时，其底边距地高度宜为 1.3～1.5m。

特级保护对象的各避难层应每隔 20m 步行距离设置消防专用电话分机或塞孔。

消防控制中心、消防值班室或企业消防站等处应设置可直接报警的外线电话。

（8）消防控制中心在确认火灾后应能切断有关部位的非消防电源，并接通警报装置及火灾应急照明灯和标志灯。

（9）消防控制中心在确认火灾后应能控制电梯全部停于首层，并接收其反馈信号。

（二）消防控制设备对室内消火栓系统的控制、显示功能

（1）控制消防水泵的启、停。

（2）显示消防水泵的工作、故障状态。

（3）显示启泵按钮的位置。

（三）消防控制设备对自动喷水和水喷雾灭火系统的控制、显示功能

（1）控制系统的启、停。

（2）显示消防水泵的工作、故障状态。

（3）显示水流指示器、报警阀、安全信号阀的工作状态。

（四）消防控制设备对管网气体灭火系统的控制、显示功能

（1）显示系统的手动、自动工作状态。

（2）在报警、喷射各阶段，控制中心应有相应的声、光警报信号，并能手动切除声响信号。

（3）在延时阶段，应自动关闭防火门、窗，停止通风空调系统，关闭有关部位防火阀。

（4）显示气体灭火系统防护区的报警、喷放及防火门（帘）、通风空调等设备的状态。

（五）消防控制设备对泡沫灭火系统的控制、显示功能

（1）控制泡沫泵及消防水泵的启、停。

（2）显示系统的工作状态。

（六）消防控制设备对干粉灭火系统的控制、显示功能

（1）控制系统的启、停。

（2）显示系统的工作状态。

（七）消防控制设备对电动防火门的控制应符合的要求

（1）门任一侧的火灾探测器报警后，防火门应自动关闭。

（2）防火门关闭信号应送到消防控制中心。

（八）消防控制设备对防火卷帘的控制应符合的要求

（1）疏散通道上的防火卷帘两侧应设置火灾探测器组及其报警装置，且两侧应设置手动控制按钮。

（2）疏散通道上的防火卷帘应按下列程序自动控制下降，感烟探测器动作后，卷帘下降距地（楼）面 1.8m；感温探测器动作后，卷帘下降到底。

（3）用作防火分隔的防火卷帘，火灾探测器动作后，卷帘应下降到底。

（4）感烟、感温火灾探测器的报警信号及防火卷帘的关闭信号应送至消防控制中心。

（九）火灾报警后，消防控制设备对防烟、排烟设施的控制、显示功能

（1）停止有关部位的空调送风，关闭电动防火阀，并接收其反馈信号。

（2）启动有关部位的防烟、排烟阀等，并接收其反馈信号。

（3）控制挡烟垂壁等防烟设施。

二、消防控制设备的控制方式

消防控制设备应根据建筑的形式、工程规模、管理体制及功能要求综合确定其控制方式，并应符合下列规定。

（1）单体建筑宜集中控制。即在消防控制室集中接收、显示报警信号，控制有关消防设备、设施，并接收、显示其反馈信号。

（2）大型建筑群宜采用分散与集中相结合控制。即可以集中控制的应尽量由消防控制中心控制。不宜集中控制的，则采取分散控制方式，但其操作信号反馈到消防控制中心。

三、消防控制设备的控制电源

电源及信号回路电压应采用直流 24V。

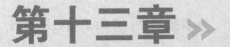
第十三章 >>
灭火器的配置

第一节　灭火器配置场所的火灾种类和危险等级

一、火灾种类

灭火器配置场所的火灾种类根据该场所内的物质及其燃烧特性划分为以下五类。

（1）A类火灾　指固体物质火灾。如木材、棉、毛、麻、纸张及其制品等燃烧的火灾。

（2）B类火灾　指液体火灾或可熔化固体物质火灾。如汽油、煤油、柴油、原油、甲醇、乙醇、沥青、石蜡等燃烧的火灾。

（3）C类火灾　指气体火灾。如煤气、天然气、甲烷、乙烷、丙烷、氢气等燃烧的火灾。

（4）D类火灾　指金属火灾。如钾、钠、镁、钛、锆、锂、铝镁合金等燃烧的火灾。

（5）E类（带电）火灾　指带电物体的火灾。如发电机房、变压器室、配电间、仪器仪表间和电子计算机房等在燃烧时不能及时或不宜断电的电气设备带电燃烧的火灾。E类火灾是建筑灭火器配置设计的专用概念，主要是指发电机、变压器、配电盘、开关箱、仪器仪表和电子计算机等在燃烧时仍旧带电的火灾，必须用能达到电绝缘性能要求的灭火器来扑灭。对于那些仅有常规照明线路和普通照明灯具而且并无上述电气设备的普通建筑场所，可不按E类火灾的规定配置灭火器。

二、危险等级

民用建筑灭火器配置场所的危险等级，根据其使用性质、人员密集程度、用电用火情况、可燃物数量、火灾蔓延速度、扑救难易程度等因素，划分为以下三级。

（1）严重危险级　使用性质重要，人员密集，用电用火多，可燃物多，起火后蔓延迅速，扑救困难，容易造成重大财产损失或人员群死群伤的场所。

（2）中危险级　使用性质较重要，人员较密集，用电用火较多，可燃物较多，起火后蔓延较迅速，扑救较难的场所；

（3）轻危险级　使用性质一般，人员不密集，用电用火较少，可燃物较少，起火后蔓延较缓慢，扑救较易的场所。

一些常见的民用建筑灭火器设置场所建筑物的危险等级见表13-1。

表 13-1 民用建筑灭火器配置场所的危险等级

危险等级	举 例
严重危险级	县级及以上的文物保护单位、档案馆、博物馆的库房、展览室、阅览室
	设备贵重或可燃物多的实验室
	广播电台、电视台的演播室、道具间和发射塔楼
	专用电子计算机房
	城镇及以上的邮政信函和包裹分捡房、邮袋库、通信枢纽及其电信机房
	客房数在 50 间以上的旅馆、饭店的公共活动用房、多功能厅、厨房
	体育场(馆)、电影院、剧院、会堂、礼堂的舞台及后台部位
	住院床位在 50 张及以上的医院的手术室、理疗室、透视室、心电图室、药房、住院部、门诊部、病历室
	建筑面积在 2000m² 及以上的图书馆、展览馆的珍藏室、阅览室、书库、展览厅
	民用机场的候机厅、安检厅及空管中心、雷达机房
	超高层建筑和一类高层建筑的写字楼、公寓楼
	电影、电视摄影棚
	建筑面积在 1000 m² 及以上的经营易燃易爆化学物品的商场、商店的库房及铺面
	建筑面积在 200m² 及以上的公共娱乐场所
	老人住宿床位在 50 张及以上的养老院
	幼儿住宿床位在 50 张及以上的托儿所、幼儿园
	学生住宿床位在 100 张及以上的学校集体宿舍
	县级及以上的党政机关办公大楼的会议室
	建筑面积在 500 m² 及以上的车站和码头的候车(船)室、行李房
	城市地下铁道、地下观光隧道
	汽车加油站、加气站
	机动车交易市场(包括旧机动车交易市场)及其展销厅
	民用液化气、天然气灌装站、换瓶站、调压站
中危险级	县级以下的文物保护单位、档案馆、博物馆的库房、展览室、阅览室
	一般的实验室
	广播电台电视台的会议室、资料室
	设有集中空调、电子计算机、复印机等设备的办公室
	城镇以下的邮政信函和包裹分捡房、邮袋库、通信枢纽及其电信机房
	客房数在 50 间以下的旅馆、饭店的公共活动用房、多功能厅和厨房
	体育场(馆)、电影院、剧院、会堂、礼堂的观众厅
	住院床位在 50 张以下的医院的手术室、理疗室、透视室、心电图室、药房、住院部、门诊部、病历室
	建筑面积在 2000m² 以下的图书馆、展览馆的珍藏室、阅览室、书库、展览厅
	民用机场的检票厅、行李厅
	二类高层建筑的写字楼、公寓楼
	高级住宅、别墅
	建筑面积在 1000m² 以下的经营易燃易爆化学物品的商场、商店的库房及铺面
	建筑面积在 200m² 以下的公共娱乐场所
	老人住宿床位在 50 张以下的养老院
	幼儿住宿床位在 50 张以下的托儿所、幼儿园
	学生住宿床位在 100 张以下的学校集体宿舍
	县级以下的党政机关办公大楼的会议室
	学校教室、教研室
	建筑面积在 500m² 以下的车站和码头的候车(船)室、行李房
	百货楼、超市、综合商场的库房、铺面
	民用燃油、燃气锅炉房
	民用的油浸变压器室和高、低压配电室
轻危险级	日常用品小卖店及经营难燃烧或非燃烧的建筑装饰材料商店
	未设集中空调、电子计算机、复印机等设备的普通办公室
	旅馆、饭店的客房
	普通住宅
	建筑物中以难燃烧或非燃烧的建筑构件分隔的并主要存储难燃烧或非燃烧材料的辅助房

工业建筑灭火器配置场所的危险等级，根据其生产、使用、储存物品的火灾危险性，可燃物数量，火灾蔓延速度，扑救难易程度等因素，划分为以下三级。

（1）严重危险级　火灾危险性大，可燃物多，起火后蔓延迅速，扑救困难，容易造成重大财产损失的场所；

（2）中危险级　火灾危险性较大，可燃物较多，起火后蔓延较迅速，扑救较难的场所；

（3）轻危险级　火灾危险性较小，可燃物较少，起火后蔓延较缓慢，扑救较易的场所。

一些常见的工业建筑灭火器设置场所建筑物的危险等级《建筑灭火器配置设计规范》（GB 50140—2005）。

第二节　灭火器与选择

一、灭火器

火灾中常用的灭火器有泡沫、干粉、酸碱、CO_2、1211 五种类型。灭火器的本体通常为红色，并印有灭火器的名称、型号、灭火类型及能力、灭火剂以及驱动气体的种类和数量，并以文字和图像说明灭火器的使用方法。

灭火器是由筒体、器头、喷嘴等部件组成，借助于驱动压力可将充装的灭火剂喷出，达到灭火的目的。

1. 灭火器分类与型号

（1）按移动的方式　灭火器分为手提式灭火器、推车式灭火器、背负式灭火器。

（2）按驱动灭火的目的　灭火器分为储气瓶式灭火器、储气压式灭火器。

（3）按所充装的灭火剂　灭火器分为泡沫灭火剂、干粉灭火剂、卤代烷灭火剂、CO_2 灭火剂、清水灭火剂。

我国灭火器的型号用类、组、特征代号和主要参数代号表示。

类、组、特征代号代表灭火器的类型，移动方式、开关方式两大部分组成。其中第一个M 代表灭火剂；第二个字母代表灭火剂类型，如 F—干粉、T—CO_2、Y—1211、P—泡沫；第三个字母代表移动方式如：T—推车式、Z—舟车式或鸭嘴式、B—背负式。

主要参数代号反映了充装灭火器的容量和重量。如：MF4 表示 4kg 干粉灭火器，数字 4 表示内装重量为 4kg 的灭火剂；MF135 表示 35kg 推车式于粉灭火器。MTZ5 表示 5kg 鸭嘴式 CO_2 灭火器。T 表示 CO_2。

MT—手提式 CO_2 灭火器、MTT—推车式 CO_2 灭火器、MY—手提式 1211 灭火器、MYT—推车式 1211 灭火器、MP—手提式泡沫灭火器、MPZ—舟车式泡沫灭火器、MPT—推车式泡沫灭火器、MFB—背负式干粉灭火器、MS—酸碱灭火器（S 代表酸碱）。

各类灭火器的类型、规格和灭火等级如表 13-2 和表 13-3 所列。

2. 泡沫灭火器

泡沫灭火器将酸液和碱液分别充装在两个不同的筒内，混合后发生反应。该灭火剂扑救油脂类，石油产品及一般固体物质。

泡沫灭火器有 MP 型手提式、MPZ 型手提舟车式、NPT 型推车式三种形式。

表 13-2 手提式灭火器类型、规格和灭火级别

灭火器类型	灭火剂充装量(规格)		灭火器类型规格代码(型号)	灭火级别	
	L	kg		A 类	B 类
水型	3		MS/Q3	1A	
			MS/T3		55B
	6		MS/Q6	1A	
			MS/T6		55B
	9		MS/Q9	2A	
			MS/T9		89B
泡沫	3		MP3、MP/AR3	1A	55B
	4		MP4、MP/AR4	1A	55B
	6		MP6、MP/AR6	1A	55B
	9		MP9、MP/AR9	2A	89B
干粉(碳酸氢钠)		1	MF1		21B
		2	MF2		21B
		3	MF3		34B
		4	MF4		55B
		5	MF5		89B
		6	MF6		89B
		8	MF8		144B
		10	MF10		144B
干粉(磷酸铵盐)		1	MF/ABC1	1A	21B
		2	MF/ABC2	1A	21B
		3	MF/ABC3	2A	34B
		4	MF/ABC4	2A	55B
		5	MF/ABC5	3A	89B
		6	MF/ABC6	3A	89B
		8	MF/ABC8	4A	144B
		10	MF/ABC10	6A	144B
卤代烷(1211)		1	MY1		21B
		2	MY2	(0.5A)	21B
		3	MY3	(0.5A)	34B
		4	MY4	1A	34B
		6	MY6	1A	55B
二氧化碳		2	MT2		21B
		3	MT3		21B
		5	MT5		34B
		14	MT14		55B

表 13-3 推车式灭火器类型、规格和灭火级别

灭火器类型	灭火剂充装量(规格)		灭火器类型规格代码(型号)	灭火级别	
	L	kg		A 类	B 类
水型	20		MST20	4A	
	45		MST40	4A	
	60		MST60	4A	
	125		MST125	6A	
泡沫	20		MPT20、MPT/AR20	4A	113B
	45		MPT40、MPT/AR40	4A	144B
	60		MPT60、MPT/AR60	4A	233B
	125		MPT125、MPT/AR125	6A	2914B

灭火器类型	灭火剂充装量(规格)		灭火器类型规格代码(型号)	灭火级别	
	L	kg		A类	B类
干粉 （碳酸氢钠）		20	MFT20		183B
		50	MFT50		2914B
		100	MFT100		2914B
		125	MFT125		2914B
		20	MFT/ABC20	6A	183B
		50	MFT/ABC50	8A	2914B
		100	MFT/ABC100	10A	2914B
		125	MFT/ABC125	10A	2914B
卤代烷 （1211）		10	MYT10		140B
		20	MYT20		144B
		30	MYT30		183B
		50	MYT50		2914B
二氧化碳		10	MTT10		55B
		20	MTT20		140B
		30	MTT30		113B
		50	MTT50		183B

（1）MP 型手提式泡沫灭火器　由筒身、瓶胆、筒盖、提环等组成。筒身用钢板滚压焊接而成。筒身内悬挂玻璃或聚乙烯塑料瓶胆，瓶胆内装有酸性溶液，筒内装有碱性溶液。瓶胆用瓶盖盖上，以防蒸发，或因震荡溅出而与碱性溶液混合。筒盖用塑料或钢板压制，装滤网、喷嘴。盖与筒身之间有密封垫圈，筒盖用螺栓，螺母固定在筒身上。

在使用时颠倒筒身，使两种药液混合而发生化学反应，产生泡沫，由喷嘴喷出。

装药一年后，必须检查药液的发泡倍数和持久性。发泡倍数检验方法是将灭火器内酸性药液取出 14.5mL，倒入 500mL 量筒内，再取出 33mL 碱性药液迅速倒入量筒内，计算产生泡沫的体积是否为 2 种体积之和的 8 倍（320mL）以上。泡沫的持久性检验方法则是测试其在 30min 后消失量是否小于 50%，不符合以上规定，应重新更换药剂。同时，要检查筒身有无腐蚀或泄漏。使用 2 年以上的灭火器更换新药时，筒身必须进行水压试验，试验压力为 25MPa。在此压力下无泄漏、膨胀、变形等现象方能继续使用。

（2）MPZ 型手提舟车式泡沫灭火器　构造上基本上与 MP 型手提式相同，只是在筒盖上装有瓶盖起闭机构，以防止在车辆或船舶行驶时震动和颠簸而使用药液混合。瓶盖的起闭有用把手的，也有用手轮的，如图 13-1 所示。

使用时先将瓶盖上的把手向上扳起（或旋送手轮）中轴即向上弹出开启瓶口。然后颠倒筒身，使酸碱两种溶液混合，生成泡沫，从喷嘴喷出。

（3）MPT 型推车式泡沫灭火器　由筒身用钢板制成，内装碱性溶液。瓶胆悬挂在筒身内，内装酸性溶液。按逆时针方向旋转手轮。瓶塞在手轮丝杆作用下，将瓶口封闭，以防止两种药液混合。筒盖由螺母和螺栓紧固在筒身上，盖内装有密封和油烫石棉绳。筒盖上还装有安全阀，如喷射系统堵塞，泡沫无法喷出，当筒内压力大于等于 1MPa 时，安全阀即自动开放，可防止筒身爆破。

喷射系统由过滤器、旋塞阀、喷管、喷枪组成。筒身固定在车架上，车架上还装有胶轮，便于行动，如图 13-2 所示。

使用时一人施放喷管，双手握住喷枪对准燃烧物，另一人按逆时针方向转动手轮，开启瓶塞然后将筒身放倒，使拖杆触地，在将旋塞阀手柄扳值，泡沫即通过喷管从喷枪喷出。

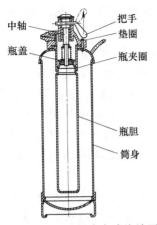

图 13-1　MPZ 型手提舟车式泡沫灭火器

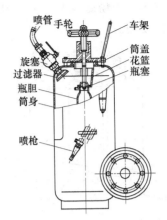

图 13-2　MPT 型推车式泡沫灭火器

3. 干粉灭火器

以高压 CO_2 或氮气气体作为驱动动力，其中储气式以 CO_2 作为驱动气体；储压式以 N_2 作为驱动气体，来喷射干粉灭火剂。

干粉灭火器有 MF 型手提式、MFT 型推车式、MFB 型背负式三种类型。

（1）MF 型手提式干粉灭火器　按照 CO_2 钢瓶的安装方式，又有外装式和内装式之分。外装式灭火器筒身外部悬挂充有高压二氧化碳的钢瓶，钢瓶外部标有标志，钢瓶重的钢字。钢瓶与筒身（内转干粉）由提盖上的螺母进行连接，在钢瓶阀上有一穿针。当打开保险销，再拉动拉环时，穿针即刺穿钢瓶口的密封膜，使钢瓶内高压 CO_2 气体沿进气管进入筒内，筒内干粉在 CO_2 气体的作用下，沿出粉管经喷管喷出，构造如图 13-3 所示。

使用时打开保险销，把喷管口对准火源拉动手环，干粉即喷出灭火。

每年检查一次 CO_2 的存气量。检查方法是将钢瓶拧下称重，再减去钢瓶自重即为瓶内 CO_2 气体的重量。如少于表中规定的 CO_2 量应立即重新装气。

（2）MRF 型推车式干粉灭火器　MFF 型推车式干粉灭火器也分为内装式和外装式两种。内装式 MFT35 型推车式干粉灭火器示意图如图 13-4，它主要由 CO_2 钢瓶、干粉储筒、车架、压力表、喷枪、安全阀等部分组成。

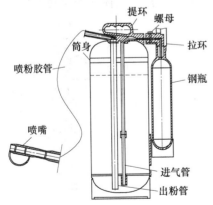

图 13-3　MF 型手提式干粉灭火器

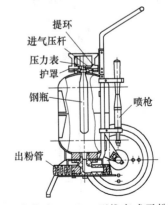

图 13-4　内装式 MFT35 型推车式干粉灭火器

当表压升至 $0.7 \sim 1.1\mathrm{MPa}$ 时，灭火效果最佳，放下进气压杆停止进气。接着两手持喷枪双脚站稳，枪口对准火焰边沿根部，扣动扳机，将干粉喷出，由近至远将火喷出。

每隔三年，干粉储罐需经 2.5MPa 水压试验，CO_2 钢瓶需经 22.5MPa 的水压试验。试验合格方能使用。

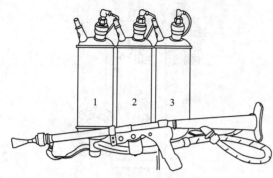

图 13-5　背负式喷粉灭火器

（3）MFB 型背负式喷粉灭火器　由三个干粉钢瓶（瓶上有安全阀、控制和发射药室）、电点火系统、输粉管、喷枪和背带等构成。干粉灭火器以特制电点火发射药为动力，将干粉喷射出去，用来扑救油类、可燃气体和电气设备的初起火灾。如图 13-5 所示。

灭火时，将灭火器背负至火场充实水柱之内，一手紧握喷枪握把，另一手将转换开关扳至"3"位置（喷粉的顺序为"3"，"2"，"1"），打开保险栓，再将喷枪口对准火焰根部，扣动扳机，喷火，如火势较大，一只钢瓶内的干粉仍未将火扑灭，可将转换开关连续扳至"2"，"1"位置，反复喷射。

干粉钢瓶每隔半年进行一次水压试验，试验压力为 8MPa，保持 5min，不得有下降压现象，安全阀的开启压力应调至 3MPa。

4. CO_2 灭火器

CO_2 主要用于扑救贵重设备、档案资料、仪器仪表、600V 以下的电器和油脂等火灾。CO_2 灭火器有 MT 型手轮式、MTZ 型鸭嘴式两种。

（1）MT 型手轮式　MT 型手轮式灭火器由筒身、起闭阀（安全阀，需要 15MPa 气压、喷筒）构成，如图 13-6 所示。

使用时将铅封去掉，手提提把，翘起喷筒。再将手轮按逆时针方向旋转开启，瓶内高压气体即自动喷出。每隔三个月检查一次重量，如重量减少 10% 时，应加足气体；每隔三年钢瓶需经 22.5MPa 水压试验，起闭阀则需要经 15MPa 气压或水压试验，以保证安全。

（2）MTZ 型鸭嘴式　MTZ 型鸭嘴式的构造基本上与 MT 型相同，只是启闭阀采用的压把形状如"鸭嘴"，故取名鸭嘴式，如图 13-17 所示。

使用时，应先扳去保险销，一手喷筒，另一手紧压压把，气体立即自动喷出。

图 13-6　MT 型手轮式 CO_2 灭火器

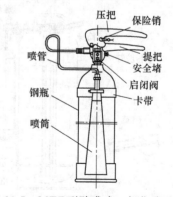

图 13-7　MTZ 型鸭嘴式二氧化碳灭火器

5. 1211 灭火器

1211 是一种轻便高效的灭火器械，适用于扑救油类、精密机械设备、仪表、电子仪器设备及文物、图书馆档案等贵重物品。按照构造不同分为 MY 型手提式、MYT 型推车式 1211 灭火器。

（1）MY 型手提式 1211 灭火器　MY 型手提式 1211 灭火器由筒身（瓶胆）和筒盖（压把、压杆、喷嘴、密封阀、虹吸管、保险销等）两部分组成，如图 13-8 所示。

使用时先拔掉保险销，然后握紧压把开关，压杆就使密封阀开启，于是 1211 灭火剂在氧气压力作用下，通过虹吸管由喷嘴射出，松开压把自动关闭。

1211 灭火器应放在明显，取用方便的地方，不应放在取暖或加热设备附近，也不应放在阳光强烈照射的地方。每半年检查一次灭火器的总重量，少于 10% 则需要补充药剂和充气。

（2）MYT 型推车式 1211 灭火器　MYT 型推车式 1211 灭火器有 MYT25 和 MYT40 两种型号。主要由推车、钢瓶、阀门、喷射胶管、手握开关、伸缩喷杆和喷嘴等组成，如图 13-9 所示。

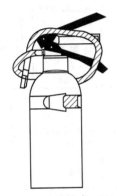

图 13-8　MY 型手提式 1211 灭火器

图 13-9　MYT25 型推车式 1211 灭火器

灭火时，取下喷枪，展开胶管，先打开钢瓶阀门，拉出伸缩杆，使喷嘴对准火源，握紧手握开关，灭火。将火源扑灭后，只要关闭钢瓶阀门，则剩余药剂仍能继续使用。

MYT 型推车式 1211 灭火器应放在取暖或加热设备附近，不应放在阳光强烈照射的地方。每半年检查一次灭火器的总重量，少于 10% 则需要补充药剂和充气。另外每隔三个月检查一次压力表，出现低于使用压力的 0.9% 时，则重新装气，或质量减少 5%，应维修和再充装。

6. 酸碱灭火器

利用两种药液混合后喷射出来的水溶液扑灭火焰，适用于扑救竹、棉、毛、草、纸等一般可燃物质的初起火灾。但不适用于油、忌水、忌酸物质及电气设备的火灾，基本结构见图 13-10。

酸碱灭火器构造和外形与 MP 型手提式灭火器基本相同，不同之处是瓶胆较小。由瓶夹固定，防止瓶担内浓硫酸吸水或稀释或同瓶胆外碱性溶液中和。筒内装有碳酸氢钠的水溶液，没有发泡剂。

使用时颠倒筒身，上下摇晃几次，将液体流射向燃烧最猛烈的地方。药液一年更换一次新的。同时，要检查筒身有无腐蚀或泄漏。使用 2 年以上的灭火器更换新药时，筒身必须进行水压试验，试验压力为 25MPa。在此压力下无泄漏、膨胀、变形等现象方能继续使用。

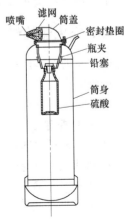

图 13-10　MS10 型手提式
酸碱灭火器

7. 灭火器适用性

灭火器对火灾的适用性见表 13-4。

表 13-4 灭火器类型适用性

| 火灾场所＼灭火器类型 | 水型灭火器 | 干粉灭火器 | | 泡沫灭火器 | | 卤代烷 1211 灭火器 | 二氧化碳灭火器 |
		磷酸铵盐干粉灭火器	碳酸氢钠干粉灭火器	机械泡沫灭火器②	抗溶泡沫灭火器③		
A 类场所	适用 水能冷却并穿透固体燃烧物质而灭火，并可有效防止复燃	适用 粉剂能附着在燃烧物的表面层，起到窒息火焰作用	不适用 碳酸氢钠对固体可燃物无黏附作用，只能控火，不能灭火	适用 具有冷却和覆盖燃烧物表面及与空气隔绝的作用		适用 具有扑灭 A 类火灾的效能	不适用 灭火器喷出的二氧化碳无液滴，全是气体，对 A 类火灾基本无效
B 类场所	不适用① 水射流冲击油面，会激溅油火，致使火势蔓延，灭火困难	适用 干粉灭火剂能快速窒息火焰，具有中断燃烧过程的连锁反应的化学活性		适用于扑救非极性溶剂和油品火灾，覆盖燃烧物表面，使其与空气隔绝	适用于扑救极性溶剂火灾	适用 洁净气体灭火剂能快速窒息火焰，抑制燃烧连锁反应，而中止燃烧过程	适用 二氧化碳靠气体堆积在燃烧物表面，稀释并隔绝空气
C 类场所	不适用 灭火器喷出的细小水流对气体火灾作用很小，基本无效	适用 喷射干粉灭火剂能快速扑灭气体火焰，具有中断燃烧过程的连锁反应的化学活性		不适用 泡沫对可燃液体火灾灭火有效，但扑救可燃气体火灾基本无效		适用 洁净气体灭火剂能抑制燃烧连锁反应，而中止燃烧	适用 二氧化碳窒息灭火，不留残迹，不污损设备
E 类场所	不适用	适用	适用于带电的 B 类火灾	不适用		适用	适用于带电的 B 类火灾

① 新型的添加了能灭 B 类火灾的添加剂的水型灭火器具有 B 类灭火级别，可灭 B 类火灾。
② 化学泡沫灭火器已淘汰。
③ 目前，抗溶泡沫灭火器常用机械泡沫类型灭火器。

对 D 类火灾即金属燃烧的火灾，就我国目前情况来说，还没有定型的灭火器产品。目前国外灭 D 类火灾的灭火器主要有粉状石墨灭火器和灭金属火灾的专用干粉灭火器。在国内尚未生产这类灭火器和灭火剂的情况下，可采用干砂或铸铁屑末来替代。

二、灭火器的选择

灭火器的类型应按照《建筑灭火器配置设计规范》（GB J140—2005），根据适用范围、保护场所的火灾危险性、可燃物质的种类、数量、扑救的难度、设备或燃料的特点进行选择。选择时应考虑以下几个方面。

1. 一般规定

（1）灭火器的选择应考虑下列因素：
① 灭火器配置场所的火灾种类；
② 灭火器配置场所的危险等级；
③ 灭火器的灭火效能和通用性；
④ 灭火器设置点的环境温度；
⑤ 使用灭火器人员的体能。

（2）在同一灭火器配置场所，宜选用相同类型和操作方法的灭火器。当同一灭火器配置场所存在不同火灾种类时，应选用通用型灭火器。

（3）在同一灭火器配置场所，当选用两种或两种以上类型灭火器时，应采用灭火剂相容的灭火器。不相容的灭火剂见表13-5。

表13-5 不相容的灭火剂

灭火剂类型	不相容的灭火剂	
干粉与干粉	磷酸铵盐	碳酸氢钠、碳酸氢钾
干粉与泡沫	碳酸氢钠、碳酸氢钾	蛋白泡沫
泡沫与泡沫	蛋白泡沫、氟蛋白泡沫	水成膜泡沫

2. 具体要求

（1）A类火灾场所 应选择水型灭火器、磷酸铵盐干粉灭火器、泡沫灭火器或卤代烷灭火器。

（2）B类火灾场所 应选择泡沫灭火器、碳酸氢钠干粉灭火器、磷酸铵盐干粉灭火器、二氧化碳灭火器、灭B类火灾的水型灭火器或卤代烷灭火器。

极性溶剂的B类火灾场所应选择灭B类火灾的抗溶性灭火器。

（3）C类火灾场所 应选择磷酸铵盐干粉灭火器、碳酸氢钠干粉灭火器、二氧化碳灭火器或卤代烷灭火器。

（4）D类火灾场所 应选择扑灭金属火灾的专用灭火器。

（5）E类火灾场所 应选择磷酸铵盐干粉灭火器、碳酸氢钠干粉灭火器、卤代烷灭火器或二氧化碳灭火器。但不得选用装有金属喇叭喷筒的二氧化碳灭火器。

（6）非必要场所 不应配置卤代烷灭火器。必要场所可配置卤代烷灭火器。必要场所和非必要场所的概念与范畴，详见联合国环境署（UNEP）、国家环保总局（CEPA）以及公安部消防局的有关文件和规定。表13-6和表13-7是《建筑灭火器配置设计规范》（GBJ140—2005）分别列举的民用建筑类非必要配置卤代烷灭火器的场和工业建筑类非必要配置卤代烷灭火器的场所。

表13-6 民用建筑类非必要配置卤代烷灭火器的场所

序号	名 称	序号	名 称
1	电影院、剧院、会堂、礼堂、体育馆的观众厅	7	商店
2	医院门诊部、住院部	8	百货楼、营业厅、综合商场
3	学校教学楼、幼儿园与托儿所的活动室	9	图书馆一般书库
4	办公楼	10	展览厅
5	车站、码头、机场的候车、候船、候机厅	11	住宅
6	旅馆的公共场所、走廊、客房	12	民用燃油、燃气锅炉房

表13-7 工业建筑类非必要配置卤代烷灭火器的场所

序号	名 称	序号	名 称
1	橡胶制品的涂胶和胶浆部位;压延成型和硫化厂房	9	稻草、芦苇、麦秸等堆场
2	橡胶、塑料及其制品库房	10	谷物加工厂房
3	植物油加工厂的浸出厂房;植物油加工精炼部位	11	饲料加工厂房
4	黄磷、赤磷制备厂房及其应用部位	12	粮食、食品库房及粮食堆场
5	樟脑或松香提炼厂房、焦化厂精萘厂房	13	高锰酸钾、重铬酸钠厂房
6	煤粉厂房和面粉厂房的碾磨部位	14	过氧化钠、过氧化钾、次氯酸钙厂房
7	谷物筒仓工作塔、亚麻厂的除尘和过滤器室	15	可燃材料工棚
8	散装棉花堆场	16	可燃液体储罐、桶装库房或堆场

续表

序号	名称	序号	名称
17	柴油、机器油或变压器油灌桶间	25	造纸厂或化纤厂的浆粕蒸煮工段
18	润滑油再生部位或沥青加工厂房	26	玻璃原料熔化厂房
19	泡沫塑料厂的发泡、成型、印片、压花部位	27	陶瓷制品的烘干、烧成厂房
20	化学、人造纤维及其织物和棉、毛、丝、麻及其织物的库房	28	金属（镁合金除外）冷加工车间
20		29	钢材库房、堆场
21	酚醛泡沫塑料的加工厂房	30	水泥库房
22	化纤厂后加工润湿部位；印染厂的漂炼部位	31	搪瓷、陶瓷制品库房
23	木工厂房和竹、藤加工厂房	32	难燃烧或非燃烧的建筑装饰材料库房
24	纸张、竹、木及其制品的库房、堆场	33	原木堆场

第三节　灭火器的设置

灭火器的设置一般应满足如下规定。

（1）灭火器应设置在位置明显和便于取用的地点，且不得影响安全疏散。这项要求主要是为了在平时和发生火灾时，能让人们一目了然地知道何处可取灭火器，减少因寻找灭火器所花费的时间，从而能及时有效地将火扑灭在初起阶段。同时能够保证当发现火情后，人们可以在没有任何障碍的情况下，就能够跑到灭火器设置点处方便地取得灭火器并进行灭火。

（2）对有视线障碍的灭火器设置点，应设置指示其位置的发光标志。

（3）灭火器的摆放应稳固，其铭牌应朝外。手提式灭火器宜设置在灭火器箱内或挂钩、托架上，其顶部离地面高度不应大于1.50m；底部离地面高度不宜小于0.08m。灭火器箱不得上锁。

（4）灭火器不宜设置在潮湿或强腐蚀性的地点。当必须设置时，应有相应的保护措施。灭火器设置在室外时，应有相应的保护措施。

（5）灭火器不得设置在超出其使用温度范围的地点。

在环境温度超出灭火器使用温度范围的场所设置灭火器，必然会影响灭火器的喷射性能和安全使用，并有可能爆炸伤人或贻误灭火时机。灭火器的使用温度范围一般应满足表13-8的要求。

表 13-8　灭火器的使用温度范围

灭火器类型		使用温度范围/℃
水型灭火器	不加防冻剂	+5～+55
	添加防冻剂	−10～+55
机械泡沫灭火器	不加防冻剂	+5～+55
	添加防冻剂	−10～+55
干粉灭火器	二氧化碳驱动	−10～+55
	氮气驱动	−20～+55
洁净气体（卤代烷）灭火器		−20～+55
二氧化碳灭火器		−10～+55

注：灭火器的使用温度范围应符合现行灭火器产品质量标准 GB 4351 和 GB 8109 的有关规定。

在发生火灾后，及时、有效地用灭火器扑灭初起火灾，取决于多种因素，而灭火器保护距离的远近，显然是其中的一个重要因素。它实际上关系到人们是否能及时取用灭火器，进而是否能够迅速扑灭初起小火，或者是否会使火势失控成灾等一系列问题。关于灭火器最大保护距离应符合如下规定。

（1）设置在 A 类火灾场所的灭火器　其最大保护距离应符合表 13-9 的规定。

表 13-9　A 类火灾场所的灭火器最大保护距离　　　　　　单位：m

危险等级	灭火器形式	
	手提式灭火器	推车式灭火器
严重危险级	15	30
中危险级	20	40
轻危险级	25	50

（2）设置在 B、C 类火灾场所的灭火器　其最大保护距离应符合表 13-10 的规定。

表 13-10　B、C 类火灾场所的灭火器最大保护距离　　　　单位：m

危险等级	灭火器形式	
	手提式灭火器	推车式灭火器
严重危险级	9	18
中危险级	12	24
轻危险级	15	30

（3）设置在 D 类火灾场所的灭火器　其最大保护距离应根据具体情况研究确定。D 类火灾是实际存在的，但由于目前世界各国和国际标准对适用于扑救该类火灾的灭火器均未明确规定其灭火级别，也未确定其标准火试模型，况且国内至今尚无此类灭火器的定型产品，因而只能对其保护距离作原则性的规定。

（4）设置在 E 类火灾场所的灭火器　其最大保护距离不应低于该场所内 A 类或 B 类火灾的规定。E 类火灾通常是伴随着 A 类或 B 类火灾而同时存在的，所以设置在 E 类火灾场所的灭火器，其最大保护距离可按照与之同时存在的 A 类或 B 类火灾的规定执行。

第四节　灭火器的配置与设计计算

一、灭火器的配置

配置灭火器应满足下列规定。

（1）一个计算单元内配置的灭火器数量不得少于 2 具。计算单元是指灭火器配置的计算区域。在发生火灾时，计算单元若能同时使用 2 具灭火器共同灭火，则对迅速、有效地扑灭初起火灾非常有利。同时，2 具灭火器还可起到相互备用的作用，即使其中一具失效，另一具仍可正常使用。

（2）每个设置点的灭火器数量不宜多于 5 具。这主要是从消防实战考虑，就是说在失火后可能会有许多人同时参加紧急灭火行动。如果同时到达同一个灭火器设置点来取用灭火器的人员太多，而且许多人都手提灭火器到同一个着火点去灭火，则会互相干扰，使得现场非常杂乱，影响灭火。况且一个设置点中的灭火器数量太多，亦有灭火器展览之嫌。而且为放置数量过多的灭火器而设计的灭火器箱、挂钩、托架的尺寸则会过大，所占用的空间亦相对较大，对正常办公、生产、生活均不利。

（3）当住宅楼每层的公共部位建筑面积超过 $100m^2$ 时，应配置 1 具 1A 的手提式灭火器；每增加 $100m^2$ 时，增配 1 具 1A 的手提式灭火器。

灭火器的最低配置基准应满足下列规定。

（1）A类火灾场所灭火器的最低配置基准应符合表 13-11 的规定。

表 13-11 A 类火灾场所灭火器的最低配置基准

危险等级	严重危险级	中危险级	轻危险级
单具灭火器最小配置灭火级别	3A	2A	1A
单位灭火级别最大保护面积/(m²/A)	50	145	100

（2）B、C类火灾场所灭火器的最低配置基准应符合表 13-12 的规定。

表 13-12 B、C 类火灾场所灭火器的最低配置基准

危险等级	严重危险级	中危险级	轻危险级
单具灭火器最小配置灭火级别	89B	55B	21B
单位灭火级别最大保护面积/(m²/B)	0.5	1.0	1.5

（3）D类火灾场所的灭火器最低配置基准应根据金属的种类、物态及其特性等研究确定。

（4）E类火灾场所的灭火器最低配置基准不应低于该场所内 A 类（或 B 类）火灾的规定。

二、灭火器配置设计计算

1. 一般规定

（1）灭火器配置的设计与计算应按计算单元进行。灭火器最小需配灭火级别和最少需配数量的计算值应进位取整。

（2）每个灭火器设置点实配灭火器的灭火级别和数量不得小于最小需配灭火级别和数量的计算值。

（3）灭火器设置点的位置和数量应根据灭火器的最大保护距离确定，并应保证最不利点至少在 1 具灭火器的保护范围内。

实际上是要求在计算单元内配置的灭火器能完全保护到该计算单元内的任一可能着火点，不能出现空白区（死角）。也就是要求计算单元内的任一点，尤其是最不利点（距灭火器设置点的最远点），均应至少得到 1 具灭火器的保护，即任一可能着火点（包括最不利点）都应在至少 1 个灭火器设置点的保护圆（以灭火器设置点为圆心，以灭火器的最大保护距离为半径）的范围内。

在计算单元内，灭火器的配置规格和数量应同时满足灭火器最低配置基准和灭火器最大保护距离的要求，而对灭火器最大保护距离的要求又是通过对灭火器设置点的定位和布置来实现的。在每个灭火器设置点上至少应有 1 具灭火器，最多不超过 5 具灭火器。

2. 计算单元

（1）灭火器配置设计的计算单元应按下列规定划分。

① 当一个楼层或一个水平防火分区内各场所的危险等级和火灾种类相同时，可将其作为一个计算单元。

② 当一个楼层或一个水平防火分区内各场所的危险等级和火灾种类不相同时，应将其分别作为不同的计算单元。

③ 同一计算单元不得跨越防火分区和楼层。

（2）计算单元保护面积的确定应符合下列规定。

① 建筑物应按其建筑面积确定。

保护面积原则上应按建筑场所的净使用面积计算。但建筑场所的净使用面积计算比较烦琐，需要从建筑面积中逐一扣除所有外墙、隔墙及柱等建筑构件的占地面积，实际计算起来很不方便。规范规定以建筑面积作为保护面积，这样可以使计算简化。

② 可燃物露天堆场，甲、乙、丙类液体储罐区，可燃气体储罐区应按堆垛、储罐的占地面积确定。

3. 配置设计计算

（1）计算单元的最小需配灭火级别应按下式计算：

$$Q = K \frac{S}{U} \tag{13-1}$$

式中　Q——计算单元的最小需配灭火级别（A 或 B）；

　　　S——计算单元的保护面积，m^2；

　　　U——A 类或 B 类火灾场所单位灭火级别最大保护面积，m^2/A 或 m^2/B；

　　　K——修正系数。应按表 13-13 的规定取值。

表 13-13　修正系数

计算单元	K
未设室内消火栓系统和灭火系统	1.0
设有室内消火栓系统	0.9
设有灭火系统	0.14
设有室内消火栓系统和灭火系统	0.5
可燃物露天堆场 甲、乙、丙类液体储罐区 可燃气体储罐区	0.3

实际上，通过式（13-1）得到的计算单元的最小需配灭火级别计算值就是《建筑灭火器配置设计规范》（GB　J140—2005）规定的该计算单元扑救初起火灾所需灭火器的灭火级别最低值。如果实配灭火器的灭火级别合计值不能正好等于最小需配灭火级别的计算值，那么就应使其大于或等于最小需配灭火级别。例如，如果某计算单元的最小需配灭火级别的计算值是 10A，而选配的且符合表 13-11 规定的各具灭火器的灭火级别均是 2A，则灭火器最少需配数量就是 5 具；如果该计算单元的最小需配灭火级别的计算值为 9A，则灭火器最少需配数量仍然是 5 具，因为 2A×5＝10A 是大于 9A 的数值里的最小整数值。

应该说明的是，即使在设置有消火栓系统和固定灭火系统的场所，仍需配置灭火器作为一线灭火工具。特别是对那些安装了投资较大的气体灭火系统的场所，尤其需要配置灭火器。因为不可能为一点点小火的发生就启动气体灭火系统，这时首先用灭火器来扑灭初起火灾，既经济又实用。

（2）歌舞娱乐放映游艺场所、网吧、商场、寺庙以及地下场所等的计算单元的最小需配灭火级别应按下式计算

$$Q = 1.3K \frac{S}{U} \tag{13-2}$$

（3）计算单元中每个灭火器设置点的最小需配灭火级别应按下式计算

$$Q_e = \frac{Q}{N} \tag{13-3}$$

式中　Q_e——计算单元中每个灭火器设置点的最小需配灭火级别（A 或 B）；

　　　N——计算单元中的灭火器设置点数，个。

灭火器配置的设计计算可按下述程序进行。

（1）确定各灭火器配置场所的火灾种类和危险等级；

（2）划分计算单元，计算各计算单元的保护面积；

（3）计算各计算单元的最小需配灭火级别；

（4）确定各计算单元中的灭火器设置点的位置和数量；

（5）计算每个灭火器设置点的最小需配灭火级别；

（6）确定每个设置点灭火器的类型、规格与数量；

（7）确定每具灭火器的设置方式和要求；

（8）在工程设计图上用灭火器图例和文字标明灭火器的型号、数量与设置位置。

三、建筑灭火器配置设计图例

手提式、推车式灭火器图例见表 13-14。

表 13-14　手提式、推车式灭火器图例

序号	图例	名称	序号	图例	名称
1		手提式灭火器 portable fire extinguisher	2		推车式灭火器 wheeled fire extinguisher

灭火剂种类图例见表 13-15。

表 13-15　灭火剂种类图例

序号	图例	名称	序号	图例	名称
1		水 water	5		ABC 类干粉 ABC powder
2		泡沫 foam	6		卤代烷 halon
3		含有添加剂的水 water with additive	7		二氧化碳 carbon dioxide （CO_2）
4		BC 类干粉 BC powder	8		非卤代烷和二氧化碳类气体灭火剂 extinguishing gas other than halon Or CO_2

灭火器图例见表 13-16。

表 13-16　灭火器图例

序号	图例	名称	序号	图例	名称
1		手提式清水灭火器 water portable extinguisher	3		手提式二氧化碳灭火器 carbon dioxide portable extinguisher
2		手提式 ABC 类干粉灭火器 ABC powder portable extinguisher	4		推车式 BC 类干粉灭火器 wheeled BC powder extinguisher

四、工程实例

图 13-11 为某法院办公楼 5 层给水排水平面图，其中包括干粉灭火器的布置。该建筑为中危险级，按要求每层要有 4 处设置干粉灭火器，每处均布置 2 具 3kg 的手提式磷酸铵盐干粉灭火器。

图 13-12 为某 4 层办公楼干粉灭火系统平面图，灭火器配置场所的危险等级为中危险等级，按要求在各楼层每个消火栓处均相应布置 2 具手提式磷酸铵盐干粉灭火器，灭火型号为 MF/ABC3，2A 3kg。

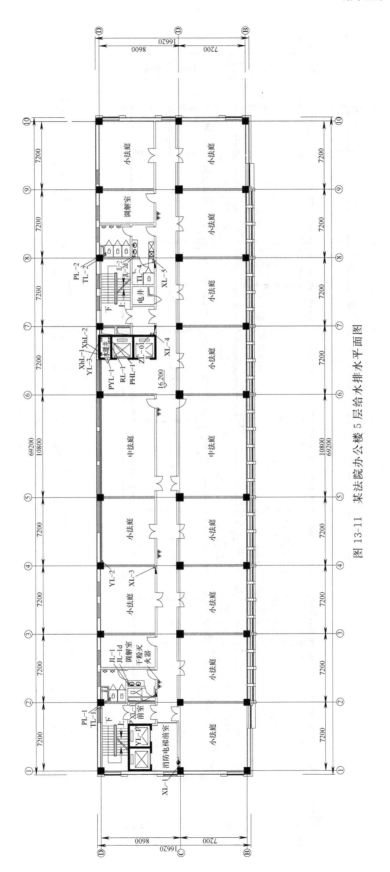

图 13-11 某法院办公楼 5 层给水排水平面图

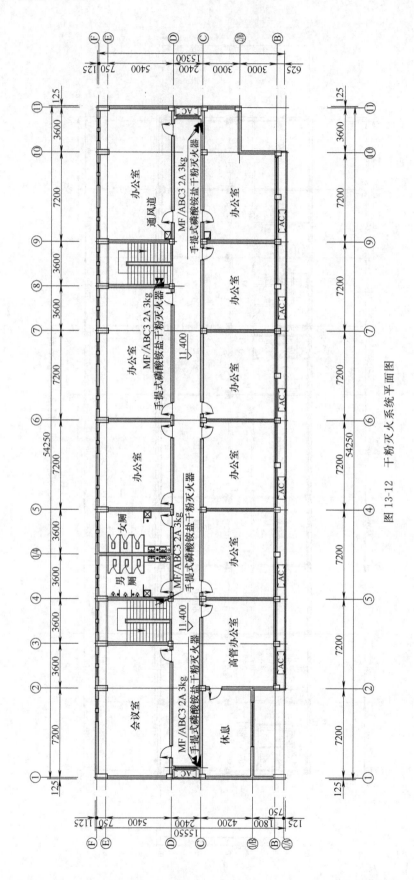

图 13-12 干粉灭火系统平面图

参 考 文 献

[1] 消防给水及消火栓系统技术规范（GB 50974—2014）. 北京：中国计划出版社，2014.
[2] 建筑设计防火规范（GB 50016—2014）. 北京：中国计划出版社，2014.
[3] 建筑给水排水设计规范（GB 50015—2003，2009 年版）. 北京：中国计划出版社，2003.
[4] 自动喷洒灭火系统设计规范（GB 50084—2001，2005 年版）. 北京：中国计划出版社，2005.
[5] 李亚峰主编. 建筑给水排水工程（第 2 版）. 北京：机械工业出版社，2011.
[6] 李亚峰，蒋白懿，刘强编著. 建筑消防工程实用手册. 北京：化学工业出版社，2008.
[7] 陆新生. 油浸电力变压器水喷雾灭火系统设计. 给水排水，2006，32（12）：72-74.
[8] 李亚峰，李军，崔焕颖编著. 建筑工程消防实例教程（第 2 版）. 北京：机械工业出版社，2015.
[9] 汽车库、修车库、停车场设计防火规范（GB 50067—2014）. 北京：中国计划出版社，2014.
[10] 徐志嫱，李梅主编. 消防工程. 北京：中国建筑工业出版社，2009 .
[11] 沈晔主编. 楼宇自动化技术与工程（第 2 版）. 北京：机械工业出版社，2009.
[12] 李亚峰，班福忱，蒋白懿等编著. 高层建筑给水排水工程（第 2 版）. 北京：化学工业出版社，2016.
[13] 赵英然编著. 智能建筑火灾自动报警系统设计与实施. 北京：知识产权出版社 2005.
[14] 泡沫灭火系统设计规范（GB 50151—2010）. 北京：中国计划出版社，2010.
[15] 人民防空工程设计防火规范（GB 50098—2009）. 北京：中国计划出版社，2009.
[16] 干粉灭火系统设计规范（GB 50347—2004）. 北京：中国计划出版社，2001.
[17] 固定消防炮灭火系统设计规范（GB 50338—2003）. 北京：中国计划出版社，2003.
[18] 李亚峰，马学文，余海静等编著. 建筑消防工程. 北京：机械工业出版社 ，2013.
[19] 黄晓家，姜文源主编. 自动喷洒灭火系统设计手册. 北京：中国建筑工业出版社 ，2002.
[20] 崔长起，任放编著. 建筑消防设施. 消防给水及消火栓系统工程设计规范解读. 北京：中国建筑工业出版社，2016.
[21] 陈虹主编. 楼宇自动化技术与应用. 北京：中国机械工业出版社，2003.
[22] 秦兆海，周鑫华主编. 智能楼宇技术设计与施工. 北京：清华大学出版社，2003.
[23] 超细干粉无管网灭火系统设计、施工及验收标准（DB 42/294—2004）. 北京：中国计划出版社，2001.
[24] 火灾自动报警系统设计规范（GB 50116—98）. 北京：中国计划出版社，1998.
[25] 张锦标，张振昭主编. 楼宇自动化技术（第 3 版）. 北京：机械工业出版社，2010.